铁山水库工程简志

（1955—2021）

中共岳阳县委党史研究室　编

方志出版社
Publishing House of Local Records

图书在版编目（CIP）数据

铁山水库工程简志：1955—2021/中共岳阳县委党史研究室编.—北京：方志出版社，2022.11
ISBN 978-7-5144-5384-3

Ⅰ.①铁… Ⅱ.①中… Ⅲ.①水库-水利史-岳阳县-1955-2021 Ⅳ.①TV632.644

中国版本图书馆 CIP 数据核字（2022）第 230498 号

责任编辑：高孟君
责任校对：刘玉霞
责任印制：梅中英
出 版 者：方志出版社
地　　址：北京市朝阳区潘家园东里 9 号（国家方志馆 4 层）
邮　　编：100021
网　　址：http：//www.zgfzcb.cn
发　　行：方志出版社图书营销中心（010-67110500）
印　　刷：岳阳天创印务有限公司
开　　本：889 毫米×1194 毫米 1/16
印　　张：21.5
字　　数：334 千字
版　　次：2022 年 11 月第 1 版
印　　次：2022 年 11 月第 1 次印刷
定　　价：158.00 元

《铁山水库工程简志》编纂委员会

顾　　问	肖湘晖		
主　　任	吴光文		
副 主 任	王　靖		
	童勋海		
	胡海平		
委　　员	毛红波	陈君辉	李　荣
	曹　瑜	冯　营	陈　琳
	付红宾	费时铭	李　龙
	孙荣华	梁望春	陈　勇

《铁山水库工程简志》编辑部

主　　编	曹　瑜
副 主 编	费淑荷
编　　辑	毛向阳
	单　婵
文字编辑	邹朴芳

序

1982年4月26日，岳阳县铁山水库大坝主体工程竣工。同年，铁山灌溉供水工程启动，至今已整整40周年。

高峡出平湖。铁山水库工程是一项人类利用自然、改造自然的浩大工程。铁山水库是湖南最大的人工湖，拦截新墙河支流沙港河流域面积493平方千米地表径流，水岸线长达328千米，总库容6.35亿立方米。铁山灌区东起岳阳县公田镇，西抵洞庭湖滨，南达汨罗市汨罗江北岸，北接临湘桃林等乡镇，东西延绵55千米，南北横贯50千米，总面积2600平方千米。渠道工程有南北两条线，劈开山头1260座，打通隧洞39个，架设渡槽26座，总长800余千米，耗资数亿元。

碧水映情怀。铁山水库工程是造福千家万户的惠民工程。铁山水库工程投入运行后，不仅根治了肆虐巴陵大地数百年的新墙河水患，还有效解决了近百万农田的旱涝灾害问题。岳阳市与岳阳县城区铁山引水供水工程竣工投产后，铁山水库被录入全国重要饮用水源地，成为百万岳阳人民的“大水缸”。迁往中洲、君山等地的移民，披荆斩棘，重建家园，逐步建成了宜业宜居的移民新村，人民群众的获得感、幸福感日益攀升。今日铁山，雅称“千岛之湖”，群山环抱，生态优美，与明代古建筑群张谷英村、大云山国家森林公园连成一片，成为岳阳市新的旅游名片。如今，铁山水库工程兼具城市供水、农业灌溉、防洪拦沙、旅游发电等综合功能，经济效益、社会效益和生态效益越来越大。

精神耀千秋。铁山水库工程是一项彰显岳阳县广大干部群众精神风貌的伟大工程。工程于1958年9月动工；1959年3月，因暴雨山洪袭击大坝溃垮停建；1977年复修，1982年大坝主体工程竣工。随后，渠道灌溉工程和城市供水工程陆续建成并投入运行，前后耗时数十年。工程建设过程中，有 9692 户 37789 名库区群众迁居异地，143 名技工与民工因公致残，79 名领导干部、技工和民工献出宝贵生命。如今，为保护铁山一湖碧水，我们的干部群众、志愿者以“特别能吃苦，特别能战斗，特别能奉献”的奋斗姿态，合力奏响了“保水质、保民生”的和谐曲。铁山水库工程充分彰显了岳阳县委县政府团结带领干部群众，胸怀大局、攻坚克难、甘于奉献、实干笃行的精神风貌。

在纪念铁山水库大坝主体工程竣工 40 周年之际，县委党史部门编纂出版了《铁山水库工程简志（1955—2021）》一书，这是一件很有历史价值和现实意义的事。四十年风雨春秋，弹指一挥间。时代车轮滚滚向前，洗净岁月铅华，沉淀在时光深处的铁山情怀，已经成为“贵在鼓劲”的毛田经验更丰富更鲜活的实践与延伸。这种精神，代代传承，在涓涓山泉中汇聚，在粼粼波光中闪耀，在汩汩奔涌中润泽……历久而弥新！

当前，岳阳县发展已站在新的历史起点，全县广大党员干部要坚持以习近平新时代中国特色社会主义思想为指导，切实担负起新时代历史使命和重大责任，发掘和继承铁山水库建设和保护过程中的优良传统，踔厉奋发，奋楫争先，坚定不移推进“四区”建设，抒写岳阳县高质量发展新篇章！

是为序。

中共岳阳县委书记　肖湘晖

2022 年 10 月

凡 例

一、本志坚持以马克思列宁主义、毛泽东思想、邓小平理论、“三个代表”重要思想、科学发展观、习近平新时代中国特色社会主义思想为指导，坚持辩证唯物主义和历史唯物主义的立场、观点和方法，实事求是地记述铁山水库工程（铁山水库枢纽工程、灌区工程、城市供水工程以及铁山水库移民工程）的规划、设计、建设、管理全过程，客观反映工程带来的巨大的经济效益、社会效益和生态效益。

二、本志时间断限为 1955 年到 2021 年。需要上延年代者追溯至事物发端，部分资料延伸到付印之时。

三、本志为章节结构。“大事记”采用编年体和纪事本末体相结合，基本以时为经，以事为纬。其他章节，分门别类，事以类从，横排竖写，尽量做到纵横兼顾，融资料性、科学性、思想性于一体，同时随文穿插表格、照片，图文并茂，互为印证。

四、本志载入的有关铁山水库工程的基本史料、数据主要来源于《铁山供水工程志》《铁山灌区工程志》《铁山银湖》，档案文书和口述资料等，所用资料不再注明出处。

五、本志涉及人物时，均按当时职称或直书其名。所记人物事迹，主要指 1958 年 9 月修建铁山水库到 1983 年 8 月南总干渠开闸放水期间，在铁山灌区建设中有突出贡献和重大模范事迹的领导、干部、技工和民工代表人物。此系工程专志，立传人物不限死者。

六、本志将工程命名为“铁山水库工程”。鉴于不同时期，对工程有不同的称呼，有的还以文件报告形式出现，为尊重历史，保证资料的原始真实性，书中有些地方未作更改。志书中区划、机构、职务的称谓也均按不同时期使用当时名称，涉及相关数据也相应按当时情况统计。

七、本志采用现代语文体、书面语和规范的简化字、标点符号。数字、计量、时间、年代表达用法，均按国家统一规定。

八、本志所用高程的基准面为黄海高程。

目 录

大事记

1956 年

6 月，岳阳县有关部门在制订新墙河流域治理规划时，首次建议在新墙河上游的铁山口兴建一座大型水库。

9 月，中共岳阳县委向湘潭地委发出请求修建铁山水库的报告。

1957 年

冬，湘潭地区专员公署水利局着手编制《修建铁山水库的初步设计报告》。

1958 年

7 月 26 日，岳阳县铁山水库修建工程指挥部成立，中共岳阳县委委员、县委组织部副部长毛致用任指挥长，县委副书记李发启任政治委员。

9 月 16 日，岳阳县铁山水库修建工程指挥部在公田区铁山口召开大会。大会宣布铁山水库大坝修建工程正式开始，万余名民工开始修筑水库大坝。

9 月 17 日，《岳阳报》以《宏伟的工程，幸福的前景》为题，报道铁山水库修建工程破土动工的消息，同时，刊载毛致用撰写的《征服大自然，建设新岳阳》的社论。

1959 年

3 月 6 日，铁山水库大坝在完成基础清理后，被突然暴发的特大山洪冲毁，工程被迫停建。

1960 年

3 月，中共岳阳县委向湖南省委、岳阳地委呈报《关于请求停建铁山水库的请示》。

1974 年

5 月 29 日，岳阳县在“五五”计划中提出兴建杜头港水库，即铁山水库左支，淹没月田区部分区域。

6 月 7 日，岳阳县向岳阳地区领导汇报“五五”计划时，提出将铁山水库列入计划上报。岳阳地区革委会主任董志文表态：“铁山工程，地革委常委会未研究前可用地区水电局名义先上报。”

1975 年

1 月 19 日，中共岳阳地委召开常委会讨论研究修建铁山水库问题，到会常委一致同意修建铁山水库，并讨论议定：坝址定于铁山口，不建杜头港水库；组织专门班子，以岳阳县为主，县委抽李怀芝、许志龙，地区抽张建邦、李郁青参加；移民要搞好当年生产，夺取丰收，积极作好迁移准备；先修渠道，铁山水库坝型规划后再定；灌区范围内不局限于岳阳县，要统一规划。

6 月 11—17 日，岳阳县委常委会听取县水电局副局长周煦奇汇报铁山水库规划，而后全体到会常委到灌区区社同干部、群众进行座谈，最后一致决定修建铁山水库。

6 月 18—19 日，岳阳县委常委集体向岳阳地委常委汇报，要求修建铁山水库。岳阳地委书记董志文、副书记张月桂、李朗秋与常委刘阳春、陈秉芝等听取了汇报，大家认识一致，意见统一，决定向湖南省委写报告，要求修建铁山水库。

6 月 24 日，岳阳县委以岳报〔1975〕2 号文向岳阳地委呈报《关于复修铁山水库的报告》，要求在 1958 年原铁山水库的基础上进行复修。

6月26日，岳阳地委以岳地报〔1975〕9号文，向湖南省委呈报《关于复修铁山水库的请示报告》。

6月28日，湖南省委书记毛致用在岳地报〔1975〕9号文上批示："史杰同志：请你找有关部门商量一次，提出个意见来，报请省委常委讨论确定"。

7月10日，湖南省水利水电勘测设计院派出19名技术人员，到岳阳编制铁山灌区工程初步设计报告。

8月5日，岳阳县委以岳报〔1975〕3号文向岳阳地委呈报《关于铁山水库移民安置初步意见的报告》。报告主要内容是：库区淹没南冲、毛田、大塅、黄岸、月田5个公社的51个大队、349个生产队、6790户、30907人；规划就地安置2719人，后靠2997人，外迁25191人。

10月9日，岳阳县铁山灌区工程指挥部成立，岳阳县委副书记李怀芝、许志龙分别担任指挥长、副指挥长。

11月11日，中共岳阳县委向湖南省农办副主任史杰和省水电局副局长王明湘汇报铁山工程情况。史杰提出：要拿出工程初步设计书上报中央；正常蓄水位和死水位高程按岳阳地委、县委意见落实，正常蓄水位为92.2米；南总干先修建，北总干还要作比较。今年集中开挖铁山水库大坝导流涵洞，南总干渠先打隧洞。

1976年

6月2日，湖南省计委以湘计字〔1976〕第58号文向国家计委发出《关于请审批铁山灌区工程设计任务书的报告》，并报送《湖南省铁山灌区工程扩大初步设计方案》。

6月15日，岳阳地区革委会以岳革报〔1976〕8号文向湖南省革委会发出《关于岳阳县铁山水库移民问题的请示报告》。

8月24—31日，水电部委托长江流域规划办公室王述奎等12人到岳阳审批《湖南省铁山灌区工程扩大初步设计》。一致认为：岳阳地委、县委对修建铁山水库的决心大，信心足，发动深入广泛，形势很好；铁山灌区的工程布局，灌溉引水位和灌溉范围都是合理的、需要的。

1977 年

8 月 20 日，水电部以〔1977〕水电规字 66 号文正式批准修建铁山灌区工程。

9 月 30 日，岳阳地区成立支援铁山灌区工程工作组，共 15 人，由刘秉谦任组长，杨金玺、张建邦任副组长。

10 月 3 日，岳阳县委发出《关于修建铁山灌区工程的动员令》，同时印发《修建铁山灌区工程宣传资料》《岳阳铁山灌区工程效益示意图》，向全县广大干部、群众进行广泛的宣传动员。

10 月 3—6 日，岳阳县召开全县贫下中农代表大会，在会上动员全县人民大干铁山灌区工程。10 月 6 日，由岳阳县公田区组织的部分民工，开始修筑铁山水库大坝施工围堰，铁山灌区工程进入正式施工阶段。

11 月 2 日，全长 2257 米、连接铁山水库和饶港水库的小湄连通洞开工。与此同时，南总干渠开挖及南总干渠首引水洞等工程的施工也相继铺开，参与施工的专业建筑职工和民工共 5 万人。

11 月 26 日，铁山水库大坝施工围堰竣工，堰长 120 米，底宽 32 米，顶宽 2 米，高 13 米，由岳阳县公田区民工团负责施工。

12 月 14 日，铁山水库大坝齿槽开始开凿。

1978 年

3 月 2 日，水电部农田基本建设司伍司长、胡处长等到铁山工地进行察看。当年，铁山工地安排常年施工劳力 26440 人，铺开的工程项目有：铁山水库大坝帷幕灌浆、导流涵洞扫尾、大坝削坡、溢洪道、小湄洞、南干引水洞开挖和南干渠开挖，大饶港、姑桥、宏图渡槽兴建，大荆塘隧洞开挖，毛田公路改线等。

12 月 18 日，湖南省水电厅副厅长王明湘到铁山工地检查工作，在岳阳县委招待所召集地、县领导刘阳春、许志龙、李怀芝、李九洲及地、县水电工程队的负责人研究铁山工程施工问题。王明湘指出：铁山工程原定三年大干，一年扫尾。今年未能堵大坝，已推迟了一年，明年堵坝再不能推迟了。因此，要加强领导，下定决心打歼灭战。岳阳地区、省里都要保铁山灌区工程，岳阳地委要做汨罗、临湘两县的工作，两县都要参战。

1979 年

3 月 7 日，由铁山灌区工程队承担施工的大饶港渡槽第 9 跨槽身浇筑接近完工时，因支模架倾倒，整跨槽身垮塌，造成 14 人死亡、24 人重伤的重大事故。

6 月 15 日，岳阳地委在铁山灌区工程指挥部召开有关县委书记及水利局长会议，专题研究铁山灌区工程建设问题。会上研究决定：北干渠原设计经过临湘县 23 千米，改为只经过 9 千米，由临湘县承担；汨罗县不要大明分干渠的水，不参加修铁山；工程建设速度，要求三年完成，1980 年冬堵大坝。会后，岳阳县委作了研究，向湖南省委写了《北总干改线》和《工程建设速度》两个报告。

10 月 14 日，岳阳县召开各区、社书记及铁山工程队带队干部会议，部署 1979 年冬季施工任务。县委书记许志龙在会上作《加快铁山工程建设，为全县农业大发展打好基础》的报告。

12 月 3 日，岳阳县委书记许志龙向有关方面传达湖南省委对铁山灌区工程建设的指示：北总干渠按原设计方案不变，经过临湘县境的 23.7 千米渠道，由临湘县负责；大明分干渠由汨罗县负责。临湘、汨罗两县都要成立工程建设指挥部，岳阳地区要有 5~6 人的领导班子指导整个工程建设。各有关县要发动大干，政策要讲，风格要讲，还要讲革命精神，进度要快，标准要高，质量要好。

1980 年

4 月 12 日，岳阳地委〔1980〕16 号文发出“成立湖南省岳阳铁山灌区工程总指挥部、分指挥部的通知”。总指挥部由陈秉芝任指挥长，王三金、张建邦、李怀芝、周保龙、吴玉泗、谢裕民等任副指挥长。总指挥部党委亦由上述人员组成，陈秉芝任书记，王三金、张建邦任副书记。同日，决定成立铁山灌区工程大坝指挥部和岳阳县、临湘县、汨罗县分指挥部。

4 月 30 日，铁山灌区工程总指挥部指挥长陈秉芝在岳阳县听取吴世伦、李怀芝等人关于铁山工程和移民工作等情况的汇报。

5 月 6—7 日，铁山水库大坝指挥部召开会议。参加会议的有岳阳地区农办副主任、总指挥部副指挥长兼大坝指挥部指挥长张建邦，岳阳县委副书记、大坝指挥部副指挥长李怀芝，省水电建设公司负责人、大坝指挥部副指挥长刘洪元，大坝施工总工程师夏家仁，地区水电工程队队长张仁刚等。会议由张建邦主持，王三金、龙武道、许明富等参加会议作了讲话。会上传达和讨论了湖南省委、岳阳地委关于今冬堵铁山水库大坝，争取明年南灌区部分受益的指示；就大坝建设中的若干问题进行认真研究，并作出有关决定。

5 月 26 日，岳阳县召开前后方工作联席会议，决定由公田、康王、麻塘 3 个区抽调和调剂 2800 名劳力上铁山水库大坝工地。

6 月 29 日，中共岳阳县委以修建铁山灌区工程、县城搬迁荣家湾和中洲围垦三大工程同时进行，资金、劳力均有困难为由，向岳阳地委、湖南省委并中央书记处发出《关于请求批准缓建铁山灌区工程的报告》。

7 月 14 日，岳阳地委向湖南省委发出《关于对铁山灌区工程建议意见的报告》，回顾了修建铁山工程的经过，分析了建与停或缓的利弊，并对后段工作提出建议：1980 年冬至 1981 年春集中力量堵好铁山水库大坝，安置移民；抓紧南总干渠配套，将北干总渠修建工程推后 2~3 年。

7 月 18 日，遵照中共湖南省委通知，岳阳地委领导张月桂、王三金，岳阳县委领导许志龙、李怀芝、李德龙、李九洲、李先佩，总指挥部张建邦、黄怡雄等人前往长沙，参加省委为研究铁山工程而召开的会议。省委第一书记毛致用，省委书记孙国治、刘夫生、王治国，省人大常委会副主任齐寿良等领导同志听取岳阳地、县委负责人的汇报后，毛致用指出：省委研究了岳阳县委《关于请求批准缓建铁山灌区工程的报告》，认为铁山灌区是个有效益的工程，要坚定这个认识；工程的部署从实际出发，今年堵坝有困难，可以推迟到明年；一切工程都要往前赶，特别是移民，岳阳县委要有一名主要领导专抓；整个铁山建设要放在自力更生的基础上，但考虑群众的负担问题，今后只搞专业队，每个劳动日补助 7 角钱，中洲垸移民基地建设也给点钱；岳阳县委要开常委会讨论，正式向省委写出报告。

8 月 20 日，岳阳地委以岳地发〔1980〕28 号文发出《关于成立湖南省岳阳铁山灌区工程岳阳县移民指挥部的通知》，由李九洲任指挥长，吴世伦任副指挥长。

8 月 25 日，湖南省委向中央发出《关于修建铁山水库工程的情况报告》，认为“铁山灌区工程是一项花钱较少、受益较大、规划比较合理的工程，目前虽有一些困难，但是续建比停建或缓建较为有利，也有可能”。

11 月 17 日，铁山水库大坝基础处理工程动工。全部工程包括老坝体挖运、坝基再次覆盖砂方挖运、压实、回填、堆石棱体碾压、导流洞围堰等 16 个项目。

11 月 27 日至 12 月 6 日，岳阳县举办 1700 多人参加的农村大队干部训练班，县委把铁山灌区工程建设问题列为重要内容进行讨论。

12 月 4 日，县委副书记李先佩就如何发挥优势，搞活农村经济和建设好铁山灌区工程的问题作了报告。

12 月 6 日，在铁山灌区工程建设总结大会上，县委书记许志龙反复强调要坚决贯彻落实湖南省委对铁山灌区工程的指示精神，一定要把这项工程建设好。

1981 年

1 月 25 日，铁山水库大坝基础处理工程全面完工，并于次日通过验收。

5 月 12 日，在中国社会科学院经济研究所工作的岳阳老乡李泽中，写了一份《劳民伤财、效益不大的水利工程应当下马——关于岳阳铁山水库的调查》的报告递交到国务院。总书记胡耀邦批示由中央派出工作组到岳阳调查。

6 月 15 日，岳阳地委、行署以岳地报〔1981〕5 号文向湖南省委、省人民政府发出《关于岳阳县修建铁山灌区工程、搬迁县级机关的情况和意见的报告》。

6 月 26 日上午，中央调查组到达岳阳，调查组由 8 人组成：国家农委副主任李瑞山，李瑞山的秘书刘金波，农委办公厅副主任杨坤宗，农委计划局局长陈焕斌，农委计划局办公室干部孙国之，国家建委动力局处长彭光远，水电部规划管理局副局长朱承中，水电部计划司规划处处长赵广备。湖南省委、省政府陪同调查组到岳阳的有省委副书记王治国，省农委主任史杰等人。

6月27日，岳阳县委向中央调查组汇报，县委汇报的主要内容：（1）三项工程（铁山灌区、中洲垸、建县城）的规划设计过程；（2）建设进度；（3）主要问题，要求缓建铁山水库。

6月29日，中央调查组察看中洲垸和荣家湾。上午，看中洲垸的撇洪工程、移民住房、汨罗磊石电排。下午，看新县城和县委的新房子。

6月30日，中央调查组察看宏图渡槽、岳坊水库、大坳水库、南总干引水洞、南干电站等工程。

7月1日，中央调查组组织省、地、县水利技术人员谈情况。上午，听取湖南省水电设计院张敦周、骆际赵和许明福的意见。下午，召开技术干部座谈会。岳阳县里19个技干、岳阳地区23个技干都主张上铁山，无一人反对，一致认为：（1）工程手续完备，符合基建程序；（2）工程效益大；（3）已经花了不少钱，完成了很多工程。

7月4日，中央调查组召集铁山工程总、分指挥部的同志座谈，着重分析上马与下马的利弊。一致认为，上有困难，下有灾难。上马的困难是：移民工作量大，资金缺口得不到保证，中洲垸建设是关键。下马的灾难是：花了这么大代价，岳阳缺水的问题没有解决，铁山工程一缓要想继续就难了，出路何在？值得三思；已经投资5100万元，库区山林被破坏，拆了三四十万平方米的房子，挖压了106.67公顷田土，死伤那么多人，向谁交代，如何处理？还有现有建筑物都遭到破坏，移民返回问题难以解决。

7月8日，中央调查组听取岳阳县区、社书记对建设铁山的意见。中央调查组组长、国家农业经济委员会副主任李瑞山说：“大家要对党对人民负责，不要说完了就完了，要想想哪样好，不要过二十年又说我们做错了决定。对这个工程是停是建要慎重考虑，要搞清楚基本情况，只有情况明，才能决心大。”

7月11日，中央调查组听取岳阳地委常委对铁山工程的意见，调查至此结束，历时16天。

7月18日，中央调查组在长沙，将岳阳地委李朗秋、岳阳县委李怀芝、李九洲、李先佩召去谈话（张月桂与许志龙已在省开会），交代要尽快作好今冬铁山水库堵坝的准备工作。

8月4日，铁山灌区工程总指挥部召开全体工作人员会议，副指挥长张建邦在会上传达中央和湖南省委对铁山灌区工程的指示精神：一、中央调查组向中央写了调查报告，报告中提出四条：（1）铁山灌区工程是按照基建程序办的，不是按少数人的意见办的；（2）工程效益是好的；（3）中洲垸开始是矮围灭螺工程，后来纳入铁山移民基地，已成事实，只能搞好。（4）铁山只能上，不能下；县城建设的预算太高，为了上铁山，县城可以不搬。二、中央调查组7月20日回北京后，21日，国家农业经济委员会第一副主任张平化看了报告，并向胡耀邦总书记、万里副总理写了信。22日，万里批示："同意所提意见，县城不能搬了，其余两项工程可以搞，但亦应量力而为，要经过仔细研究，多做群众工作。"23日，胡耀邦总书记批示："同意万里同志意见"。三、湖南省委于8月1日召开常委会议，专门讨论研究中央对铁山灌区工程的批示和今冬的安排。8月2日下午，省委召集岳阳地委张月桂、李朗秋，岳阳县委许志龙、李先佩、李怀芝、李九洲等，开了专题会议，毛致用在会上作了指示。湖南省委决定今冬明春安排铁山工程基建经费2000万元，要求堵好大坝，做好移民工作，争取南灌区多受益。四、省、岳阳地委决定加强和充实总指挥部党委的领导：岳阳地委副书记李朗秋兼任指挥长，湖南省水利厅副厅长白修身担任副指挥长兼大坝指挥部指挥长，岳阳县委书记许志龙负责移民和民工的组织动员工作，岳阳县委副书记李九洲负责移民基建、李怀芝负责南干渠的续建。

8月15日，岳阳地委副书记、总指挥部指挥长李朗秋在岳阳县区社书记会议上作了《搞好铁山、中洲建设》的报告，要求各级领导统一认识，团结一致，鼓足干劲将铁山、中洲建设好。

9月3日上午9时18分，铁山水库大坝填筑工程截流。

9月17—23日，岳阳县召开铁山水库移民代表大会，参加会议的有库区的区、社党委负责人，各移民大队的主要干部和社员代表，移民安置地区的区、社领导和大队干部及移民工作组的全体同志和县直有关单位的负责人，共350多人。

10月22日，湖南省委第一书记毛致用在省委九招待所听取铁山水库大坝斜墙基础鉴定验收情况的汇报后，作了明确指示：第一不留隐患，黏土斜墙除齿槽外，12000立方米土方要彻底清除；第二，要确保大坝明年安全度汛。

11月27日，铁山灌区崩山分干付保渡槽工地因吊装时扒杆倒塌，造成严重伤亡事故，当时亲临最危险处指挥抢险的岳阳地区水电工程队队长张仁刚与职工漆勇一道遇难。

12月5—6日，岳阳地委在地区招待所召开铁山移民工作会议，出席会议的有：铁山灌区工程总指挥部李朗秋、张建邦、樊川廷、李九洲等领导及各处室负责人，岳化总厂、长炼、洞氮、岳阳纸厂、四化建、桃矿、地直各局、地属工厂等单位负责人，移民工作组组长，移民区和安置地的区社书记，移民搬迁路线沿途的派出所负责人，共计60多人。会议集中研究今冬明春搬迁移民8000~10000人到中洲、春风的运输问题。

12月25日，铁山灌区工程总指挥部组织货运汽车152辆，开始将铁山水库淹没区群众成建制地迁往中洲垸，一个月内搬迁8871人。

1982年

1月26日，湖南省委书记、副省长王治国，省委委员、省农委主任史杰，岳阳地委书记张月桂、副书记刘阳春、李朗秋，副专员王三金等，分别率领省、地慰问团到铁山水库大坝工地亲切慰问春节坚守生产岗位的干部、职工和民工。

4月11日16时45分，铁山水库大坝导流涵洞关闸，水库正式蓄水。

4月26日，铁山水库大坝主体工程竣工，黏土斜墙与沙壳填筑达到96米的设计高程。

4月30日，铁山水库大坝指挥部在铁山口召开“庆祝大坝主体工程竣工暨表彰大会”。出席大会的有湖南省委书记、省长孙国治，省委书记、副省长王治国，省委书记董志文，省军区副司令员魏凯江和省计委、省建委等省直有关单位的负责人及岳阳地、市党政负责人。会上，参加大坝建设的27个先进集体、15名劳动模范和328名先进生产（工作）者受到表彰。是日，被干部、群众誉为“好领班、修建铁山灌区工程的功臣”的中共岳阳县委副书记、铁山灌区工程总指挥部副指挥长李怀芝逝世。

5月2日，《湖南日报》头版头条发出“铁山水库大坝提前胜利竣工”的报道。

5月11日，《人民日报》第一版刊登《岳阳铁山灌区工程大坝提前竣工》的报道，并刊登水库大坝照片。

6月5—6日，由铁山灌区工程总指挥部主持召集省水利厅、省水电设计院、地区水电局、岳阳县分部、汨罗县分部等有关单位的人员，专题研究南灌区原大明分干渠灌溉范围内岳阳、汨罗的渠道规划问题。会上议定：（1）采用一条渠线的方案（即原大明分干渠）；（2）按原定高程不变；（3）对分干渠线组织查勘；（4）将原“大明”分干的名称改为“岳汨”分干；（5）岳汨分干渠的建设任务由汨罗县承担。

8月21日，湖南省编制委员会、省水利厅以湘编〔1982〕10号、湘水政〔1982〕078号文发出《关于铁山灌区工程管理机构和人员编制的批复》，同意设立岳阳铁山灌区工程管理局，相当于县级单位，人员编制规划401人，在北干渠未开通受益前暂配200人。8月31日，岳阳行署以岳行发〔1982〕47号文发出《关于成立岳阳铁山灌区工程管理局的通知》。

10月25—27日，由铁山灌区工程总指挥部组织，对南干渠进行了一次通水试运行。25日上午10时开启南干引水洞闸门，流量由小到大，最大流量每秒7立方米左右，长时间稳定在每秒2.5立方米左右。26日零时50分，库水到达南总干渠终点张公用，流经31.96千米，历时14小时30分，平均每小时流速为2.2千米。试水持续到27日15时20分，关闭南干引水洞闸门，停止库水入渠。

1983年

7月9日，铁山水库移民安置区中洲垸撇洪渠堤溃口，全垸5333.33公顷面积受渍成灾，2666.67公顷棉花、水稻、芝麻、黄豆等作物失收，国家投资修建的2605栋、216368平方米移民房屋全部受淹，8个大队、67个生产队的 2549 户 12164 名移民受灾转移，垸内渍水高程达 28.03 米。

7 月 13 日，中共湖南省委书记毛致用视察铁山灌区工程，充分肯定该工程在防洪、抗旱中所发挥的显著作用。

8 月 14 日，铁山南总干渠开闸放水，经过 10 个小时渠水到达总干渠尾张公用。16 日下午 4 时，荣湾分干渠进水闸开启，17 日清晨 3 时渠水到达刘富湾，顺利通过跨京广铁路渡槽。17 日中午到达分干渠尾赵里塘。总干最大过水流量为每秒 8 立方米，分干最大过水流量为每秒 4.5 立方米。荣湾分干上除黄沙、新墙两条支渠外，其余 14 条支渠全部通水；总干和分干上的 37 个分水管全部打开放水，并临时架设 30 条橡皮虹吸管，灌溉了岳阳县公田、兰田、杨林、步仙、新墙、黄秀、荆州、白羊、友爱、鹿角 10 个公社及荣湾镇严重干旱的 6666.67 公顷晚稻。

1984 年

3 月 17 日，湖南省委书记毛致用，省委副书记熊清泉，省委副书记、省人大常委会主任刘夫生，省委副书记、省长刘正视察铁山灌区工程。毛致用等省领导指示铁山灌区领导要站得高一点，看得远一点，铁山水库要以灌溉为主，综合利用，大集中，小分散，农林牧副渔一齐上，一定要使铁山变金山，不能让水库变沙库。

7 月 30 日至 8 月 2 日，岳阳市、县领导莫凤雏、邓协清、樊川庭、黄怡雄、司马毅等到湖南省委汇报铁山工程建设情况。31 日晚，省委毛致用书记到住地看望莫凤雏等，并询问铁山工程建设情况。8 月 1 日上午，在蓉园宾馆，副省长曹文举、省政府农业组组长易涤顽，省水电厅副厅长王明湘等听取工程建设和移民情况的汇报，并对铁山灌区工程建设提出了意见。

12 月 20 日，“铁山水库枢纽工程设计”获国家优秀设计奖金质奖。

1985 年

3 月 28—30 日，岳阳市委副书记莫凤雏、铁山灌区工程指挥部副指挥长黄怡雄、沈先传和岳阳县副县长司马毅、县分部指挥长王发祥等赴省汇报铁山工作，省农委顾问史杰、副主任易涤顽和省水电厅副厅长王明湘等听取了汇报，并研定三个问题：一是同意修建临时电站，资金用贷款解决；二是中洲垸内移民转迁入垸每人搬迁费 250 元包干；三是北干渠按原规划方案执行，要求在 1986 年完成南干渠扫尾，争取 1987 年北干渠动工。

1986 年

6 月 9 日，装机 2×800 千瓦的南干渠首电站开机发电。

8 月 11 日，岳阳市、县委领导莫凤雏、樊川庭、沈先传、王发祥等赴省汇报铁山工程情况。省水电厅王明湘厅长听取汇报后讲了四点意见：一是指导思想上要求铁山主要是巩固现有工程成果，发挥工程效益，特别是搞好管理；二是工程上的遗留问题，由省农水局审查落实；三是移民安置要搞一个准确的人数定下来，遗留问题分四年解决。搬迁君山农场可以，但不再搞移民基地建设；四是平桥垸、费家河的堤要巩固，今冬要作安排。

10 月 15—16 日，岳阳市委、市政府在君山农场召开铁山水库移民工作会议，要求 1986 年完成 3029 人的搬迁任务，决定成建制地迁往君山农场。

1987 年

3 月 6 日上午，岳阳市委副书记余英生主持召开铁山移民工作协调会，市委、市政府、市人大、市农经委、铁山总指挥部、移民指挥部、君山农场、市财政局、水电局、教委、血防办、民政局、卫生局等有关单位负责人参加会议。会上，对铁山移民工作中存在的问题研究了处理意见：（1）从市粮食局解决移民口粮和种子粮指标 15 万千克；（2）市农行从农贷中帮助移民解决添置耕牛、农具的资金困难；（3）由市财政局解决移民在四年内减免上交总场的土地费用，每年 10 万元；（4）移民中的民办教师的转正、安排，由市教委帮助解决；（5）工程所需器材、资金，由总指挥部按照《1986 年移民工作会议纪要》精神负责落实。

3 月 10 日，岳阳市编制委员会发出岳市编〔1987〕13 号《关于成立铁山灌区岳阳县管理处的通知》，设立铁山灌区岳阳县管理处，为科级事业单位，其人员编制从铁山工程管理局编制人数中连人带编划入 20 名，另增事业编制 15 人，其人员经费从收取水费中解决。

3 月 25 日，岳阳县人民政府与君山农场签订《铁山水库移民移交协议》，岳阳县移民指挥部正式将 693 户 2935 人移民移交给君山农场。

4 月 16—20 日，铁山水库临时电站工程全面竣工，于 16—19 日进行了 72 小时的试运行，20 日进行了竣工验收。

8 月 31 日，岳阳市人民政府岳政发〔1987〕66 号文发出《关于铁山灌区工程管理局交由岳阳县管理的通知》。

11 月 12 日，湖南省水利水电厅与岳阳县人民政府签订《关于铁山水库淹没区最后一批移民安置的协议》。对此，省水利水电厅于 12 月 30 日以湘水电农水字〔1987〕50 号文下达《关于铁山水库最后一批移民安置经费问题的批复》。库区所剩移民 564 户 2110 人，省厅同意于 1988 年 10 月前迁往中洲垸移民基地。

1988 年

1 月 12 日，铁山灌区小电网与岳阳大电网合闸并网。

2 月 9 日，岳汨分干渠（1982 年 6 月前为大明分干渠）竣工验收并交付使用。

3 月 15—18 日，崩山分干渠验收并交付使用。

4 月 17 日，湖南省委常委、省纪委书记杨敏之视察铁山水库。

6 月 15 日和 18 日，湖南省副省长曹文举和卓康宁先后视察铁山灌区工程。

1989 年

3 月 1 日，铁山北总干渠工程动工兴建，至 5 月底，共开挖渠道 1922 米，完成土石方近 10 万立方米。

7 月 15 日，中洲垸南套电排站扩建竣工，全垸电排总容量由 1860 千瓦增至 2790 千瓦，达到全省湖区十年一遇的排渍标准。

1990 年

11 月 4—28 日，由岳阳县和汨罗市承担的南总干渠加固工程全面展开，高峰期日上劳动力 2.1 万人。

12 月 19 日，湖南省建设委员会批准铁山水库大坝为湖南省优质工程。

1991 年

4 月 20 日，铁山小饶港渠首电站改造工程竣工，并网发电。

8 月 2 日 13 时 10 分，铁山北总干渠渠首闸门开启，北灌区部分工程投入运行，灌溉农田面积 3333.33 公顷。

10 月 19 日，全国政协赴湘视察团到铁山灌区视察，通过听取汇报和实地察看，对铁山灌区工程边建设边发挥效益给予高度评价，全国政协特邀委员、文史专员沈醉即席题词“铁山精神永放光芒”。

12 月 20 日，水利部部长杨振怀在湖南省水电厅厅长王明湘和岳阳市委副书记余英生的陪同下视察铁山水库，杨振怀离开铁山前，赋诗一首“岳阳明珠数铁山，十载奋斗历万难，而今银河绕千岗，库水滋润万顷田”。

1992 年

6 月 6 日，湖南省委常委、常务副省长董志文召集岳阳市委、市政府及有关方面负责人，在铁山灌区工程总指挥部开会，重点研究加速建设铁山灌区北总干渠系工程和向岳阳市区供应生活用水工程等问题，要求 1994 年国庆节前完成北灌区待建工程，将铁山水库的优质水引到市区，供市民饮用。

7 月 28 日，岳阳市委、市政府在岳阳影剧院召开加速城区引水供水工程建设动员大会，铁山水库北灌区受益单位岳阳县、临湘县、郊区的负责人以及市直机关科级以上干部 1400 余人出席。

11 月 16 日，中共中央政治局候补委员、书记处书记温家宝在湖南省副省长王克英、岳阳市委书记谢培清等的陪同下，视察铁山灌区工程。

11 月 21 日，岳阳市计委批准岳阳市二水厂提出的以铁山水库为水源的方案。

1993 年

5 月 8 日，岳阳市二水厂举行开工奠基典礼。

1994 年

4 月 8 日，铁山灌区总指挥部原副指挥长李怀芝骨灰安放仪式在铁山水库北总干渠渠首举行。原岳阳地委书记张月桂、副书记文启龙、原岳阳地区行署副专员王三金、张建邦以及铁山灌区工程管理局干部职工和公田镇居民共 400 余人出席。文启龙介绍了李怀芝同志的革命经历，高度赞扬了他在铁山灌区工作 8 年中表现出的鞠躬尽瘁、死而后已的无私奉献精神。

4 月 22 日，中共江西省委书记毛致用为在 9 月出版发行的《铁山银河》一书撰写序言并题写书名。

5 月 7 日，经岳阳市人民政府常务办公会议研究，原则同意将铁山灌区工程管理局由岳阳县代管恢复为岳阳市直管。

8 月 17—18 日，中共江西省委书记、省人大常委会主任毛致用，在湖南省人大常委会主任刘夫生和岳阳市委书记罗桂求陪同下，考察了岳阳市区引水工程的配套设施第二水厂和金凤水库大坝，详细询问了铁山灌区工程的运行情况。

8 月 21 日上午 9 时 30 分，铁山灌区北总干渠渠首闸门启动，铁山水经 46.4 千米的北总干渠和 3.389 千米的梅溪引水渠进入金凤水库。

9 月 11 日，岳阳市人民政府办公室以岳办函〔1994〕106 文向岳阳县人民政府发出《关于铁山灌区工程管理局恢复市管的通知》。

10 月 8 日，湖南省委副书记、省长陈邦柱在岳阳市委副书记、常务副市长黄甲喜的陪同下，视察桃林渡槽、铁山水库大坝等工程，并为岳阳铁山城市引水工程题写“饮水思源”的题词。

10 月 21 日，岳阳市编制委员会以岳市编〔1994〕19 号文，同意铁山灌区工程管理局收归市管，并更名为岳阳市铁山供水工程管理局，机构级别、性质、人员编制、经费来源仍按湘编〔1982〕10 号文，湘水政〔1982〕078 号文件执行。

1995 年

3 月 3 日，《湖南日报》刊登了中共湖南省委、省政府关于表彰 1994 年度湖南省双文明建设模范单位、文明建设工作先进单位、县、市（区）文明建设先进单位的决定，岳阳铁山灌区管理局获评省级文明单位光荣称号。

5 月 22 日，岳阳市人民政府颁发《关于加强金凤水库管理所暂行规定》。

1996 年

3 月 28 日，岳阳市人民政府办公室以岳政会纪〔1996〕4 号文发出了《关于处理铁山供水工程管理局恢复市管后与岳阳县有关问题的会议纪要》文件。

12 月 2 日，岳阳市铁山供水工程管理局被水利部评为全国水利管理先进集体。

1997 年

10 月 9 日，全国人大常委会副委员长王丙乾、全国人大常委会委员、全国人大环境和资源保护委员会副主任委员杨振怀率全国人大、国家计委、水利部、财政部及长江水利委员会的有关负责人视察铁山城市供水工程。

1998 年

2 月 19 日，湖南省水利厅常务副厅长佘国云、副厅长宋再钦在岳阳市委副书记高克勤的陪同下视察铁山供水工程。

10 月 17 日，湘计农〔1998〕638 号文通知，关于下达 1998 年大型灌区续建配套项目建设计划的通知，下达铁山灌区 1998 年续建配套项目建设资金 1520.63 万元。其中，中央配套 600 万元，省配套 100 万元，市、县自筹820.63 万元。

12 月 2 日，全国政协副主席毛致用在湖南省政协副主席游碧竹、省人大常委会农工委主任谭载阳、岳阳市委书记张昌平、副书记黄甲喜、市政协主席高碧云、副主席程谦逊等陪同下，考察铁山供水工程。

1999 年

6 月 24 日，湖南省委宣传部组织湖南卫视、香港凤凰卫视联合拍摄《湘江北去》专题片拍摄组到铁山采风。

7 月 12 日，湖南省委副书记胡彪、省水利厅副厅长宋再钦、省公安厅副厅长唐中元，在岳阳市委书记张昌平的陪同下视察铁山水库防汛工作。

9 月 27 日，《湖南日报》以《弹指间，铁山变金山》为题，大版面报道铁山的发展创业史。

2000 年

1 月 18 日，铁山—岳化引水工程正式竣工通水。

4 月 3 日，岳阳市市长罗碧升主持召开市政府第二十次常务会议，会议就城区集中统一供应铁山水等问题进行认真研究，会议强调：一是依法依规关闭市区自备生活用水水源，争取城区尽快统一饮用铁山水，以市政府名义颁发通告；二是编制市区供应铁山水的管网建设规划，加速城区供水管网改造和配套建设；三是今年年底以前，保证日供铁山水 12 万吨，明年年底市区饮用水全部供应铁山水，北门水厂（一水厂）原洞庭湖水源提水泵房留作第二水源；四是成立城区集中统一供水领导小组，由刘力群副市长任组长。

4 月 12—16 日，“全国大型灌区续建配套与节水改造规划”评审会议在武汉召开，铁山灌区续建配套节水改造项目通过评审并列入国家计划，计划投资 1.7 亿元。

8 月 15 日，岳政办函〔2000〕76 号文明确同意成立岳阳市铁山城市供水管网建设指挥部，指挥部由黄甲喜任顾问，刘力群任指挥长，白尊贤、胡益强、余长利、廖夭生任副指挥长。

12 月 31 日，岳阳市铁山管理局和市自来水公司在二水厂召开城区供水管网改造日供 12 万吨铁山水第一期工程竣工新闻发布会。市委宣传部部长白尊贤、市长助理樊德洪、市委原副书记黄甲喜等参加新闻发布会。

2001 年

5 月 2 日，全国政协副主席毛致用、中央军委原副主席张震在湖南省人大副主任董志文、岳阳市委书记于来山、市政协主席高碧云等陪同下视察铁山供水工程。

2002 年

1 月 11 日，全国政协副主席毛致用在岳阳市委副书记高克勤、陈志刚，市政协主席高碧云的陪同下视察岳阳城区统一供应铁山水工程建设工地。

3 月 19 日，水利部长江水利委员会以长江务〔2002〕141 号文件，下达《关于“湖南省水利厅关于报送湖南省铁山水利枢纽工程除险加固初步设计报告”的批复》，批准铁山水利枢纽工程除险加固工程初设概算总投资 5393.28 万元。

4 月 23—24 日，由水利部、世界银行共同主办的第六届用水户参与灌溉管理国际研讨会以岳阳市铁山供水管理局为现场，来自 30 多个国家及水利部、省水利厅的官员、专家近百人实地考察铁山灌区用水协会建设运行情况，与会专家及官员对铁山灌区的“经济自立灌区”（SIDD）试验和建立、推广“农民用水协会”（WUA）工作予以高度评价。

5 月 20 日上午，市城区自来水价格调整听证会在汉森宾馆召开，市物价局局长金炯然主持会议。省物价局水协、市政府、市农办、市铁山管理局、市建设局等有关方面负责人以及社会各界、各行各业 31 名用水户代表参加听证会，部分市民和兄弟单位代表列席旁听。调整方案由市物价局报请市政府审批，经省物价局核准，于 8 月正式实施。

8 月，市铁山供水工程管理局副局长兼市自来水公司经理尹山荣获第三届“岳阳市十大杰出青年”光荣称号。

10 月 7 日上午，金凤水库至一水厂原水干管工程开闸分段试通水。10 月 10 日 10 时 58 分铁山清泉经过刚刚竣工的 14.5 千米主干管，从岳阳城市的东面穿城而过，流到北门水厂（一水厂）。

10 月 10 日，岳阳市饮用铁山水工程竣工通水。该工程包括改造二水厂供水管网和兴建一水厂原水管道，概算总投资 9200 万元，其中第一期工程投资 1200 万元，配套建设城区供水管网 20 余处 6800 多米，2001 年春节前竣工通水，使二水厂日供铁山水能力达到 12 万吨以上。第二期工程是兴建金凤水库向自来水公司一水厂供水的原水管道，用优质铁山水置换洞庭湖水，于 2001 年 8 月上旬正式动工兴建。市自来水公司一、二水厂已全部引用铁山水，日供水能力达 40 万吨。

10 月 18 日，岳阳市委、市政府在南湖广场召开岳阳市饮用铁山水工程竣工庆典，会议由市人民政府市长罗碧升主持，全国政协副主席毛致用、湖南省人民政府副省长郑茂清、岳阳市委书记于来山分别致词，各县（市）区一把手、市直有关单位负责人、离退休副厅以上老干部，各单位干部职工、当地群众近 2 万人参加庆典活动。

同日，《洞庭之声》头版头条刊发《告别洞庭水，喜饮铁山泉》。

10 月 19 日，《人民日报》刊发《岳阳市民喝上铁山清泉》。

10 月 20 日，《湖南日报》头版头条刊发《岳阳市民喝上优质铁山水》。

10 月 22 日，湖南卫视台、湖南经视台播放岳阳市饮用铁山水工程竣工庆典新闻。

10 月 23 日，中央电视台《新闻 30 分》节目以《湖南岳阳：告别洞庭水，饮上清甘泉》为题，播放了岳阳市饮用铁山水工程竣工庆典新闻。

2003 年

1 月 28 日，省物价局发文确定铁山小水电上网价格每度由 0.17 元调至 0.24 元。4 月 11 日，铁山原水及自来水价格调整听证会与消费者代表形成优质优价的共识。

2 月 27 日，国家计委、水利部以计投资〔2003〕297 号文下达 2003 年第一批病险水库除险加固工程中央预算专项资金投资计划，安排铁山水利枢纽除险加固资金计划 5397 万元，其中国家投资 2700 万元、地方配套资金 2697 万元。

3 月 3 日，国家计委、水利部以计投资〔2003〕301 号文下达 2003 年大型灌区续建配套和节水灌溉示范项目国家预算内专项资金投资计划，安排铁山灌区配套资金计划 1200 万元，其中国家投资 600 万元、地方配套资金600万元。

4月11日，岳阳市城区调整铁山原水及自来水价格听证会在汉森宾馆召开。会议由市物价局局长罗陆平主持，省物价局、市政府、市铁山管理局、市自来水公司等单位的负责人参加，来自市区厂矿、学校、商业、机关、岳阳楼办事处等13个行业的31名消费者代表出席会议，部分市民和相关单位代表列席会议。会议一致认为，根据铁山原水供水成本与现行水价严重倒挂的实际情况，按照国家有关政策和“优质优价”的原则，适当提高水价格，市民能够理解和接受，93.5%的听证会代表同意调整铁山原水及自来水价格。经市政府第四次常务会议研究并报省物价局同意，铁山原水价格每吨从0.17元调至0.3元，居民生活用水、行政事业用水每吨1.46元，工业用水每吨1.5元，经营性服务用水每吨2.4元，特殊行业用水每吨4.9元，该价格自2003年6月抄见水量起执行。

4月18日，市政府第四次常务会议同意调整铁山原水与自来水价格。

5月13日，市政府成立铁山水资源保护领导小组，由市领导郭正初任组长，市农办、市水务局等13家单位各明确1名副职为成员，加强对铁山水资源保护工作的领导。投资500万元在铁山库区毛田镇、月田镇兴建4个生活垃圾处理站，添置垃圾清运车，沿集镇街道两侧设置170多个垃圾桶；在月田镇动工修建地下排污管网和污水净化处理装置，计划2004年6月前完工；在北总干渠沿渠两侧有村庄和交通要道处新建防止渠水污染的隔离墙；在金凤水库人畜经过的地段新建钢丝防护网。

5月21日，省物价局正式发文将铁山原水与自来水价格每吨上调0.19元。

12月30日，病险水库除险加固工程项目发布招投标公告，铁山灌区病险水库除险加固各项工作正式启动。

2004年

2月，铁山水库枢纽除险加固工程正式开工建设，其中国家投资2700万元，共有6个标段，包括铁山大坝上游预制块护坡及北总干渠首引水洞隧洞加固，饶港坝上游削坡、预制块护坡及下游堤坝培护，饶港坝高喷灌浆、冲抓回填及坝基帷幕灌浆，铁山水库溢洪道冲刷坑、消力池及泄水渠加固，金凤水库主副坝帷幕灌浆及高喷灌浆，下游增设导渗井、导渗沟和排水凌体及下游护坡。在项目实施过程中，严格实行项目法人制、工程招投标制和工程监理制。至3月底，库区完成退耕还林面积12000公顷。

2月13日，保护城区生态环境和铁山水库水资源列入岳阳市委、市政府2004年必办9件实事之一。

4月5日，在灌区和城区开展水法规宣传活动，共出动宣传车10台，张贴宣传标语3000张，宣传活动范围涉及铁山水库周边所有乡镇，南北总干渠沿线乡镇及城区输水管道沿线地段。

9月3日，铁山北灌区三合农民用水者协会成立。

10月27日，岳阳楼区小湖湾社区饮用铁山水工程通水。该实事工程由市委书记易炼红牵头，政府组织，自来水公司和铁路部门共同实施，该社区5000多户铁路职工和楼区居民终于结束了饮用芭蕉湖水的历史。

2005年

1月2日，经北京中绿华夏有机食品认证中心审核，铁山水库生产的“相思湖鱼”牌系列产品（鳙鱼、鲢鱼、餐条鱼、鲫鱼）符合《有机食品生产技术准则》要求，被认定为有机食品，颁发有机食品证书。证书编号为COFCC-K-0412-0227。

6月6日，市铁山灌区管理局以岳阳县北干渠为现场，开展创建样板渠活动，全力推行“所长样板渠、站长示范段、职工责任区”管理模式，在100多千米的渠道上自己动手维修养护和清淤除草，疏通天沟、排水沟50多千米，渠坡除草6万平方米，整修路面32.4千米，渠底清淤1.8万多立方米，确保渠道维修养护质量，节省维修养护费用近百万元。同时，灌区28个受益乡镇组织近10万名劳力对804千米的铁山灌渠进行清淤扫障。

6月27日，铁山库区普降大雨，从26日23时30分至27日12时降雨151毫米，其中立新站降雨226毫米，库水位由87.58米上升至88.69米。

7月25—29日，由水利部中英项目办举办的中英合作项目农民用水户协会组建与运行培训班在岳阳市铁山灌区召开。

10月，铁山灌区病险水库除险加固工程竣工。

11 月，铁山水库管理所在岳阳市区设立“相思湖”鱼产品专卖店，铁山鱼鱼价比同类高出 50%，且供不应求。

年末，水利部授予铁山局 2004 年—2005 年度全国大型灌区精神文明建设先进单位，全国“四五”普法先进单位和全省依法治理工作先进单位。局长徐石坚获评全国大型灌区精神文明建设先进个人。

2006 年

4 月 3 日《人民日报》头版头条以《协会服务农户，家家节支省心，湖南铁山灌区一把锄头管水》为题，对铁山灌区协会服务新农村建设予以报道。

21 日，全市防汛抗灾工作会议在铁山召开，全体与会代表参观铁山水库大坝和溢洪道。

6 月 2—7 日，经水利部农水司、世界银行商定，全国大型灌区负责人和部、省相关科研机构专家及领导 30 多人在铁山灌区举办全国灌区管理现代化与灌溉对比分析培训班，培训班以铁山灌区为现场，在灌溉技术、服务理念、平等可靠和灵活的灌溉制度建设、灌区快速评估方法，项目运行评估等方面进行交流。

9 月 24 日，市第五次党代会期间，市委书记易炼红在参加岳阳县代表团分组讨论时强调，市委、市政府全力支持把铁山水引到荣家湾，让岳阳县城区居民喝上优质铁山水。

9 月 27 日，岳阳县城区铁山引水工程建设协调指挥部挂牌，饮水工程项目建设正式启动。

10 月 12—13 日，市委副书记、代市长黄兰香率领市政府、市农办、市水利局、铁山管理局及岳阳县领导实地考察岳阳县城饮用铁山水工程沿线，并在岳阳县城举行办公会议，具体研究整个工程建设工作，要求尽快开工，尽早受益。

11 月 23 日，世界银行、水利部灌溉中心等单位领导到铁山灌区进行中英扶贫合同项目第二期工程考察。

2007 年

1 月 6 日，学院路工程建设正式开工，4 月 1 日竣工，比市领导要求的 5 月 1 日通水提前 30 天，使该区域近 3 万人喝上铁山水。

1 月 17—23 日，由驻水利部监察局和水利部农水司联合主办，湖南省水利厅和市铁山管理局承办，全国灌区民主评议行风工作总结座谈会在岳阳市铁山灌区召开，来自全国 230 名代表参加会议。水利部党组成员、驻部纪检组长张印忠出席会议并作工作报告，湖南省水利厅等 5 个单位作大会典型发言，并以铁山灌区为现场，就如何结合灌区实际、加强行风建设、强化灌区服务功能等进行交流。与会代表还实地参观铁山灌区井塘农民用水户协会、南灌区张公用管理站和二水厂等现场。

8 月下旬，市人大、市政府相关领导带领市编办、市财政和铁山管理局有关人员，到韶山、双牌和大圳 3 个已实施体制改革的大型灌区进行考察学习。

9 月中旬，市长黄兰香、副市长陈四海分别在铁山管理局向市政府上报的《关于尽快批准铁山水管体制改革实施方案的请示》上作出批示。

10 月上旬，市编办、市财政局组织相关人员对铁山管理局水管体制改革“两定”“两费”进行复核测算，核定铁山管理局全额拨款行政编制 45 名，差额拨款编制 258 名，较好地解决了铁山管理局干部职工关心的生存问题。

11 月 8 日，市委书记易炼红在铁山管理局递交的情况报告上批示尽快组织铁山水库外引水源工程实施。

11 月 13 日，市长黄兰香主持召开专题会议，研究铁山水库水量不足和水质保护工作。至年底，市政府已成立由副市长陈四海任组长的铁山水库外引水源工程工作领导小组，专家组正进行引水工程的可研论证，为市领导科学决策作前期准备工作。

11 月 15 日，市五届人大常委会召开第三十一次会议，听取和审议市政府关于落实《市人大常委会关于加强铁山水资源保护的决议》情况报告。

2008 年

2 月 29 日，湘水管〔2008〕03 号文件确定铁山管理局为湖南省农业水价综合改革试点灌区。

5 月 8 日，省委常委、宣传部部长蒋建国在市领导易炼红、赖社光的陪同下，视察铁山水库防汛工作。

11 月 13 日，市政府召开第十六次常务会议。会议认为随着城市的扩展和经济社会的发展，铁山水库供水与城市生产生活用水需求的矛盾逐步显现并日益扩大，必须有应对措施加以解决，而昌江引水方案可行性居优，会议明确由市发改委牵头调研论证后提交市政府决策，外引水源工程已经启动。

2009 年

6 月 11 日，市委副书记、市长黄兰香到铁山库区调研，当即指示“要切实加强铁山水资源保护，严格控制污染，对库区乡镇在铁山水质保护作了贡献的实施年终考核以奖代投”，并决定由政府财政每年投入 100 多万元用于扶助库区乡镇环保项目建设，有效地推进库区生态环境保护。

9 月底，铁山灌区末级渠系节水改造工程全部完成，完成项目投资 1798 万元，占项目投资总额的 101.2%。项目区改造衬砌支渠 7 条 50.52 千米、斗农渠 158 条 66.7 千米，配套量水设施和附建物 402 处，完成土石方 14.67 万立方米。在此基础上，争取铁山灌区 2009 年度农业水价综合改革试点项目中央财政投资 300 万元、农民用水户协会建设资金 20 万元。

2011 年

11 月 28 日，水利部以铁山灌区井塘协会为“水利系统窗口服务单位为民服务创先争优”活动现场，召开全国水利系统创先争优工作现场会。水利部副部长周英、中央组织部干部四局副局长陈玉明及全国水利系统厅局以上领导 80 余人参加活动。

2012 年

11 月 6 日，市长盛荣华到铁山水库就水资源保护工作进行专题调研，提出“禁、关、拆、补”四项重要举措，就七项具体工作进行部署，将采取有力的长效机制保护铁山水资源。

2013 年

2 月 20 日，市人民政府发布《关于禁止在铁山水库游泳钓鱼的通告》，从 2013 年起铁山水库全面禁止游钓。

2014 年

2 月 20 日，市政府出台《关于禁止在铁山水库从事旅游垂钓等活动的通告》（岳政告［2014］1 号）。

7 月 15 日，电力所大饶港临时电站废旧发电设备拍卖成功，成交价 23 万元。

8 月 7 日至 9 月 7 日，市政府组织开展铁山水资源保护“行动月”活动。8 月 7 日，市政府在南湖宾馆举行“行动月”活动启动仪式，市长盛荣华、市委副书记李志坚、市人大常委会和市政协的主要领导出席会议，市直和岳阳县相关单位共 150 人参加，市长盛荣华作了重要讲话。

8 月 31 日，铁山水库全面禁止采砂行为。

11 月 4 日，市长盛荣华在铁山库区水资源保护与保障改善民生政府专题会上明确指示：铁山原水加价工作要提到议事日程，请物价局牵头，铁山局，相关部门配合，调研拿出方案，铁山局面对难题锲而不舍、无数次与市物价局汇报衔接协调，积极做好物价部门的相关工作，截至年底，市物价局正式向市政府提交《关于中心城区居民自来水阶梯价格改革及调价有关情况的汇报》，标志着原水调价前期工作正式启动。

12 月 1 日，岳阳市委、市政府出台《关于进一步加强铁山饮用水水源保护与库区民生保障的意见》（岳发［2014］12 号）。

12 月 10 日，岳阳市政府办公室出台《关于印发岳阳市铁山饮用水水源保护工作考核法案的通知》（岳政办发［2014］32 号）。

2014 年完成 2013 年度铁山灌区农业水价综合改革示范项目的各项任务，并争取到 2014 年度铁山灌区农业水价综合改革示范项目，范围为铁山灌区饶港分干渠甘田农民用水者协会，涉及 3 个乡镇，13 个行政村。

2015 年

5 月 22 日，大饶港临时电站增效扩容改造完成，发电并网。

12 月 18 日，岳阳市发展和改革委员会出台《关于我市城区实行自来水阶梯水价改革及调整自来水供水价格、原水价格、污水处理费和水资源费征收标准的公告》，原水价格（铁山水库工程水费）调整为 0.43 元/立方米。

2016 年

12 月 12 日，市委专题研究铁山管理局在市农业银行债务处置相关工作。最终同意以 5600 万元的处置价格，由市城建投公司作为债务回购主体，一次性出资回购铁山管理局在农行的全部债务，实现债务清零终结处置；同时在市信用联社的贷款本息 0.23 亿元也处置到位，有效化解修建铁山城市供水工程积压的沉重债务包袱。

2017 年

6 月 25 日，市委副书记李爱武到铁山水库调研。

12 月 21 日，湖南省水利系统人事工作代表团参观铁山水库。

2018 年

3 月 15 日，北干渠沿线的经开区远大预制构件厂、临湘市正昌矿业、岳阳县广发采石场等地段启动明渠改箱涵封闭措施工程，改造长度 600 余米。

2019 年

7 月 18 日，铁山南总干渠开闸供水，全面开启农业灌溉。至 9 月 17 日，有效供水 60 天。铁山北总干渠从 6 月 3 日开始，同时供应城市生活用水和农田灌溉用水。铁山水库全年供应农田灌溉用水 0.8 亿立方米，供应城镇生活饮用水 1.1 亿立方米，城市生态补水 600 万立方米，全力保障灌区近百万亩农田和城乡 150 万名居民的用水安全。

2020 年

1 月 12 日，铁山管理局启动“十四五”铁山灌区续建配套与现代化改造项目试点申报工作。向省水利厅汇报对接，委托省水利厅水电勘测设计总院编制实施方案，召开灌区各县（市、区）水利局负责人、编制单位专家征求意见座谈会，召开市直相关部门和灌区市县区政府规划编制工作部署会，通过 5 个月的努力最后形成该项目实施方案。6 月中旬，该实施方案通过省发改委和省水利厅评审，并于 8 月中旬通过水利部组织的专家评审。

3 月 5 日至 7 月 7 日，铁山管理局密切配合气象部门在库区集雨区内抢抓降雨云天气，及时开展人工增雨 11 次，发射炮弹 26 发。系铁山水库关闸蓄水 38 年来首次从汛前开始启动人工增雨。至年底，铁山水库累计降雨量 1835.7 毫米，比 2019 年同期的 1140.5 毫米多 695.2 毫米，多 60.9%。7 月 7 日、10 月 14 日，铁山库区连续降雨，月田河双港口拦污索 3 次被大水冲断，周边大量的水葫芦冲入铁山水库，水葫芦迅速繁殖，极易引发库区水污染。铁山水库枢纽管理所及时出动全自动垃圾打捞船 2 艘，工作 161 天，抽调租用船只 2498 艘次，内调外请打捞人员 4996 个工日，彻底把水葫芦打捞干净。

7 月 9 日至 10 月 20 日，铁山管理局铁山水库枢纽管理所、综合执法支队和铁山派出所开展以“整顿渔业秩序，保护铁山水质”为主题的百日专项联合整治行动，对库区内外偷钓、偷捕违法人员重拳出击。行政拘留 5 人，提请刑事拘留 1 人，行政处罚 65 人，劝离钓鱼人员近 1000 人，收缴钓竿 397 支、浮钓 2023 支、非法捕捞三层网 212 条、鲫鱼网 222 条、地笼 1712 个、刁子网 21979 条，罚款 4.64 万元。

综 述

新墙河属洞庭湖水系，古称“微水”，后以南岸下游新墙镇得名。源自平江县板江乡宝贝岭，至箮口镇与发源于临湘市药姑山的游港河汇合，跨平江、临湘、岳阳三县市，为岳阳市境内第二大河流，经岳阳县新墙、荣家湾至君港入洞庭湖，流域面积 2382 平方千米。

历史上的新墙河曾带给两岸人民深重的灾难。晚清至民国期间，由于反动统治阶级的残酷压迫和剥削，水利长期失修，每逢洪涝成灾，两岸哀鸿遍野，民不聊生。1938—1945 年，侵华日军铁蹄践踏岳阳达 7 年之久，遭受蹂躏的岳阳人民苦不堪言，新墙河水泛为患，流淌着两岸人民的血泪。解放初期，新墙河再也进不了千担巨船，而只能进小木船了。1954 年，洞庭湖肆意膨胀，摧毁了沿线所有的庭院，广阔的湖区一夜之间沦为泽国，毁灭房舍无以数计。

为了彻底根治新墙河水患，从二十世纪中叶开始，岳阳县开始规划并修建铁山水库工程。因水库位于湖南省岳阳市新墙河上游，大坝坝址在岳阳县公田镇铁山口而得名。

铁山水库工程的规划设计工作始于 1956 年。1958 年秋，岳阳县委成立铁山水库修建工程指挥部，治理新墙河的梦想从此开始萌发：在新墙河流域历史性灾难的灰色底子上为群众擘画一张未来生活风调雨顺的幸福蓝图。经过 5 个多月的紧张施工，大坝工程初步完工。然而，1959 年 3 月，因汛期提前引起山洪暴发，奔腾咆哮的洪水破坝而下，已回填的大部分土石方瞬间如天崩地裂般被冲走，辛勤的劳动成果顿时化为一地泥汤。其时，岳阳县还在进行围垦君山农场和修建京广复线两大工程，由于基本战线拉得过长，再加上财政困难，铁山水库工程被迫停滞。

随着国民经济和水利事业的发展，国力和地方财力的增强，深埋在全县干部群众心底的复建铁山水库的愿望日益强烈。1974 年，时任县委书记文启龙将人民群众的呼声带到了县委常委会会议上，经过热烈而又认真的讨论，很快得到了县委一班人的共识。7 月 27 日，岳阳县委正式向岳阳地委呈报《请求复修铁山水库的报告》。尔后，文启龙又先后 3 次向省委书记毛致用汇报工程准备情况，每次都得到毛致用的鼓励和支持。1976 年 10 月，县委召开区、公社、大队负责干部共 5000 余人的三级干部大会，动员全县人民复建铁山水库。同时按照“先修渠、后堵坝”的施工程序，先在兰桥公社姑桥地段修建了 2000 多米的示范渠，并修好了 3 条通往铁山水库大坝工地的简易公路。随着开山的第一声炮响，一场战天斗地征服自然的修建铁山水库工程在巴陵大地上拉开了序幕。

1978—1980 年，铁山水库工程的建设进入进展缓慢的阶段。一部分人面对这个浩大的工程从心理上开始动摇，他们认为：铁山工程太大，而效益并不见得很好，压在岳阳县人民群众身上的“中洲、铁山、修县城”三根绳，成了农村尽快致富的拦路虎。岳阳县委迫于多方面的压力，向地委、省委、中央书记处呈报《关于请求批准缓建铁山灌区工程的报告》，从中央到地方，铁山工程引起了人民的普遍关注。经过权衡利弊，仔细斟酌，在这关键时期，湖南省委主要领导毛致用等人深入基层，经过广泛座谈，对各项数据进行科学了解和严格审核，认为铁山水库工程是一项花钱较少、收益较大，规划比较合理的工程，虽然目前有困难，但是续建比停建、缓建更为有利。同时，省委在工程投入、民工生活补助上给予支持。

1981 年春夏，中国社会科学院经济研究所李某的一份《劳民伤财、效益不大的水利工程应当下马》的调查报告，完全否定了铁山灌区工程的规划设计，并递到了国务院主要领导的案头。中央派出调查组，到岳阳铁山灌区工程的问题进行调查。调查组用了 16 天时间对岳阳地委、县委的主要领导、群众、工程技术人员进行了全面、细致、慎重的调查，认为铁山灌区应继续施工，尽快做好大坝截流的准备。此后，中共中央主席胡耀邦、国务院副总理万里在调查组的报告上相继批示同意续建，一场长达两年之久，数万人参与争议的关于铁山工程的上马还是下马的问题，随着共和国最高领导人的批示，画上了句号。1981 年 9 月，工程再次进入施工热潮。1982 年枢纽工程基本竣工。南总干渠于 1976 年冬启动建设，1988 年南总干渠及所属三条分干渠相继建成并交付使用；北总干渠于 1990 年 3 月启动建设，1997 年底建成并交付使用。岳阳市城市供水工程于 1993 年 4 月开工，2002 年 10 月竣工；岳阳县铁山饮水工程于 2006 年 9 月规划设计并启动建设，2007 年 9 月竣工通水。至此，耗资数亿元，动用劳力数十万，历经近半个世纪，集防洪、除涝、灌溉、发电、渔业和居民饮水于一体的浩大工程终于完成。

铁山水库工程凝聚了领导者和建设们的智慧和汗水。在铁山水库工程的整个建设过程中，岳阳县委班子手挽手、肩并肩、有福同享有难同当，坚持真理、修正错误，起到了团结奋斗的核心作用。从拟定铁山水库工程建设方案到整个修渠过程，县委班子充分发扬民主精神，遇事同商量，有事同解决，形成了坚强团结的战斗堡垒和战斗集体。李怀芝、许志龙、文启龙、李朗秋、张月桂等县委主要领导经常深入工地，既当指挥员，又当战斗员，他们身先士卒、始终冲锋在工地第一线，影响和带动着广大人民群众。县委副书记李怀芝，从 1975 年年初进驻铁山工地到 1982 年 5 月积劳成疾去世，8 个春节有 7 个在铁山工地上度过。在他弥留之际，向党组织提出的唯一要求，就是在自己死后将骨灰洒在铁山水库。原岳阳地区水电工程队队长张仁刚在崩山分干渠付保渡槽指挥抢救故障时，被横飞过来的钢棍击中，在送往医院抢救的途中心脏停止了跳动。在修建铁山水库工程过程中，岳阳县人民群众充分发扬奋发图强、自力更生的革命精神，在极端困难的条件下，10 万多名劳动大军在巴陵大地的悬崖绝壁和丘岗山地中摆开战场，没有资金自己筹，不懂技术自己干，从事着开山凿洞、挖渠抬石的重体力劳动：架通宏图渡槽、打通大荆塘隧洞、征服绕村金西绝壁、强攻刘富湾渡槽、会战张公用分水枢纽，无不浸透着劳动者的智慧与血汗。不少群众经常带病工作，有的几次受伤不下火线，有的献出了宝贵的生命。修建铁山水库工程是一个需要英雄且英雄辈出的悲壮历程，在这个宏伟的事业中，有 79 名技工和民工为实现梦想，无惧面对生死，无悔血洒铁山，最大的 53 岁，最小的才 16 岁，有 143 名技工和民工因公终生致残，遍及岳阳县当时的 32 个乡镇。

建设铁山水库工程的号角吹响后，有南冲、毛田、月田、黄岸、大塅 5 个乡 9692 户 37789 名村民需要移民到中洲垸、春风农场等移民基地。这些移民祖祖辈辈在山区栖息繁衍，不习惯湖区生活，却义无反顾地听从安排，携儿带女到湖区安家落户，为国家分忧。从 1976 年冬首批移民外迁到 1989 年移民搬迁工作全部结束，前后历时 11 年，移民工作进行得平稳有序。搬迁后，移民们安居乐业，脱贫致富，出现耕地、房屋占有水平，生活水平，教育水平，对国家的贡献高于搬迁以前的“四高”景象，几十年来无一户移民返迁。

党员干部、人民群众、库区移民，共同谱写了一曲“誓将岳阳县河山重安排”的协作之歌！铁山水库枢纽工程设计获国家优秀设计奖金质奖，铁山水库枢纽地质勘察工程获国家级优秀工程勘察银质奖，铁山灌区大坝工程获湖南省优质工程奖。

现在的铁山水库是湖南最大的人工湖，拦截新墙河支流沙港河流域面积 493 平方千米地表径流，水岸线长达 328 千米，总库容 6.35 亿立方米。铁山灌区东起岳阳县公田镇，西抵洞庭湖滨，南达汨罗市汨罗江北岸，北接临湘桃林等乡镇，东西延绵 55 千米，南北横贯 50 千米，总面积 2600 平方千米，渠道工程分南北两线，总长 800 余千米，俨然成为一条巨龙蜿蜒在巴陵大地，不舍昼夜地滋润着巴陵儿女！40 年来，彻底改变了新墙河两岸频繁的洪涝灾害和因大旱农田减产甚至绝收现象，确保了百万亩农田灌溉受益。同时，工程充分发挥城镇供水、防洪拦沙、水力发电、水产养殖、旅游观光等综合功能，显现出巨大的社会效益和经济效益。

今日铁山水库雅称“千岛之湖”，四周群山环抱，岛屿星罗棋布，库水明净如镜，水鸟山花锦鳞成趣，远山近树碧波相融。2011 年，铁山水库水源地被列入全国重要饮用水源地名录，成为百万岳阳人民的“大水缸”。饮用水源关乎百万居民用水安全，为加强对这个“大水缸”的保护，岳阳市设立了铁山水资源生态保护专项资金，预算每年筹资不少于 3000 万元，是湖南省 14 个市州中唯一为重要水源地设立生态保护专项资金的市州。同时，按照“市县共建”原则，岳阳县成立了铁山水资源综合执法局，负责铁山水资源保护工作的协调和管理。每日有专门执法人员巡逻，确保铁山库区水资源安全，全县解体拖离库区 28 条采矿砂船，关停 11 家竹木加工厂，完成保护区内 148 户规模养殖场退养，建设 8 个垃圾压缩中转站，完成 5 个主要入库河流拦污工程和 8000 余个“四池净化”设施建设，水库水质稳定在Ⅱ类标准。

库区涉及岳阳县毛田镇、月田镇、公田镇 3 个乡镇，全县 152 个自然行政村，其中环水库村 52 个。库区核心区 200 米范围为红线区，逐步退出耕地，实施退耕还林。对库区村庄，全县建成分散式生活污水处理系统 1854 套，集中式生活污水处理系统 10 套，配套建设污水管网 3600 多米，日处理生活污水达 1000 多吨。每户村民家中生活污水通过污水管网收集后，集中进入格栅池，再通过厌氧反应有效处理有机污染物质，最后通过人工湿地砂滤和植物吸收，去除氮磷等营养物质后才排向自然界。同时，全县还建立了河湖管护长效机制，持续改善水环境质量，为“守护好一江碧水”贡献岳阳县力量。

铁山库区自古民风淳朴，物产丰富，风光秀丽。千百年来，一代又一代库区人民群众胼手砥足，在这块土地上繁衍生息，以其勤劳智慧，孕育了鲜明独特的习俗和风情。至 2021 年，库区已经趟出了一条生态优先、绿色发展为导向的高质量发展新路子：饶港河瓜蒌子、黄安茶叶、许三星艾叶、竹娃等本土品牌如雨后春笋，势如破竹地发展起来。一幅天蓝地绿、水清林秀、生态和美的画卷正在巴陵大地徐徐展开。

大湖潮涌，一如千年，却已焕发新颜。

第一章　梦想的缘起

新墙河流域面积 2382 平方千米。岳阳县是全国种粮大县，与新墙河密切相关，历史上的新墙河曾带给两岸人民深重的灾难。为彻底根治新墙河水患，从 20 世纪中期起，岳阳县开始修建铁山水库工程，耗资数亿元，动用劳力数十万人，历经数十年坎坷，终于从一张设计图纸变成集城市供水、农业灌溉、防洪拦沙、旅游发电为一体的浩大工程。

第一节　旱涝的苦难

新墙河是岳阳市境内第二大河流，属洞庭湖水系，古称微水，后因岳阳县久负盛名的农村集镇新墙镇位于其下游而得名。新墙河主河道东西长 62 千米，流域南北宽 53 千米。2000 年前，流经平江、临湘、岳阳 3 个县的 48 个乡、2 个集镇的 460 个自然村，其中流经岳阳县的 33 个乡镇、442 个村。全流域总面积 2382 平方千米。

新墙河在三港嘴以上接纳三条主要支流。一是沙港河，发源于平江县牛栏坳，至三港嘴全长 79.6 千米；二是游港河，发源于临湘县龙窑山，至三港嘴全长 82.2 千米；三是龙湾河，发源于岳阳县伍家洞。3 条支流在“三港嘴”汇集而形成新墙河，并由此地向西南奔涌，经新墙、荣家湾两镇至破岚口注入东洞庭湖。

此外，新墙河还有 51 条长度在 5 千米以上的较小支流，如忠防河、甘田河、杨林河等。

自古以来，新墙河不仅滋润着两岸大片田园，为境内农业发展做出巨大贡献，还是岳阳百十里山川的水上交通要道，为两岸人民提供舟楫之便。据清同治《巴陵县志》记载："新墙河至南津港，能行千担巨船。"

晚清至民国时期，水利长期失修，洪涝成灾，两岸哀鸿遍野，民不聊生。1938—1945 年，侵华日军的铁蹄践踏岳阳达 7 年之久，遭受蹂躏的岳阳人民苦不堪言，新墙河水泛为患，流淌着两岸人民的血和泪。近百年来，新墙河流域的森林资源遭到大规模破坏，植被锐减，造成水土大量流失。至解放初期，新墙河再也进不了"千担巨船"，只能进小木船。至 20 世纪 80 年代初，域内水土流失最严重时面积达 317 平方千米，占流域总面积的 13.3%。据 1983 年调查统计：全流域水土流失面积 179.33 平方千米，占流域总面积的 36.4%，其中轻度流失面积 78.85 公顷，中度流失面积 77.26 公顷，强度流失面积 23.03 公顷，剧烈流失面积 0.19 公顷。两岸农田内涝不能外排，48.67 公顷稳产高产农田沦为沼泽和冷浸田。有 3 个村庄因洪水经常侵扰，12 户居民被迫外迁。长年累月被雨水冲刷而下的泥沙进入新墙河后，促使河床不断抬高，河道肆意增宽。自古作为水上交通要道的新墙河，自 20 世纪 60 年代末起，连小木船也载不起。

从 1949 年到 1982 年铁山水库关闸蓄水前的 33 年中，新墙河部分泥沙淤塞严重的地段，河床竟然抬高 5 米以上，形成地上悬河。沿河两岸经常遭受"半月不雨抗旱忙，一日大雨水汪汪"的困境。

据 1977 年勘测，新墙大桥桥墩沙层深达 7 米，公田大桥桥墩沙层深达 5 米，沙港河至新墙河的河道面积超过 2200 公顷，积沙在 1.5 亿立方米以上。有的地段的河床高于两岸农田达 5.5 米，两岸人民不得不筑堤防范，聊以安生。

每逢山洪暴发，河水漫溢，造成"千顷稻花飘泽国，万家田舍入江潭"的惨状。轻则水冲沙盖，损坏两岸农田，给农业生产带来重大损失；重则河堤溃决，危及群众生命财产安全，两岸百姓在劫难逃。

据岳阳县灾害资料记载：民国时期的 38 年间，新墙河中下游发生干旱 11 年次，其中特别严重的 1925 年，岳阳县有 90%的人靠吃野草树皮度日，全县饿死人数达三分之一，人称“乙丑大荒”。新中国成立后，在极其艰苦的条件下，党和政府在新墙河地区兴建一批中小型水利工程，在新墙河两岸修建一些加高、加宽的堤防工程。至1975年，区域内修建大坳、岳坊、小饶港、兰桥4座中型水库，小Ⅰ型水库31座，小Ⅱ型水库180座，山塘26360处，河坝560处，架设电力抽水机387台计674万千瓦，内燃机281台4615马力。蓄、引、提总水量3.08亿立方米，按42500公顷现有水田计算，平均每亩毛水量为483立方米。这些工程，以及为了治理新墙河先后采取过的多种措施，虽然达到一定成效，缓解了新墙河流域的旱涝困境，但仍然未能从根本解决问题。

据1949年到1978年灾害资料统计，30年中因旱灾减产的有17年。其中1959年、1960年、1961年、1962年、1965年、1966年、1972年这7年，每年减产粮食在2500万千克以上。就是不太干旱的1978年，受灾面积也达26700公顷，减产面积14000公顷，减产粮食23.3万千克。

1963年出现干旱时，受灾面积达24000公顷，其中7000公顷颗粒无收，按正常年景的产量计算，减产粮食2189万千克；1972年受旱面积28200公顷，其中失收面积达13700公顷，减产粮食4600万千克。

1967年，新墙河流域暴发3次山洪，仅岳阳县就有10000余公顷农田受涝，5000余间房屋被洪水冲倒；1972年暴发2次山洪，岳阳县沿河区社10000余公顷农田受灾，减产粮食1500余万千克；1976年暴发3次山洪，两岸10000余公顷农田受灾，冲倒房屋上万间，直接经济损失448万元。

在铁山灌区工程投入运行以前，南、北灌区仅有旱涝保收水田19400公顷，占水田总面积的56.68%，平均每人只有0.035公顷；在未达到旱涝保收要求的14800公顷水田中，“天水田”还占有4500公顷，抗旱能力在70天以下的占8000公顷。特别是远远不能满足双季稻每亩需水700立方米的要求。而且灌区内区域之间的水利设施和水量占有也不平衡，位于新墙河南岸的岳阳县原黄沙街区和鹿角区所辖6个乡镇以及汨罗市所辖的桃林、火天、新塘、楚塘、白塘、范家园6个乡镇荒丘成片，具有很大的开发潜力。由于水源缺乏，一遇较大的干旱年人畜饮水都很困难。而新墙河以北的广阔地区，到1974年，仅有中型水库1座，小Ⅰ型水库123座，加上电灌和机灌设施蓄、引、提总水量1.2851亿立方米，按当时具有的21600公顷水田面积计算，平均每亩仅有毛水量396立方米，低于灌区平均值。

特别是位于新墙河以北、游港河以西的昆山、梅溪、康王、乌江、龙湾、五垸等地区，丘陵平缓，水源奇缺，为历年干旱死角。1956年至1975年的19年间，这些地区7年就发生一次大干旱，平均每2.7年一次。频繁的干旱严重制约该地区农业生产的快速发展。

新墙河流域交替出现的水旱灾害影响全县农业的稳产高产，推迟广大农民脱贫致富的进程。在严峻的现实面前，要彻底消灭新墙河流域的旱涝灾害，特别是根治新墙河水患，单靠修建中小型水库是决难奏效的。岳阳县委、县政府和广大人民群众逐渐达成共识，认为修建一座大型水库，蓄水防洪，拦截泄入新墙河的大量泥砂，才能取得治理新墙河旱涝之灾的彻底胜利。

第二节　首修铁山水库

新中国成立初期，岳阳县多次动用人力物力加修堤防，疏浚河道，以求抵御灾害。但由于对大自然缺乏科学认识，综合治理措施尚不得力，效果甚微。

为了百姓的安居乐业，岳阳县委、县政府更是没有停止治理新墙河的脚步，努力寻找着一个有效治理这片山水的最佳方案，从根本上彻底解决“干旱、流沙、洪水”的问题。

1956年6月，新墙河治理工作正式摆到岳阳县委、县政府的议事日程上，首次提出在新墙河上游兴建一座大型水库的构想。

1955年春，岳阳县有关部门在制定发展农业生产的长远规划时，认真分析全县的自然条件，认为要实现农业的稳产高产，必须依据除害兴利的原则，彻底整治新墙河。而完成这一任务的唯一有效途径，就是在新墙河上游的铁山口修建一座大型水库，拦腰截住其众多支流下泄新墙河中下游的大量泥砂和特大山洪，减少河床淤积，缓冲汛期洪峰，消除洪涝灾害带来的损失。同时，利用充足的库水，使浅丘陵区的大片农田实现自流灌溉，让新墙河重新造福于人民群众。

这个规划经水利技术人员分析论证、实地查勘、测绘设计属实可行，最后由岳阳地委、县委认真讨论，反复研究，决定兴建水库。岳阳县委向当时的湘潭地委及湖南省委呈送报告，要求修建铁山水库，以根治新墙河水患，减少旱涝灾害。

1956 年，在地委、省委和省水利厅的支持下，岳阳县编制新墙河流域治理规划，铁山灌区工程作为选定项目，包括水库大坝和灌区渠道两大部分。

1957 年，铁山水库正式纳入湘潭专区水利建设的重点项目，湘潭专署水利局曾为这一工程编制粗略的设计报告。

1958 年春，岳阳县采取边勘测、边设计的办法，编制完成铁山水库修建工程计划。9 月中旬，以中共岳阳县委组织部副部长毛致用为总指挥、县委副书记李发启为政治委员的铁山水库修建工程指挥部进驻铁山。

9 月 16 日，先期到达工地的公田、筻口等公社的 2000 多民工，80 多名爆破手以及县级机关抽调的干部，在水库大坝坝址铁山口的沙滩上举行开工典礼。总指挥毛致用号召参加工程建设的全体干部、民工，鼓足干劲，战胜困难，大胆创新，提高工效，尽快建成铁山水库，为子孙后代造福。随后，大坝基础清理工程拉开序幕。第二天，《岳阳报》以《宏伟的工程，幸福的前景》为题，报道铁山水库修建工程全面动工的消息，同时刊载毛致用撰写的《征服大自然，建设新岳阳》的社论。

工程动工后，岳阳县陆续组织劳力大军 14000 人，按军事化建制，公社为营，大队为连，生产队为排。另组建独立工兵营，担负架设运输土石方的铁轨、索道和爆破岩石等任务。在填筑大坝时，所需优质黏土要从几千米远的长安大队运来，除部分坝段有空中索道外，大量土方要靠人拉肩挑。每到晚上，电灯齐明，繁星闪烁，将铁山口点缀得十分壮观。

经过 5 个多月的紧张施工，大坝工程完成土石方 41.5 万立方米，占大坝土石方总任务的 33.5%，大坝填筑达 15 米高程。

1959 年 3 月 6 日，因汛期提前，连续几天的滂沱大雨，引起山洪暴发，水库上游河水猛涨，而泄洪河道过于狭窄，洪水破坝而下，已回填的大部分土石方瞬间被冲走。

当时，由于同一时期内，岳阳县还抽调大批劳力投入围挽君山农场和修建京广铁路复线两大工程，基本建设战线拉得过长，全县农业生产和群众生活受到严重影响，加上财政困难，无力修复。在此情况下，铁山水库工程被迫停滞。

1959 年秋，水利部长沙勘测设计院派出技术人员，对铁山灌区工程进行勘测后，编制初步设计报告。1960 年，湖南省农业厅水利局派人测绘铁山灌区 1/10000 地形图。此后，由于随之而来的国民经济的暂时困难等多方面原因，这一工程被搁置下来。

第三节　复建铁山水库

1965 年，调整国民经济的工作刚刚结束，全县人民纷纷表达复建铁山水库工程的强烈愿望，后因“文化大革命”，这一合理要求无法实现。

1970 年至 1973 年，岳阳县委曾多次向省委、地委呈送报告，要求复修铁山水库。省委领导也多次视察铁山水库旧址，由于多方原因，迟迟未获批准。

时隔 15 个春秋后的 1974 年春，文启龙调任中共岳阳县委书记。由于国民经济和水利事业的发展，国力和地方财力的增强，人们对水利重要性的认识不断加深，岳阳县在制定“五五”计划时，复修铁山灌区工程的议题重新摆到桌面上。7 月 27 日，全县贫下中农代表大会通过复修铁山灌区工程的决议。岳阳县委向岳阳地委和湖南省委呈报《关于请求批准复建铁山水库根治新墙河的报告》，列举这项工程具有灌溉农田、削减洪峰、拦截流沙、扩大耕地、发展渔业、增加电源、短途航运、风景旅游、城镇供水和优化环境等十大好处，并经岳阳地委审查上报湖南省委。10 月 7 日，中共湖南省委第一书记张平化、省委书记王治国到岳阳县毛田区视察工作，岳阳县委书记文启龙及时汇报复修铁山灌区工程的计划。当时湖南省已列为全国粮棉生产基地，岳阳县委提出复修铁山水库，加速发展粮棉生产的请求，无疑顺应了这一历史潮流，得到省委领导的一致赞同。陪同视察的岳阳地委书记董志文表示地委专署机关将给予大力协助与支持。根据省委、地委主要负责同志的意见，岳阳县委进行专题研究后，迅速成立办事班子，开展修建铁山灌区工程的前期准备工作。11 月 30 日，岳阳县水电局副局长周煦奇带领 14 名技术人员到铁山灌区，开始全面勘察测量和调查研究，编制工程初步设计书。并于 12 月 15 日向地委报送《组建铁山灌区工程勘测规划班子》的报告。当时，省委、地委对这项建设新农村的举措全力支持，并建议灌区范围不要局限于岳阳县，应争取汨罗、临湘两县的部分地区也能受益。

1975 年 1 月，岳阳地委同意岳阳县委复建铁山水库意见，从地区水利局抽调一名副局长和 4 名主要技术干部参与规划，并拨款 10 万元作为设计经费。勘查队伍增加至 48 人，由两个测量队负责勘测渠道线路，两个工作组调查库区移民的安置问题。湖南省水利水电勘测设计院也派出工程技术人员参与勘测工作。2 月 25 日，湖南省水利电力局副局长郑维亮、副总工程师顾知礼、工程师李铿湘，省水利水电勘测设计院主任张敦周，工程师陶懋刚、杨道衡、曾坤甫、许予同等 8 人，深入铁山灌区，用 6 天时间对铁山水库坝址及灌区的地势地形进行细致的实地勘测，一致认为铁山灌区工程是个好工程。6 月 26 日，岳阳县委向省委、地委呈报《关于复修铁山水库的报告》，之后还 3 次向省委书记毛致用汇报工程准备情况，每次都得到他的鼓励和支持。6 月 28 日，毛致用批示湖南省农委："迅速提出意见，报请省委常委讨论确定。"7 月 10 日，湖南省水利水电勘测设计院派出骆际赵、甘舜芳等 19 名规划设计人员到岳阳县，配合岳阳地、县水电局技术干部着手编制铁山灌区工程初步设计书。这支由省、地、县近百名工程技术人员组成的勘测队伍，满怀激情，跋山涉水，披星戴月，于 8 月中旬编制完成《铁山灌区工程初步设计书》，并上报省有关部门。湖南省建委、湖南省水电厅、湖南省水利水电勘测设计院共同进行中间审查。

由湖南省水利水电勘测设计院编制的《铁山灌区工程初步设计书》分提要、气象与水文、工程地质、对工程综合利用的要求、灌区规划、灌区水量平衡计算、水库水利计算与动能、水库枢纽工程建筑物设计、渠道及渠道建筑物的规划与设计、施工组织设计、工程效益、工程概算等13章46节。同时，附有《铁山水库水文专题报告》《铁山灌区临湘部分需水情况分析》《关于铁山水库移民安置初步意见的报告》《铁山灌区工程概算书》《铁山灌区工程初步设计阶段地质工程勘查报告》等5个文件。另有工程示意、地质、水文水能水库、水工设计、施工设计、灌区渠系直接配水示意等方面的图纸32张。从已经竣工验收并投入运行的建设项目来看，枢纽工程与原初步设计差异不大，南灌区渠系工程比原初步设计有较大变化，支渠由18条增加到43条，原小饶港灌区纳入南灌区的管辖范围。灌区受益耕地也有所调整，增加了汨罗江北地区7600公顷，减少了岳阳县中洲垸3300公顷，使南灌区规划灌溉面积由33500公顷扩大到37800公顷，南北两个灌区规划灌溉耕地面积由59300公顷扩大到63600公顷。将正在施工的北灌区渠系工程，在初步设计规划的基础上作了部分修正。原设计分干2条线增加到3条，支渠12条增加到31条。同时由于增加移民基地建设项目和其他因素，工程概算增加幅度较大。

1975年9月中旬，省水利水电勘测设计院再次派出规划设计、地质勘探和地形测量人员到现场进行扩大初步设计书的工作。10月9日，铁山灌区工程指挥部成立，由县委副书记李怀芝、许志龙分任正、副指挥长。12月，县委动员10万劳动大军开赴中洲垸，开展约5300公顷集雨面积的围垦工程，作为安置库区移民的主要基地。

1976年5月10日，由省水利水电勘测设计院副主任刘琪带领的技术人员，配合地、县有关部门负责人和专业技术干部60余人，对扩大初步设计工作进行中间审查。决定大坝坝址仍然选在铁山口，坝型为黏土斜墙沙石混合坝，库容5.46亿立方米，灌溉面积63580公顷，枢纽工程7处，渠道分南、北两总干渠。整个工程共计土石方2328.5万立方米，淹没耕地1896.47公顷，移民34841人。鉴于1975年8月河南省发生水灾，板桥水库溃决的惨痛教训，水利部对新建大型水利设施的设计安全系数提出新的标准和要求。在原设计方案的基础上提高保证率，大坝安全系数由千年一遇改为万年一遇。虽然汨罗当时提出不要铁山水，但考虑今后的实际需要，

决定从南总干渠中预留 5 个流量、可灌溉 6666.67 公顷农田的库水给汨罗，这一设计方案，得到湖南省委的认可。6 月 2 日，湖南省计委向国家计委呈报《关于请求审批铁山灌区工程设计任务书的报告》。8 月上旬，湖南省水利水电勘测设计院向国家水电部报送《湖南铁山灌区工程扩大初步设计》。8 月 24 日，受水电部委托，长江流域规划办公室王述奎等 12 人到岳阳了解铁山灌区工程有关情况，水电部也派设计院王心湖、王维新两位工程师到

人拉肩挑修大坝　　(照片提供：姜中保)

现场考察，以便为国家水电部审批《湖南铁山灌区工程扩大初步设计》提供依据。他们经过察看现场3天、听取专业汇报2天和讨论1天后，一致认为：铁山灌区的工程布局，灌溉引水位和灌溉范围都是合理的、必要的。10月，岳阳县委召开有区、公社、大队负责干部共5000余人参加的大会，动员全县人民复建铁山水库。随后修建3条通往大坝工地的简易公路，为枢纽工程的动工作好准备。同时，按照“先修渠，后堵坝”的施工程序，先在姑桥地段修建全长2000米的示范渠，作为全面开挖南灌区干、支渠道的样板工程。

铁山灌区工程规划，几经周折，不断完善，是认识的逐步成熟。在实施规划中遇到重大困难，是停建、缓建还是扩建，经历了一个艰难曲折的认识过程。

1977 年 1 月，经水利电力部实地调查审核，同意铁山灌区工程列入年度基本建设计划。8 月 20 日，国家水电部发出通知，以 66 号文件批复批准铁山工程列入 1978 年的年度计划和基建计划。铁山灌区工程正式列入国家水利基本建设计划后，整个工程的建设一直在国家的大力支持下进行。9 月 30 日，岳阳地委从地直机关中抽调 10 余名负责干部成立支援铁山灌区工程工作组，驻守铁山，到一线工地协助岳阳县处理施工中的各种具体问题。地委书记张月桂、副书记陈秉芝、刘阳春经常深入工地检查工作，有的还兼任灌区工程总指挥部的指挥长。10 月 3 日岳阳县委发出《关于修建铁山灌区工程的动员令》，并在全县贫下中农代表会上作了动员。

1977 年 10 月 3 日，铁山水库工程重新动工兴建，工程技术人员随着机械设备和 5000 民工开进铁山口。

修筑铁山水库大坝的“清基”过程复杂而艰难。首先，施工者要在这条河床的上下 70 米长的地方，将厚达 5 米深的浮沙搬开，然后在坚硬的岩石上开挖 3 条齿槽，中间的齿槽 6 米深、6 米宽，且一直延伸到两座山的山边，让槽沿着山体往上走，达到山与坝两者融为一体。另外上下两条槽，都是 3 米深、6 米宽。

要搬开浮沙清基挖齿槽，首先必须截流。施工者在上边堵了 3 道土坝，将这一个多立方米流量的地下泉截住。当时，岳阳县 12 个区每个区派出一个机械小组投入此项工程，每个小组 3 台抽水机，每抽上 1 道，再转第 2 道抽。100 多台抽水机 24 小时不间断抽水，施工者在水里三班倒地劳作，下班时，全身总是被刺骨的寒风吹成“冰棍”。

据当时参与者回忆，在李怀芝的带领下，工地上的工程技术人员、管理人员每天的睡眠时间最多也就两三个小时。三道围堰修好后，将新墙河河水截断。同时，开挖一个能通过 60 立方米流量的导流洞，那些被截断的水流入导流洞，穿过侧山的腹部，然后再流入下游。为了防止下游的水回灌，在离大坝基础 70 米的下游又修筑一个围坝。

70 米长的河道里，民工先将浮沙全部取走，用高压水龙头冲洗岩石，

1975 年冬，岳阳县组织 10 多万劳力围垦中洲垸　　(照片提供：姜中保)

用马钉将岩石缝里的渣滓勾出来，然后用扫把拌水一寸一寸洗刷干净，最后用抹布擦洗。当时用去抹布近 5000 千克。

负责开挖 3 条齿槽工程的是岳阳县甘田乡的民工，由于放炮会影响整个基础的坚实性，他们全部采用人工开挖。3 条齿槽开挖好后，填回 1 米深的水泥混合土，混合土上边再填 4—5 米厚的黄土。这些黄土由 1000 多辆独轮车从 1.5 千米远的长安山拖来。

1977 年腊月二十六日，大坝基础工程完成，工程技术人员和民工们回家过年。

1978—1980 年，铁山水库建设进展缓慢。其间，只剩一些民工专业队和国家的专业队分别在修隧洞、架渡槽以及对中洲大堤的固基等工程。当时，汨罗市和临湘县都不愿参加这个浩大工程的建设。他们认为自己有水灌田，不需要铁山的水，还怀疑这铁山水根本流不了那么远，灌不到他们的田。

1979 年 6 月 15 日，岳阳地委在铁山指挥部召开各有关县委书记及水利局局长会议，不得不重新研究铁山灌区工程建设的问题。会议由地委书记张月桂主持，副书记刘阳春、陈秉芝和常委汤吉贵、叶树松参加会议。会上，通过反复研究讨论，最后决定：一、北干渠原设计经过临湘县 23 千米，现改为只经过 9 千米，由临湘县担负这一工程；二、汨罗县不要大明分干的水，不再参加修铁山；三、工程建设速度要求三年搞下来，1980 年冬堵大坝。会后，由岳阳县委向湖南省委分别呈送“北总干改线”和“工程建设速度”两个报告。

然而，湖南省委却没有批准这个修改方案。根据当时的状况，汨罗和临湘不可能不需要铁山的水，而通过工程技术员们的测量和设计，这铁山的水也不可能流不到汨罗和临湘去灌田。年底，湖南省委主要领导同志明确指示：“北总干渠不改线，还是老线好；大明分干渠还是要规划灌溉汨罗。”

12 月 3 日，县委书记许志龙传达省委对铁山工程建设的指示：一是北总干按原方案不改线，经过临湘 23.7 千米，由临湘县负责；大明分干由汨罗县负责，以上再不变了。二是临湘、汨罗都要成立指挥部，地区要有

工程技术人员现场研究铁山灌区工程建设施工方案　　（照片提供：姜中保）

5~6人的领导班子。三是各有关县要发动大干，政策要讲，风格要讲，还要讲革命精神，进度要快，标准要高，质量要好。

于是，这场几反几复的争执，终于就此统一起来，画上了句号。

1980年4月12日，中共岳阳地委发出（〔1980〕16号）文件《关于成立湖南省岳阳铁山灌区工程总指挥部、分指挥部的通知》，总指挥部由陈秉芝任指挥，王三金、张建邦、李怀芝、谢裕民、周保龙、吴玉泗等任副指挥，张敦周任总工程师。总指挥部党委亦由上述人员组成，陈秉芝任书记，

“贵在鼓劲”的毛田精神鼓舞着铁山水库的建设者　　（照片提供：姜中保）

王三金、张建邦任副书记。总指挥部下设办公室、工程处、财务处、器材处，并决定成立铁山灌区工程大坝指挥部和岳阳县、临湘县、汨罗县分指挥部。

几个县的思想统一后，岳阳县委和基层干部中一部分人员却对铁山工程产生了动摇。他们认为，铁山工程太大，而效益并不见得很好，成为了压在人民群众身上的负担。

6 月 19—22 日，中共岳阳县委召开工作会议，参加会议的有县委常委，部、办、委、局负责人，区、社、农林场党委书记，大队党支部书记，共 831 人。这次会议原本主要是学习中央领导的讲话，传达贯彻中央和省、地委的长期计划座谈会议精神，对铁山工程提出一系列具体意见。大家听了县委书记许志龙作的尽快使农村富裕起来的报告后，思想活跃，情绪激昂，围绕如何尽快使农村富裕起来这个主题，进行认真研究讨论。然而，讨论中到会人员对岳阳县近五年围垦中洲、复修铁山水库以及搬迁县城意见很大，不引自发，禁而不止，议论纷纷，反应激烈。所提意见归纳起来主要是：一是修建铁山水库、中洲围垦、搬迁县城是极左路线影响下的产物，是个别领导人的瞎指挥；二是负担太重，要让农民喘口气，继续大干铁山工程，不符合中央确定的方针、政策；三是继续大干铁山水库，不能解决当前发展生产的主要矛盾，要使农民尽快富裕起来，必须在建设经济作物基地上下功夫；四是水库淹没区的迁移任务大，移民的困难多。总之，不论是受益区和非受益区，都要求缓建铁山水库。参加会议的 831 人中有 750 人要求县委向上级党委反映他们的意见。

6 月 26—27 日，县委又集中区委书记和部办委局负责人，对铁山工程进行反复讨论。参加讨论的 33 人，其中要求缓建的 24 人，要求停建的 7 人，改建的 2 人。

6 月 29 日，岳阳县委迫于多方面的压力，向地委、省委、中央书记处呈报《关于请求批准缓建铁山灌区工程的报告》。随后，省委主要领导毛致用、孙国治、刘夫生、王治国等与岳阳地委、县委、省直有关部门的负责人以及建设铁山工程的技术人员召开座谈会，对各项数据进行深入了解和严格审核。8 月 25 日，省委向中央呈报《关于修建铁山水库工程的情况报告》，指出："铁山灌区工程是一项花钱较少、受益较大，规划比较合理的工程，虽然目前有些困难，但是续建比停建、缓建较为有利，也有可能。"并从实际出发，合理安排工程建设步骤，将大坝截流时间从1980年冬推迟到1981年冬和1982年春。同时提高机械化施工程度，尽量少占用农民劳力，值勤民工的生活补助费也适当提高。岳阳地委、县委贯彻省委指示精神，工程继续进行。

1981年春夏间，中国社会科学院经济研究所工作人员李泽中回到家乡岳阳，走访少数岳阳县干部后，以《劳民伤财、效益不大的水利工程应当下马》为题写出一份关于岳阳县铁山水库的调查报告。5月12日，他将报告向国务院报送，建议在铁山口上游的壕猪背新建一个中型水库，以取代铁山水库。报告递交给国务院后，万里副总理亲自批示："现在还能补救一下，请与湖南商量，并请水利部调查研究。"然后，国务院办公厅于1981年5月29日将调查材料以及万里副总理的指示一并函发水利部、湖南省人民政府。

关于铁山水库究竟是缓建还是停建的问题，中央书记处书记胡耀邦指示中央派调查组到岳阳进行调查。1981年6月26日上午至7月12日，国务院派出以国家农委副主任李瑞山为首的工作组到岳阳调查铁山灌区工程的有关情况。中央调查组由8人组成：国家农委副主任李瑞山与秘书刘金波，农委办公厅副主任杨坤宗，农委计划局局长陈焕斌，专委计划局办公室干部孙国之，国家建委动力局处长彭光远，水电部规划管理局副局长朱承中，水电部计划司规划处处长赵广和。湖南省委、省政府陪同到岳阳调查的一行有7人：省委副书记王治国、省农委主任史杰、省水利厅副厅长王明湘等。中央调查组先行人员上午到达岳阳后，下午便在地委小招待所会议室听取铁山工程情况汇报。省水利厅和设计的专家们有许明福、张敦周、骆际赵、周弭等参加，岳阳地委有李朗秋、张建邦、彭勋南、黄长松等领导参加。由张建邦汇报兴建铁山工程的整个过程，以及工程进展和当前存在的各种问题等全面情况。

6月27日，岳阳县委向中央调查组汇报情况。县委汇报的主要内容有铁山灌区、中洲垸、建县城三项工程的规划设计过程，建设的进程，以及

1981 年秋，铁山水库大坝工程修建改为机械化施工　　（照片提供：姜中保）

存在的主要问题。6 月 28 日上午，中央调查组找岳阳县委副书记，铁山工程副指挥李怀芝谈话。李怀芝认为，铁山水库工程不能停建。下午，调查组找岳阳县委书记许志龙谈话。他认为工程效益不大，要缓建铁山水库。29—30 日，中央调查组实地察看中洲垸大堤、撇洪工程、移民住房以及宏图渡槽、岳坊水库、大坳水库、巴蕉库址、南总干出水洞、南干电站等一系列已经建成或在建工程。

7 月 1—2 日，中央调查组组织省、地、县水利技术人员座谈。参加座谈的有省水利厅工程师许明福，省水利水电勘测设计院副总工程师张敦周，

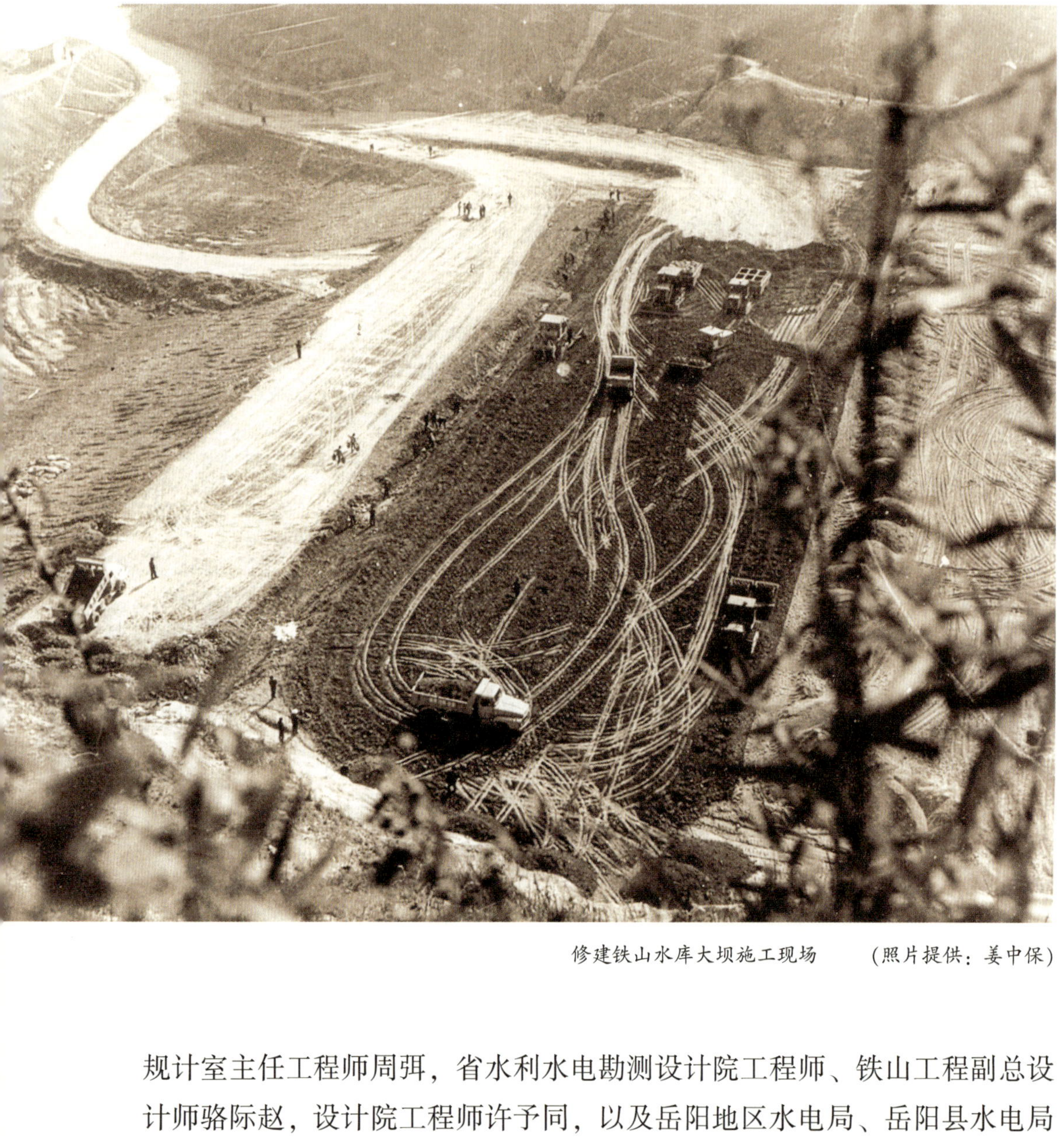

修建铁山水库大坝施工现场　　（照片提供：姜中保）

规计室主任工程师周弭，省水利水电勘测设计院工程师、铁山工程副总设计师骆际赵，设计院工程师许予同，以及岳阳地区水电局、岳阳县水电局的陈文亮、李郁青、梅楚波、宋征、周煦奇等 14 名工程技术人员。他们认为铁山水库工程符合基建程序，规划设计合理，综合效益显著，是一项工程量相对较小、投资比较合算的工程，而且工程已初具规模，应该继续修建。调查组与座谈人员论证了工程的可行性。3—4 日，调查组分别召集岳阳县各部办委代表和工程总指挥部、分指挥部人员座谈，着重分析工程“上”与“下”的利弊。

7 月 5 日，中央调查组组长、国家农委副主任李瑞山到达岳阳。6 日，李瑞山察看毛田、大坝、南总干渠。7 日，李瑞山找岳阳县委书记许志龙长谈。8 日，中央调查组在炮台山宾馆听取岳阳县区、社书记对建设铁山水库工程的意见。大部分人员说铁山水库可灌溉面积被夸大，现有水利工程可以满足灌溉，加之农民负担重，强烈要求停建。

7 月 9 日，中央调查组召开铁山工程技术论证会。参加会议的有岳阳地委、县委常委，地、县各部办委负责人，省、地、县水利技术干部等 65 人。会议上，大家对铁山水库的各种数据，包括蓄水、防洪、拦沙、灌溉、发电、城市用水、大坝、渠道等等一系列数据进行全方位论证。各种铁的数据有力地证明铁山水库是一项投资较少、效益较好的优良工程。除岳阳县委个别人员仍是坚持群众负担太重，应该缓建外，其他所有干部、技术人员几乎是一片强烈的呼声：铁山水库坚决不能停，只能建，且要尽快建成。

7 月 10 日，中央调查组召集岳阳地委、县委常委一起开会，统一对铁山工程的思想认识。11 日，中央调查组进一步听取岳阳地委对铁山工程的意见，整个调查历时 16 天。

7 月 18 日，省委召集岳阳地委负责人张月桂、李朗秋，县委主要负责人许志龙、李怀芝、李九洲、李先佩等在长沙开会。中央调查组在会上肯定了铁山灌区应继续施工，尽快做好大坝截流的准备。这是中央调查组在未向中央汇报临行前所做的交代。他们向中央写的调查报告，也明确地提出：一是铁山工程是按照基建程序办的，不是按少数人的意见办的；二是工程效益是好的；三是中洲开始是矮围灭螺后纳入铁山移民基地，已成事实，只能搞好；四是铁山只能上，不能下。县城建设的标准太高，花钱太多，为了上铁山，县城可以不搬。

7 月 20 日，中央调查组回京。21 日，国家农业委员会第一副主任、党组副书记张平化看完报告，向胡耀邦书记、万里副总理写信：“我认为他们的建议是切合实际的。现在湖南省和岳阳地、县的干部都迫切盼望中央、国务院给以指示，以便统一认识，统一行动，不违农时地把生产建设和安定团结的工作做好。”

1981 年 7 月 22—23 日，中共中央主席胡耀邦、国务院副总理万里在中央调查组的报告上相继批示。万里批示：“同意所提意见，县城坚决不能搬了，其余两项工程可以搞，但亦应量力而为，要经过仔细研究，多做群众工作。”胡耀邦批示同意万里同志意见。

1981 年 8 月，鉴于岳阳县因同时进行修建铁山灌区、围垦中洲和新建县城三大工程，资金、劳力均有困难，省委决定当年增拨资金 2000 万元，以加速铁山灌区工程建设。

1981—1983 年，毛致用等省委主要领导先后 5 次到铁山灌区视察。中央和省委、省政府的亲切关怀与及时指导，岳阳地委、行署的直接指挥，对保证整个工程的顺利建成起了决定性的作用。修建工程中存在的劳力、资金不足和农民负担过重等实际问题迎刃而解，施工进度大大加快。1981 年 9 月起，工程再度进入施工热潮。

历时 4 年零 5 个月，1982 年 4 月 11 日 16 时 45 分大坝关闸蓄水。4 月 26 日，大坝主体工程全部竣工。4 月 30 日，大坝指挥部在铁山口的露天场地召开庆祝铁山水库大坝主体工程竣工暨表彰大会。出席盛大典礼的有省委书记、省长孙国治，省委副书记、副省长王治国，省委副书记董志文，省军区副司令员魏凯江和计委、建委等省直有关单位的负责人，地、县党政负责人李满全、李朗秋、王三金、文启龙、罗仲柏、李九洲等。水电部基建司等单位向大会发来贺电、贺信。大会由大坝指挥长、省水利厅副厅长白修身主持，副指挥长刘洪元作关于大坝建设的工作报告，孙国治、李朗秋作讲话。会上表彰参加大坝建设的 27 个先进集体、15 个劳动模范、328 个先进生产者。

5 月 2 日，《湖南日报》头版头条刊发《铁山灌区水库大坝提前胜利竣工》的长篇报道。5 月 11 日，《人民日报》第一版刊发《岳阳铁山灌区工程大坝竣工》的报道，并刊登了水库大坝的照片。1984 年，铁山大坝的设计获得国家金奖。1990 年，大坝工程获湖南省优质工程奖。

1983 年 8 月 14 日，南总干渠进行通水试运行。1983 年 8 月 16 日 16 时荣湾分干正式开闸灌溉，1984 年 7 月 14 日 10 时岳汨分干试通水运行，1986 年 6 月 9 日南干渠首电站验收通过，交付使用；1986 年 8 月 9 日 9 时 50 分崩山分干试水运行，1987 年 4 月 29 日大饶港电站（当时称临时电站）

并网发电。

南总干渠通水运行后，渠水流灌公田、兰田、杨林、新墙、黄沙等10个乡及荣家湾镇严重干旱的10多万亩晚稻，广大群众得益很大。

随着岳阳市工业化和城市化建设进程的不断提速，城区范围迅速扩大，市区人口急剧增多，城市供需水不足的矛盾日趋突出。加之岳阳市区居民饮用的洞庭湖水水质受到污染，特别是枯水季节，饮用水指标无法达到标准，市民强烈要求尽快结束饮用洞庭湖水的历史，早日喝上清醇甘洌的铁山水。1992年6月10日，联合国和世界银行派遣以史密斯为团长的4人考

溢洪道　　（照片提供：姜中保）

1991 年 12 月 20 日，水利部部长杨振怀考察铁山水库并赋诗赞扬

察团到达铁山，对铁山灌区水利综合开发治理项目进行贷款立项考察。水利部、财政部、长江水利委员会、湖南省水电厅、财政厅、岳阳市人民政府等单位的领导和专家陪同考察。1995 年 7 月，世界银行 1500 万美元低息贷款协定签订。城市引水工程的设计任务由岳阳市水利水电勘测设计院负责设计梅溪输水渠道、金凤水库枢纽工程、金凤供水箱涵、金凤水库电站和铁山北干渠首电站，中南市政设计院负责设计市二水厂及二水厂到城区用水户管网工程。该工程分两期实施。第一期工程按 2000 年日供水 20 万立方米设计，由铁山水库供水；第二期工程按 2010 年日供水40 万立方米设计，由铁山水库和团湾水库联合供水。

1992 年 6 月，岳阳城区供水工程动工兴建。1993 年 5 月 8 日，岳阳市二水厂开工。1994 年 8 月 21 日，铁山灌区北总干渠渠首闸门启动，清澈的铁山水沿着渠道奔涌而下，汇集于金凤水库。工程历时两年两个月，投资 8500 万元。1994 年 9 月 28 日，岳阳市第二水厂第一期设计日供水能力 20

万吨的工程向城区供水，部分市民饮上铁山水。

为了让整个岳阳市城区居民喝上优质铁山水，岳阳市委、市政府体察民情，顺乎民意，把“引铁山清泉，润巴陵古城”城市引水工程提上重要的议事日程，及时向省委、省政府汇报这一民心工程，得到省委、省政府的重视与支持。2000 年 12 月 31 日，城区供水管网改造日供 12 万吨铁山水第一期工程竣工。2001 年 8 月，兴建金凤水库至自来水公司一水厂供水干管 14.5 千米，从金凤水库取水，利用重力式供水将铁山水送至日供水量 20 万吨的一水厂，以铁山原水置换洞庭湖水。2002 年 10 月 18 日，岳阳市委、市政府在南湖广场举行城区集中统一供应铁山水工程竣工庆典。一、二水厂全部引入铁山原水。

1992 年，岳阳县设计年供水量 20 万吨的公田镇供水厂建成投产。1998 年，设计年供水量 50 万吨的西（塘）长（塘）水厂建成投入运行。2006 年 9 月底，岳阳县铁山引水工程启动。2007 年 9 月 30 日，工程正式通水。

第二章　群英绘铁山

1958 年秋，铁山水库修建工程指挥部成立，开始工程的规划设计工作。此后，随着客观形势的变化，设计内容迭有更易，南北灌区范围不断扩大。1976 年 6 月，湖南省水利水电勘测设计院编制完成《铁山灌区工程初步设计报告》，并于 1977 年 8 月经水利电力部批准，列入国家水利基本建设计划。

第一节　规划蓝图

修建铁山灌区工程主要是为了根治新墙河水患，改造汨罗江尾闾，发展岳阳、汨罗、临湘等县（市）农田自流灌溉，彻底消灭旱灾，将岳阳县建设成为继华容县之后岳阳地区第二个商品粮、棉基地。同时，解决岳阳市区及沿渠乡镇工业及生活用水困难。

一、坝址选择

1958 年动工修建铁山水库时，大坝坝址定在距岳阳县公田镇 4 千米的铁山口。1974 年，岳阳县在编制“五五”计划时，曾建议在铁山水库大坝上游左侧距铁山口约 1 千米处新建杜头港水库，以取代铁山水库，并向岳阳地委和湖南省委写了专题报告。1975 年 1 月，岳阳地委召开常务会议，经过比较，决定修建铁山水库，不建杜头港水库，灌区范围不局限于岳阳

十万大军战铁山　　（照片提供：姜中保）

县，要考虑汨罗、临湘两县也能受益的问题。同年6月，岳阳县委召开常委会会议，听取县水利局副局长、铁山灌区测量队负责人周煦奇关于铁山水库初步规划的意见。会后全体常委深入灌区，同区、社干部和群众进行座谈。大家一致反映，修建铁山水库比修建杜头港水库利多弊少。随后，岳阳县委常委集体向岳阳地委常委作了要求复修铁山水库的口头汇报，得到地委赞同。

1975年6月24日，岳阳县委向岳阳地委发出《关于复修铁山水库的报告》。6月26日，岳阳地委向湖南省委发出《关于复修铁山水库的请示报告》，铁山水库坝址由此确定下来。

水库大坝坝址铁山口是月田港和毛田港两水汇合点，是新墙河中上游最后一个低山峡谷，峡谷长约 1 千米。由于地处幕阜山隆起西部边缘，近代处于微弱上升阶段，河流刻切与旁蚀作用相对平衡。河床淤沙厚度达 7 米左右，枯水季节水面高程为 57.34 米，河床宽 55~63 米，水深 0.1~0.3 米，水浅流缓。左岸山顶标高 130 米，边坡 30 度。右岸山顶标高 134 米，边坡 40 度。河谷呈“U”形。将该处选作铁山水库大坝坝址具有地形、地势、地层和地理位置上 4 个有利条件。一是有便于建筑水库大坝独有的天然“U”形狭长山谷，具有坝轴线短、一坝堵三江的地理优势。自铁山口以下至洞庭湖滨，再也找不到类似条件的山谷。铁山口以上虽有不少狭长山谷，但最多只能接纳毛田港或月田港一支水源，使库容水量受到严重制约。二是有利于扩大灌区自流灌溉面积的较高地势。铁山水库坝址处河床高程达 57 米以上，设计引水高程 82.85 米（后实际设计引水高程为南干 81.8 米、北干 82.85 米，），灌区内沿洞庭湖一带地面高程 50 米左右的平原区和大量丘陵地区，均可实现自流灌溉，使自流灌溉面积占灌区耕地总面积的 80%以上（后经实测，实际自流灌溉面积占灌区耕地面积的 89.6%）。三是有利于蓄容水量的地层构造。经勘探表明，铁山水库库区内全部系燕山期花岗岩地层，仅坝址左岸附近有少部分板溪群千枚状板岩，只需在左坝端和溢洪道部分区段稍做防渗处理。因此，水库可不考虑渗漏损失，是个良好的蓄水盆地。四是有利于增加集雨面积的地理位置。铁山水库周围群山环绕、地域辽阔、溪水众多，集雨面积 465 平方千米，再加上通过小湄连通隧洞串连小饶港水库（中型水库）可新增集雨面积 28 平方千米，总集雨面积达 493 平方千米，常年可集雨水 3.67 亿立方米。

铁山大坝为黏土斜墙砂壳坝，属 2 级水工建筑物，按七级地震设防。最大坝高 44.5 米，坝顶高程 96 米，坝顶长 227 米，坝顶宽 8 米，坝顶另加 1.2 米高的防浪墙。上游坝坡设三级坝坡，两级平台，下游坝坡设四级坝坡三级平台，坝底宽 248 米。防渗斜墙底部设置三道防渗齿槽，并在齿槽下部进行帷幕灌浆，帷幕深 23 米。

二、灌区规划

铁山灌区水系除灌区尾端部分溪沟属洞庭湖外，其余绝大部分均属新墙河流域水系。灌区地貌可概括为两个区域：沿新墙河干流两岸及尾闾为地势开阔平坦的平原区，海拔 50 米以下（黄海高程系，下同），面积约 220 平方千米。其余则为地势起伏的丘陵地带。新墙河以北深丘与浅丘区相同，以南则是广阔红土、黄土浅丘区，海拔 50~250 米，面积约为 1440 平方千米。

灌区内人口稠密，土地肥沃，日照时间长，气候温和，多年平均降雨量为 1316.6 毫米，非常适合粮油作物种植。绝大部分为水稻一年两熟。发展方向按“稻、稻、油”考虑，一年三熟。其他粮油作物以种植红薯、油菜为主，玉米、高粱、黄豆、芝麻、小麦次之；经济作物则以种棉花为主，烤烟、茶叶、花生次之。这些旱地作物就岳阳县来讲，约占灌区灌溉面积的 22%，至于其他经济作物如芝麻、甘蔗等，所占比重很小。

灌区内水陆交通十分便利，尤以公路比较发达，主要干线有 107 国道、京珠高速公路。此外，还有岳（阳）—汨（罗）、岳（阳）—平（江）、岳（阳）—临（湘）以及岳阳—湖北通城等乙级公路。机耕道，纵横交错，每个乡、镇、村都可通车。铁路有京广复线贯穿灌区西部，水运方面除洞庭湖终年通航外，新墙干流在洞庭湖涨水季节三港咀至河口 20 多千米，可通行15~20 吨的帆船。但遇中枯水位，由于淤沙严重，浅滩多，纵然轻舟减载也难以通行。

灌区从行政上分，当时所辖岳阳县境内包括原公田、渭洞、步仙、黄沙、鹿角、麻塘、新墙、筻口、康王 9 个区的大部分和城关镇一部分，有 32 个乡镇、399 个村、1 个园艺场，总人口 51.5 万人，其中劳力 16.3 万个，有耕地 42980 公顷。所辖临湘市境内包括桃林、横卜、白羊、长塘 4 个乡镇的大部分，有 59 个村，总人口 8.54 万人，其中劳力 3.22 万个，耕地 5473.33 公顷。所辖汨罗市桃林、楚塘、新塘、白塘、火天、范家园 6 个乡，有农业人口 11.26 万人，耕地 7620 公顷。整个灌区共有农业人口 71.3 万人，耕地面积 63580 公顷，其中水田 49026.67 公顷、旱地 14553.33 公顷。

为了能最大限度实现灌区自流灌溉，灌区在拟定渠道引水高程时，考

南总干渠　　（照片提供：姜中保）

虑了如下几个方面的因素：一是力求多自流灌溉，少提灌，以减少提灌费用。1958 年修建铁山水库时，渠首引水高程定为 73.2 米，相应渠底高程为 69.2 米。当时人民群众普遍反映渠道走得太低，自流灌溉少，压田拆迁多。二是大量荒地能够自流灌溉，开垦多。三是充分利用已建水利工程渠系，尽快发挥工程效益。四是干渠建筑物工程量较少。五是挖压田亩要少。根据这一目标，曾拟定高程为 78.2 米、83.2 米和 85.2 米 3 个方案进行比较，结果表明“78.2 米”方案从自流灌溉、建筑物长度、挖压田亩面积及利用原有工程渠系 4 个指标上都比较合理。因曲线高程偏低，提灌面积大，为解决其中 16266.67 公顷提灌面积，尚需增设机埠 21 处，装机 6150 千瓦，需土建和机电设备投资 1343 万元。每年且需付出电费 18.4 万元，维修折旧费 48.9 万元。此外，由于渠线走得低，建筑物的长度比“83.2 米”方案增长 7.6 米。因此该方案予以否定。“85.2 米”方案在上述 4 个指标中均较“83.2 米”方案稍好，但最大缺点是水库正常蓄水位选定为 92.2 米时，死水位将由原来的 80.0 米抬高至 82.0 米，死库容将增加到 2.1 亿立方米，占总库容的 38.5%，有效库容相应减少，水库调蓄性能差，因此“85.2 米”方案也被否定。最后，确定渠道引水高程采用“83.2 米”方案。

灌区分布于新墙河南北两岸，渠系按自然地形选取南北分流方案。南灌区布总干渠一条，全长 31.96 千米，渠道首尾引水高程 81.8~75.2 米，渠道流量 27.5 秒立方米，设计灌溉面积为 37780 公顷；北灌区布总干渠一条，全长 54.082 千米，渠道首尾引水高程 82.85~72.757 米，渠道流量 19.5 秒立方米，灌溉面积 25926.67 公顷。

为了合理调配水量，充分发挥灌溉效益，工程建成后在运行管理中还规定了如下事项：灌区干支渠按续灌方式配水，如采用轮灌，只能在支渠以下的渠道进行。灌区内中小型水库必须统一调度，削减旱期干渠峰荷。同时，渠系可以灌至的山平塘，要尽量“结瓜”。灌区渠系要搞好衬砌防渗，提高渠系水量利用系数（设计渠系水量利用系数为 0.65），扩大灌溉效益。灌区建成后，山塘不但不能废弃，而且要按原规划在有条件的丘陵高处，继续修建大山塘、小水库，调蓄由大坳、岳坊、兰桥和渠系拦截山坡的来水。同时利用这些水源，使铁山水库蓄水防旱，充分发挥水库多年调节的特性，满足旱年灌溉用水。

三、城市供水

铁山灌区供水工程在1976年6月编制《岳阳铁山灌区工程初步设计报告》中，就已经列入由铁山水库向岳阳市区供应生活用水的工程项目。长期以来，岳阳市民饮用的洞庭湖水质量不佳，特别是枯水季节，卫生超标，对人体健康不利。而距市区东南50千米的铁山水库设计正常蓄水位92.2米，多年平均径流3.67亿立方米，最大库容6.35亿立方米。水库群山环抱，植被良好，污染源少，多次取样化验鉴定表明铁山水库的原水水质超过Ⅱ类水，远远优于洞庭湖水。同时，铁山灌区工程总体规划中的北灌区渠道工程，已经伸至距中心城区不足10千米的郊区梅溪乡。

1982年4月铁山水库关闸蓄水后，市区干部群众要求早日饮用铁山水的呼声日益高涨。铁山灌区工程总指挥部为此对铁山水库的水量和水质进行了详细的测算和调查，结论是：农业产业结构的发展变化，整个灌区在不影响农田灌溉的前提下，水库可以每年保证向市区日供水30万吨。有关部门曾多次规划筹办，力争早日向市区供水，但均因缺乏资金，未能实现。

进入20世纪80年代后期，随着城市区域范围的迅速扩大，市区人口急剧增加，城市化、工业化的迅速发展，使得原有水厂的供水能力接近极限。为了缓解生产、生活用水日趋紧张的矛盾，岳阳市城建部门拟在市区新建日供水能力40万吨的第二水厂，并上报建厂计划和水源方案。1991年10月，经中南市政工程设计院择优比较，建议第二水厂采用铁山水源方案。

1992年5月，岳阳市被列为长江流域五大开放城市之一，享受经济特区待遇，以城陵矶经济技术开发区为龙头的城市建设步伐进一步加快，供水设施和水源条件不能满足发展需要，成为制约市区经济发展的重要因素。

铁山水库供水工程引起省、市领导的高度重视。6月5日、6日，省委常委、常务副省长董志文到铁山灌区北总干渠现场办公，在铁山灌区工程总指挥部召开会议，研究加快铁山北灌区渠系工程建设和市区供水工程早日上马的问题。要求岳阳市委、市政府采取得力措施，力争1994年国庆节前让岳阳市民用上铁山水。并提出省人民政府拨出以工代赈经费1650万元，省水电厅投资 2500 万元，岳阳市自筹 1000 万元，先将北总干渠开通到市区供水的分水口——金明冲隧洞出口，然后集中力量建设金凤反调节水库、第二水厂和金明冲隧洞至市区封闭输水管道。

7 月 9 日，岳阳市委、市政府联合发出《关于进一步深化改革扩大开放的若干意见》，将 1994 年国庆节前建成市内供水工程列为进一步改善市区投资环境的一项重要内容。随后，岳阳市第二届人民代表大会常务委员会召开第三十一次会议，讨论通过《关于加快城市引水工程建设的决议》，指出修建城市引水工程，是充分发挥铁山灌区工程效益，促进农业开发，加强城市基础建设，改善市民生活用水，造福子孙后代的战略之举，也是全市扩大对外开放，创造优良环境的一大工程，号召全市各有关单位和人民群众，都要以大局为重，紧密配合，积极支持。

7 月 28 日，岳阳市委、市政府在岳阳影剧院召开加速城区引水供水工程建设动员大会，北灌区受益的岳阳县、临湘市、郊区和市直有关单位负责干部共 1400 多人出席。市委领导在动员报告中强调：引水工程建设是改造大自然、拓展新里程的一项大型工程，全市各级各部门要将其作为开放兴市、加速经济发展、提高市民健康水平的一件大事对待，竭尽全力创造条件，高速优质完成工程任务，确保 1994 年国庆节前让城区居民饮用铁山水。市委还要求全市各县市区、各部门和广大市民都来关心、支持工程建设，主动献计出力。

11 月 21 日，岳阳市计委发出通知，批准岳阳市二水厂提出的以铁山水库为水源的方案。由于整个工程需投资 1.88 亿元，市政府动员各受益单位和广大群众为工程集资，保障工程顺利进行。

岳阳县城规划区内由岳阳县洞庭供水有限公司供水，建有一水厂和二水厂，日供水能力 4.5 万吨，实际日供水约 1.8 万~2.6 万吨。建县以来，县城供水原水一直取用新墙河下游河道地表径流水。新墙河上游有岳阳县、临湘市、平江县等市县，居住人口约105 万人，各类工矿企业多，水源污染日益严重。2006 年 9 月 8 日，新墙河源水出现水体砷含量严重超标事件。经多方努力，在源水砷含量未达标的情况下，采用投加药剂处理，迅速恢复正常供水。为彻底解决县城饮水安全问题，提高城镇居民生活质量，促使县城经济有序协调稳步发展，经岳阳县委、县政府研究，决定起用铁山水库作为县城供水水源。项目规划一期工程日供水 5 万吨，投资 3800 万元。项目建设包括 4.56 千米的引水专渠、9.27 千米的输水管道网和取水塔、取水箱涵、取水泵房、帷幕灌浆及冲抓回填、溢洪道等 8 项大坝枢纽加固工程。工程建设于 2006 年 9 月 27 日正式启动，工期一年。

第二节 工程布置

铁山灌区工程的工程布置包括水库枢纽工程、渠系工程和城市供水工程三大方面的施工布置安排。

一、水库枢纽工程

铁山水库枢纽建筑物有铁山大坝、饶港大坝、小歇亭副坝、溢洪道、放空（导流）隧洞、小湄连通隧洞、南干渠首电站、大饶港电站、南干取水隧洞、北干取水隧洞。工程数量为：明挖土方 29.13 万立方米，石方 19.94 万立方米，洞挖石方 8.19 万立方米，回填土方 50.53 万立方米，粗砂 22.54 万立方米，石方 7.02 万立方米，混凝土及钢筋混凝土 2.511 万立方米，浆砌块石 6980 立方米，固结灌浆 2000 米，回填灌浆 7140 平方米。

铁山水库集雨面积 493 平方千米，总库容 6.35 亿立方米，正常库容 5.46 亿立方米，多年平均产水量 3.67 亿立方米，控灌岳阳、临湘、汨罗、岳阳楼区 4 县（区）耕地面积 63580 公顷，还担负向岳阳城市供水任务。工程以防洪、灌溉、拦砂为主，兼有城市供水、发电及养殖等综合效益。按照技术规范，属二等工程，大坝及其他水库挡水建筑物为二级建筑物，电站及其他建筑物为三级建筑物。

铁山水库大坝系黏土斜墙砂壳坝，坝顶高程 96 米，最大坝高 44.5 米，坝顶长度 227 米，坝顶宽 8 米。

放空（导流）隧洞位于大坝右岸，全长 376.3 米，隧洞衬砌段为圆形钢筋混凝土结构，长 159.9 米，直径 2.8 米，非衬砌段长 137.4 米，直径 3.6

米，闸室及进水口段 79 米。

溢洪道位于大坝左岸天然低垭处，堰槽与下游泄水渠全长 622 米，系宽顶堰型，堰顶高程 83.2 米，顶部设 10 米×9.3 米弧形钢闸门 3 扇，设计最大下泄流量 1720 立方米每秒，鼻坎挑流消能。

饶港坝原为小饶港水库大坝，始建于 1972 年，1977 年列入铁山水库整体规划，通过小湄连通隧洞与铁山水库相连，成为铁山水库枢纽工程之一。饶港坝原设计为黏土心墙混合坝，实建为均质坝。坝高 39.5 米，坝顶轴线长 290 米，宽 5 米，坝顶高程 106.5 米。低涵全长 296 米，直墙半圆拱 1×1.5 米，浆砌石结构。

小湄连通隧洞全长 2257 米，其中衬砌段 449.5 米，非衬砌段 1807.5 米。

南总干取水隧洞位于饶港大坝左侧山体下，引灌溉发电用水，洞长 174 米，内径 4.4 米，进口底板高程为 77.7 米，洞进口设有 4.5 米×4.5 米钢质平面事故检修门，末端为钢筋混凝土压力水箱，后分成两支，左支通向灌溉渠道（4.5 米×4.5 米），以 2×25 吨启闭机启吊钢质弧形闸门控制引水流量。右支为两条钢筋混凝土引水管通发电厂房，电站装机 2×800 千瓦发电尾水进入左支弧门下游的消力池后进入南总干渠。饶港大坝右侧坝下渠首电站装机 1 台，200 千瓦，其下游 2 千米处下石关电站装机 1 台，320 千瓦。

北总干渠首取水隧洞位于主坝右岸约 1 千米处，洞长 234 米，内径 3.9 米，进口底板高程为 79.87 米，进口设有 3.5 米×3.5 米钢制平面工作门及事故检修门控制。

小歇亭副坝位于铁山大坝右侧约 1 千米处毛田公路低垭山口，为黏土心墙坝。块石护砌，坝高 4.3 米，坝顶长 20.6 米。

二、渠系工程

灌区渠系以新墙河为界，按南北两部分布置。设计灌溉总面积 63580 公顷，涉及岳阳、汨罗、临湘、岳阳楼 4 个市（县、区），46 个乡（镇）、501 个村。

（一）南灌区渠系工程

南灌区位于新墙河以南，汨罗江以北。灌溉岳阳、汨罗两县市农田

37780公顷，其中水田28933.33公顷，水浇地8846.67公顷。根据灌区田土分布情况以及地形、地质等条件，布置总干渠1条，长31.96千米。分干渠4条，为崩山分干、荣湾分干、岳汨分干和饶港分干，总长69.597千米。主要支渠44条，总长度414.6千米，其中分水流量大于1个流量的支渠有黄沙、文华、范芝、白塘、灰山、进塘、刘桂7条。灌区内共有各种不同类型的建筑物6364处，其中南总干660处、分干1610处、支渠4094处。

1.南总干渠。南总干渠为三级水工建筑物，全长31.96千米。渠首引水高程81.8米，设计流量为27.5立方米每秒，加大流量32.5立方米每秒。渠尾水面高程75.2米，设计流量为16.3立方米每秒，加大流量20.68立方米每秒。渠道全程中有挖方渠道69段，长16878米；填方渠道57段，长6348米；半挖半填渠道32段，长5757.38米。有隧洞3处，总长1050米。渡槽7处，总长1926.62米。其他建筑物650处。

渠道过水断面边坡：石渠段为1:0.5，土区段均为1:1.5。填方渠道外坡自渠顶向下，每5米为一级，平台宽1米，边坡自上而下为1:1.5、1:2.0和1:2.5；挖方渠道自渠堤顶以上，同样每5米高为一级，平台宽1米。按设计要求，渠道全部用混凝土护面。

南总干渠按设计流量27.5立方米每秒计算，自上而下分为7段不同流量区间。即从渠首至柘山支渠流量为27.5立方米每秒；柘山支渠至崩山节制闸流量为24.9立方米每秒；崩山节制闸至大荆塘隧洞出口处流量为19.7立方米每秒；大荆塘隧洞出口至水兑冲渡槽出口流量为18.6立方米每秒；水兑冲渡槽出口至新头冲流量为17.9立方米每秒；新头冲至阿弥石流量为16.7立方米每秒；阿弥石流量至张公用渠尾流量为16.3立方米每秒。上述7段的设计水深自上而下分别为3.98米、3.79米、3.51米、3.42米、3.32米、3.24米和3.22米。渠道设计底宽：渠首石渠段底宽7米，土渠自崩山节制闸以上渠底宽3.4米，以下渠底为3米。渠道纵坡：石渠为1/6000，其余为1/10000。

渠堤高度按设计水位上超高0.7米。堤顶面宽两岸不相等，一边为简易渠公路，可通行汽车，堤顶面宽5米；另一边堤顶面宽2米。南总干直接从干渠取水灌溉的支渠有5条，即城步支渠、姑桥支渠、柘山提灌支渠、兴冲支渠、燎原提灌机埠。总长 33.885 千米，灌溉面积 2766.67 公顷。各支渠设计流量为 0.68~0.3 立方米每秒，纵坡为 1/1000~1/3000，边坡为 1:1.5，堤顶超高按设计水面加 0.5 米，堤顶面宽 1.5~2 米。建有各类建筑物 306 处。其中渡槽 4 处，总长 271 米；隧洞 37 处，总长 2112 米；埋管 1 处，长 51 米；其他各类建筑物 264 处。共完成土石方 35.63 万立方米，浆砌石和干砌石 706.7 立方米，混凝土及钢筋混凝土 1659.72 立方米，劳力工日 31.958 万个，总投资 116.171 万元。

2.饶港分干渠。饶港分干原属小饶港水库渠系工程，自铁山水库建成后，通过小湄连通隧洞与铁山水库相连，便成为了铁山水库的一部分。原小饶港水库渠系工程也成为铁山南灌区的一部分，即现在的饶港分干。

饶港分干渠从小饶港大坝坝后电站的消力池取水后，跨过花坟坡，沿山麓朝西北方向前进，经桐子坡、油茶咀，到棉花坡隧洞进口，分水经饶港南干（设计流量为 0.5 立方米每秒，南干渠 12 千米，灌溉公田、兰田水田 555.67 公顷，水浇田 23.93 公顷）分水后折转向东北，跨过老虎岩涂谷，又折向正北，渡过石关垄，沿山麓北进，经王家塘、邓家段、三清段至谢婆潭，然后跨过公田大河沙，继续北进，经王家园至石井冲分闸止，全长 5.5 千米。到石井冲分水闸后继续分流，向饶港中干，设计流量 0.5 立方米每秒，渠道 7 千米，灌溉公田和杨林两乡（镇）水田 362 公顷，水浇地 42.8 公顷。向北为饶港北干渠，设计流量 2.0 立方米每秒，渠道全长 20 千米，灌溉甘田、熊市两个乡的水田 1724.27 公顷，水浇地 86 公顷。

饶港分干渠工程于 1972 年 6 月动工兴建，1975 年基本竣工投入运行。各类渠系建筑物共 150 处。其中，隧洞 41 处 4835 米，渡槽 17 处总长 2391 米，公路桥 2 处，行人桥 21 处，分水闸 4 处，减洪闸 20 处，节制闸 3 处，渠下涵 22 处。

3.崩山分干渠。崩山分干渠从南总干渠 13+400 米处分水，系南总干渠最前面一条分干渠。渠首地处岳阳县杨林乡崩山村庙神水为尾，渠尾到潼溪乡锹塘村，全长16.35 千米。

设计渠道引水流量 5.69 立方米每秒，引水高程 76.15 米，灌溉杨林、中村、十步、白羊、三合和筻口 6 个乡镇的 6606.67 公顷农田。

全渠过水流量分 6 段不同流量，各区段水主要如下：第一段（渠道段）设计流量为 5.69 立方米每秒，底宽 2 米，水深 1.85 米，堤高超高 0.5 米，边坡 1.5 米，纵坡 1/5000；第二段设计流量 5.2 立方米每秒，底宽 2 米，水深 1.76 米，堤顶超高 0.5 米，边坡 1.5，纵坡 1/5000；第三段设计流量 4.64 立方米每秒，底宽 2 米，水深 1.69 米，堤顶超过 0.5 米，边坡 1.5，纵坡为 1/5000；第四段设计流量 4.2 立方米每秒，底宽 2 米，水深 1.62 米，堤顶超高 0.5 米，边坡 1.5，纵坡 1/5000；第五段设计流量 3.27 立方米每秒，底宽 2 米，水深 1.55 米，堤顶超高 0.5 米，边坡 1.5，纵坡 1/5000；第六段设计流量 1.92 立方米每秒，底宽 1 米，水深 1.2 米，堤顶超高 0.4 米，边坡 1.25，纵坡 1/2000。其中第二至六段设计流量系支流分水后之流量。堤顶宽度一边为 2 米，另一边因群众要求能通行小型车辆，故加宽为 3 米。

崩山分干渠共有建筑物 598 处。其中，渡槽 4 处，长 1313.4 米；埋管 1 处，长 50 米。渡槽和埋管共长 1363.4 米，占该分干全长的 8.4%。崩山分干所属支渠共 8 条，其中分水流量在一个以上的支渠 3 条，即付保支渠、刘桂支渠、进塘支渠。付朝、张坪、付保、刘桂、锹塘、进塘 6 条支渠由分干渠取水，而大塘、朱仑两条支渠由刘桂支渠取水。8 条支渠总长 48.9 千米，有建筑物 509 处。其中，渡槽 9 处，总长 480 米；隧洞 24 处，总长 931 米。崩山分干渠于 1985 年 8 月动工兴建，1986 年 9 月 8 日竣工通水，灌溉农田 4533.33 公顷。干渠建设做到了头年施工，翌年受益，被省、市评为全优工程。

4.荣湾分干渠。荣湾分干渠从南总干渠尾 31+960 处取水。渠首位于岳阳县荆洲乡张公用的三红水库，渠尾到岳阳县友爱乡白纸塘，渠道全长 25.602 千米。渠首引水高程为 72.27 米，设计流量为 11.74 立方米每秒，渠尾水面高程为 58 米，设计流量为 1.325 立方米每秒。沿渠可灌溉岳阳县荆洲乡、黄沙镇、黄沙茶场、黄秀乡、新墙乡、新墙镇、三合乡、白光乡、荣湾乡、荣湾镇、友爱乡、鹿角镇、兴旺乡、中洲乡等乡镇、农场共 13600 公顷耕地。

荣湾分干渠过水流量自渠首至渠尾设计分为 10 个流量等级。不同流量等的区段、渠底和水深也各有差异。渠底宽从 2.4 米至 1 米；水深从 2.93

米至 1.13 米；堤顶超高为 0.5 米，边坡为 1:1.5。渠底纵坡共分 3 段：渠首至第 3 个流量级区段为 1/10000，中间 4~8 五个流量级区段纵坡 1/8000，最后 9~10 两个流量级区段纵坡为 1/5000。渠堤顶宽右岸为 5 米，可通行汽车，左岸为 2 米。荣湾分干渠道经过的地区为浅丘地形。小山丘高度一般在 30~40 米，深切方和高填方渠道较少，刘富湾渡槽以后渠线基本沿山丘分水岭行走，非常有利于高岸农田的灌溉。但因渠道地势高，填方区段也就较多，为减少填方工程量，在保证分流灌溉的前提下，共设置 4 次失水，总落差达 7.36 米。

荣湾分干渠最大深切方为 14 米，挖方边坡坡比及填方外坡坡比均为 1:1.5，每 5 米高设一级平台，平台宽 1 米，内边设置排水沟；蒋贤填土位于本分干 8+496 至 8+698，长 202 米，是本分干渠最高的填方区段，最大填高为 11 米。由于施工时，清基不彻底，夯压不密实，渠道曾下沉开裂。当时进行了认真处理：一是将裂缝追挖 1.5 米，回填黏土，用小工具夯实，恢复到原设计高程。二是最下级外坡坡比护达到 1:2.0，跛脚设 0.8 米×0.8 米的排水反滤体。三是渠道临水面护砌一律用 150 号混凝土，厚 6 厘米，每隔 5 米渠长设伸缩缝一条。四是填方外坡做好草皮护坡，植草皮 23.5 万平方米。

荣湾分干渠共有建筑物 530 处。其中，有渡槽 3 处，跨渠倒虹吸管 5 处，进口闸、节制闸、泄洪闸各 1 处，溢流堰 1 处，分流涵 1 处，渠下涵和公路涵共 70 处。从荣湾分干渠上取水的支渠共 16 条，即方杨、大桂、卫星、新墙、铁杉林、文发、牛皋、富强、细王、群乐、金光、共同、双联、许胜、黄沙和七站，总长 149.159 千米。其中设计流量大于每秒 1 立方米的有黄沙支渠和文发支渠。支渠上共有建筑物 930 处，其中渡槽 15 处，隧洞 35 处，倒虹吸管 9 处，埋管 3 处。

荣湾分干渠及支渠共有 3 座渡槽跨京广铁路，即分干渠上的刘富湾渡槽，黄沙支渠上的黄沙渡槽，许胜支渠上的张宇开渡槽。槽身均采用钢筋混凝土 U 型断面，双悬臂支承及“A”形排架。跨铁路主跨为 15 米。

新墙支渠四乂渡槽长 336 米，也采用钢筋 U 型断面。其余 15 处渡槽均属小渡槽，采用矩形断面，支撑形式为简地，单排架。

5.岳汨分干渠。岳汨分干渠由南总干渠 31+960 处分水，分水地点属岳阳县荆洲乡张公用的三红水库，渠尾至汨罗市新塘乡瓦泥塘止，全长 22 千米。岳汨分干渠自张公用进水闸取水之后，经胡家珑、张家冲至龙凤桥，分干渠在此以倒虹吸管穿过低地，下经南山寺、黄应时、殷家冲至鲁贯塘，此分干渠也以倒虹吸管穿过京广铁路，以下经圣家冲至瓦泥塘终止。岳汨分干渠有支渠 12 条，即范楚支渠、灰山支渠、包山支渠、白塘支渠、拦河支渠、马厅支渠、新塘支渠、炮兵团支渠、天杨支渠、和平支渠、友谊支渠、新华支渠。其中岳阳县境内有炮兵团、天杨、和平、友谊、新华 5 条支渠，汨罗市境内有范楚、灰山、包山、白塘、拦河、马厅、新塘 7 条支渠。支渠总长度 139.1 千米，其中汨罗市境内长 108.57 千米。

岳汨分干渠渠道取水设计流量为 9.12 立方米每秒，设计灌溉面积 12420 公顷（其中岳阳县 4606.67 公顷、汨罗市 7813.33 公顷），渠首引水高程 75.2 米，渠末 63.83 米，设计流量 3.125 立方米每秒。从渠首至渠尾，渠道设计过水深由 2.8 米降至 1.55 米；渠底宽由 1.7 米变至 1.4 米；坡降从 1/10000 变至 1/5000。

岳汨分干渠及支渠所经地带为浅丘陵区，渠道所经之处绝大部分是土渠，横断面形状一律为梯形，边坡坡比为 1:1.5，填方内坡和外坡均为 1:1.5。但填方外坡的最下一级坡比扩大到 1:2.0，不论挖方、填方区段边坡，均按 5 米高一级设置平台，平台宽为 1 米，内边设排水沟。分干渠过水断面均采用现浇 150 号混凝土护砌，厚度为 6 厘米，每 5 米设置一道油毡沥青伸缩缝。岳汨分干渠及各支渠兴建大量的斗渠、农渠及毛渠，形成干、分、斗、农、毛渠一应俱全完整的灌溉网状体系，在南灌区渠系中独具特色。此外，还有一个特点，为各支渠的规模、流量及灌溉面积差别很大。如渠道最长的范楚支渠达 33.23 千米，而最短的天杨支渠只有 2.265 千米，设计流量最大的范楚支渠达 3.5 立方米每秒，而流量最小的天杨支渠只有 0.2 立方米每秒，灌溉面积最大的范楚支渠为 2313.33 公顷，而灌溉面积最小的天杨支渠只有 133.33 公顷。渠道底宽最大的 1.5 米，而最窄的只有 0.4 米等。

岳汨分干渠及各支渠共有建筑物 2643 处，占南灌区建筑物总数的

42.55%，是南灌区3条分干渠中建筑物最多的渠系。其中，工程量较大的建筑物有渡槽6处，分布在范楚、包山、灰山3条支渠上；有隧洞16处，分布在范楚、灰山、白塘3条支渠上；有倒虹吸管4处，即龙凤桥、鲁贯塘、范家园、渔街。因其规模较大，作用重要而成为该渠系建筑物中的重点项目。如分干渠上的龙凤桥倒虹吸管，设计流量8.76立方米每秒，最大水头达21米，总长度641米。采用现浇钢筋混凝土圆管，管壁厚0.32米，内径2.1米，混凝土刚性座垫，包角为135度，每节管长13米，共50节，接缝用白铁皮止水。工程总投资77.8万元。1981年5月竣工运行，至今情况良好。鲁贯塘、范家园两座倒虹吸管分别是分干渠及范楚地区穿越京广铁路的重要工程，均采用在铁路路基下埋设倒虹吸管的布置形式。鲁贯塘倒虹吸管采用内径1.6米的钢筋混凝土圆管，在现场预制安装；范家园则用株洲预制管厂生产的直径80钢筋混凝土预制管。为了承受路基及车辆荷载，两处穿铁路倒虹吸管均在管外设套涵，鲁贯塘为3米×2.5米的方形涵；范家园用2米×1.8米方形涵。两处均由铁路部门用扣轨防护，限速运行，明挖顶进方法施工。

岳汨分干渠及其支渠于1982年8月动工兴建，1986年全面竣工。完成土石方497万立方米，混凝土及钢筋混凝土4.1万立方米，劳动工日470万个，工资投资820.66万元。

6.一个立方米流量以上的支渠。南灌区共有一、二级支渠44条，总长413.6千米。其中，总干渠上直灌支渠5条；荣湾分干渠上8条；饶港分干渠上3条。而设计流量大于1个立方米的支渠只有8条。分别是荣湾分干渠上的文发支渠和黄沙支渠；岳汨分干渠上的范楚支渠、灰山支渠和白塘支渠；崩山分干渠上的刘桂支渠和进塘支渠；饶港分干渠上的北干支渠。

（二）北灌区渠系工程

铁山北灌区渠系工程布置总干渠1条，全长54.082千米。分干渠3条，总长41.79千米。其中熊市分干长17千米，渠道设计流量1.211立方米每秒；五垸分干9.69千米，渠道设计流量2.51立方米每秒；麻塘分干长15.1千米，渠道设计流量2.56立方米每秒。主要支渠30条，总长198千米。其

表 1：设计流量大于 1 个立方米的支渠表

所属分干	支渠名称	首桩号	流量（立方米每秒）	渠长（千米）	灌溉面积（万亩）
崩山分干	刘桂支渠	11+515	1.235	7.4	1.8
	进塘支渠	16+688	1.25	4.05	2.16
荣湾分干	文发支渠	24+510	1.21	14.8	2.142
	黄沙支渠	2+001	1.76	19.467	3.126
岳汨分干	范楚支渠	10+350	1.20	33.23	3.47
	灰山支渠	19+650	1.00	9.36	1.62
	白塘支渠	16+853	1.30	22.00	2.14
饶港分干	饶港北干	5+500	2.00	20.00	2.715

中，设计流量在一个立方米以上的支渠有 2 条，即西游支渠、梅溪支渠。

北灌区各类建筑物 2716 处。其中，渡槽 30 处 6227.79 米，隧洞 58 处 12215 米，倒虹吸管 3 处，埋管 5 处，分水闸 16 处，节制闸 18 处，泄洪闸 20 处，分水涵 98 处，渠下涵 150 处，其他小型附建筑物 1164 处。

1.北总干渠。铁山北总干渠以铁山大坝右岸小歇亭副坝后电站消力池为渠首，跨凉清渡槽后，由西北于甘田乡过沙河，分两行于梅树坳（10.5 千米处）进入临湘市境内后，向北经白羊田镇于桃林畈，以及 1065 米大渡槽跨过游港沙河，再西行于兰桥水库之东又进入岳阳县境（33+520 处）。过兰桥水库，经相公咀（刘家湾水库以南）至昆山的洪山周家，而后折向南，西行至康王的长岭头止，全长 54.082 千米。其中，从渠首 0+000 至梅树坳 10+035，全长 10.35 千米，属岳阳县境内；从梅树坳 10+035 至宋家冲隧洞出口 33+520 止，全长 23.17 千米，属临湘市境内。再从宋家珑出口 33+520 至康王长岭头 54+082 止，全程 20.562 千米，属岳阳县境内。北总干渠共有各类建筑物 1552 处。其中，渡槽 18 处总长 3879 米，隧洞 31 处总长9530 米，倒虹管 1 处，分水闸 3 处，节制闸 10 处，泄洪闸 12 处，分水涵管 26

处，渠下涵 95 处，其他小型建筑物 602 处。

北总干渠设计输水流量为 19.5 立方米每秒至 5.21 立方米每秒，纵坡 1/5000~1/12500，水深 3.55~2.04 米。

2.熊市分干渠。熊市分干渠东起岳阳县甘田乡高桥村沈家组，西至岳阳县算口镇南源村樟树毛家止。全长 17 千米，跨两县市（岳阳县、临湘市），1 个乡、2 个镇(甘田乡和筻口镇、白羊田镇)、8 个村、23 个组。设计流量 1.211 立方米每秒至 0.521 立方米每秒，灌溉面积 2406.67 公顷。渠道设计水深为 1.16~0.84 米，渠道底宽为 0.8 米，堤顶高度为 1.46~1.14 米，边坡坡比为 1:1.0，纵坡降为 1/1500。熊市分干有隧洞 23 外总长 2566.5 米；渡槽 4 处，共长 376 米；泄洪闸、分水闸、节制闸共 11 处，分水管 27 处，入渠跌水 62 处，渠下涵 52 处，机耕桥 4 处人行桥 50 处，共完成土石方 24.8 万立方米。熊市分干所属的 6 条支渠共长 37.4 千米。

3.麻塘分干渠。麻塘分干渠从北总干渠尾 54+082 处取水后，向西北前进至熊彭家，然后折转向南，穿过红万石隧洞，再向西南跨过庙山坡渡槽，继续行进，穿过长达 500 米的枣树隧洞，折向西北行进，直至喻家渡槽跨过京广铁路，全长 12.9 千米。渠道设计流量 2.56 立方米每秒，灌溉面积 3866.67 公顷。渠首水面高程 72.7 米，渠底高程 70.9 米，渠尾水面高程为 67.62 米。麻塘分干建筑物设计有渡槽 2 处，长 177 米；隧洞 2 处，长 718 米；倒虹吸管 2 处，长 130 米。

4.五垸分干渠。五垸分干渠从北总干渠尾 54+082 处分水后，过渠首渡槽，沿山麓南下穿过新屋隧洞，然后跨过谢家段隧洞，再折向西南，过李家塘隧洞，跨许万柒渡槽，接着穿过许万柒隧洞和马家坳隧洞，然后过荷花塘倒虹吸管，又回转向南行进，穿过楠木冲隧洞，接着过南冲渡槽，继续南下过新开渡槽。跨过岳平公路，然后折向东南，沿西山山麓行进至大许家，再折向西南，穿过大许家隧洞，折向西南，继续沿山麓行进，穿过 107 国道，然后再折转向南下至五垸，向西沿山麓西进至晏家，再调头北上至文政，跨过溪沟，再转身南下渠尾水库。

五垸分干渠原设计全长 10.38 千米，渠首设计流量 2.52 立方米每秒，渠尾流量为 1.5 立方米每秒，灌溉面积 2740 公顷。渠上共有建筑物 278 处。

其中，有分水闸 4 处，渡槽 6 处，总长 632 米；隧洞 6 处，总长为 1050 米，倒虹吸管 1 处，长 178 米。

五垸分干渠所经地段地质均为前震旦系板溪群，主要岩石有砂质板岩，变质砂岩、板岩。岩石级别在 X~XⅡ级，部分风化黏土岩为Ⅴ级，浅表层风化严重，地下水埋藏较浅，主要靠地表补给。

三、城市供水工程

由铁山水库向岳阳市区供水的主要工程项目是梅溪引水渠工程、金凤水库、二水厂供水箱涵、一水厂供水管道、岳化管道供水工程和岳阳县城铁山引水工程。

（一）梅溪引水渠工程

梅溪引水渠工程原为铁山北灌区规划中的一条灌溉支渠，从总干渠金明冲隧洞出口分水，向西行 2385 米至叶家畈大屋注入金凤水库。渠道设计流量为 6.26 立方米每秒，相应进口水位 72.839 米，入库水位 70.519 米。由明渠、暗涵、隧洞和渡槽组成。其中，隧洞 5 处，总长 867 米；渡槽 1 处，长 100 米；暗涵 1 段，长 78 米；建筑物总长占该段渠道全长的 43.82%。

（二）金凤水库枢纽工程

金凤水库位于岳阳市郊区梅溪乡金凤和监申两村境内，是铁山水库向岳阳市区供水的一个反调节水库。工程于 1994 年 8 月竣工，集雨面积仅 2 平方千米，总库容 1172 万立方米。枢纽工程由主坝、副坝、放空低涵及城市供水取水设施组成。主坝为黏土心墙坝，最大坝高 30.3 米，坝顶高程 72.8 米，坝顶轴线长 340 米，坝顶宽 8 米，放空低涵长 220 米，钢筋混凝土结构，半圆直墙拱 1 米×1.8 米，副坝为黏土心墙坝，最大坝高 26 米，坝顶轴线长 107 米，坝顶宽 5 米。

（三）二水厂供水箱涵

市二水厂供水箱涵原设计由金凤水库发电引水洞出口电站消力池取水，西行 2959 米至市第二水厂东南角的结合井供水给第二水厂。设计流量为 4.63 立方米每秒，加大流量为 6.0 立方米每秒，由隧洞、箱涵、渡槽组成。设计进口水位 54.0 米，末端结合井水位为 50.0 米。

一是箱涵14段，全长1100米。箱涵置于开挖的坑槽里，为双孔箱涵。总断面尺寸H×B=2.1×3.3米，单孔孔口为1.8×1.4米，现浇200号钢筋混凝土，每节长拉制在15米以内。纵坡i=1/1000，设计流量为4.63立方米每秒，相应水深1.25米，加大流量为6.0立方米每秒。

二是渡槽9座，总长1223米。渡槽为跨度10米的箱型简支排架势和跨度32米拱桁架结构两种形式。纵坡i=1/1000，单跨长10米，槽身为双孔三壁矩形，总宽3.25米，两侧墙和中间隔墙厚度均为0.15米，槽身总高度为2.15米。其中底板厚0.15米，顶部拉梁高0.1米，每孔槽身净高1.8米，净宽1.4米。双孔设计流量为4.63立方米每秒，相应水深1.25米，加大流量6.0立方米每秒。按照供水规划，第一期日供水量20万立方米时1孔过流，另1孔作检修备用，其过流量为3.04立方米每秒，排架宽3.10米，立柱断面为H×B=0.4×0.3米，最大高度22米，槽身和排架均按现浇方式设计，其中槽身为开闭式，然后在上部铺盖预制钢筋混凝土板。

三是隧洞6处，总长636米。6处隧洞均为半圆直墙门洞型，底宽2米，直墙高1.5米，纵坡i=1/500，底板和侧墙为150号现浇混凝土衬砌，厚度0.25米，拱圈为预制混凝土三铰拱式，设计过流能力为4.63立方米每秒，加大流量为6.0立方米每秒。

（四）一水厂供水管道工程

一水厂输水管道从金凤调节水库引水隧洞末端的压力水箱预留孔取水，输水干管朝西南顺冲而下至金凤村翁家组后折向西北，从金凤小学地下隧洞穿过，经金凤畈，穿过井坡隧洞、东茅坡1洞和2洞，进入鲁家垄过白石村，再穿过107国道进入双古冲，然后管道走在两高压线中间，过通海路，经王家畈，穿过黎家水库和七斗湖，接着穿望岳预制场和望岳电器厂，顶管穿过京广铁路，经洞氮生活区进入东风湖区，沿湖堤向西南敷设输水干管，然后拐向规划的七里山路，再到湖堤，并顺堤一直向前敷设，穿过新修的洞庭湖大道，进入康神制药厂、三五一七工厂，最后进入一水厂混合池。管道全长14350米。开挖隧洞13处，总长3000米；顶管5处，总长190米。土石方明挖开槽11310米。管道进口引水高程63.70米，出口受水高程52.50米。进出口水位差为11.2米，总水头损失为9.69米，采用重

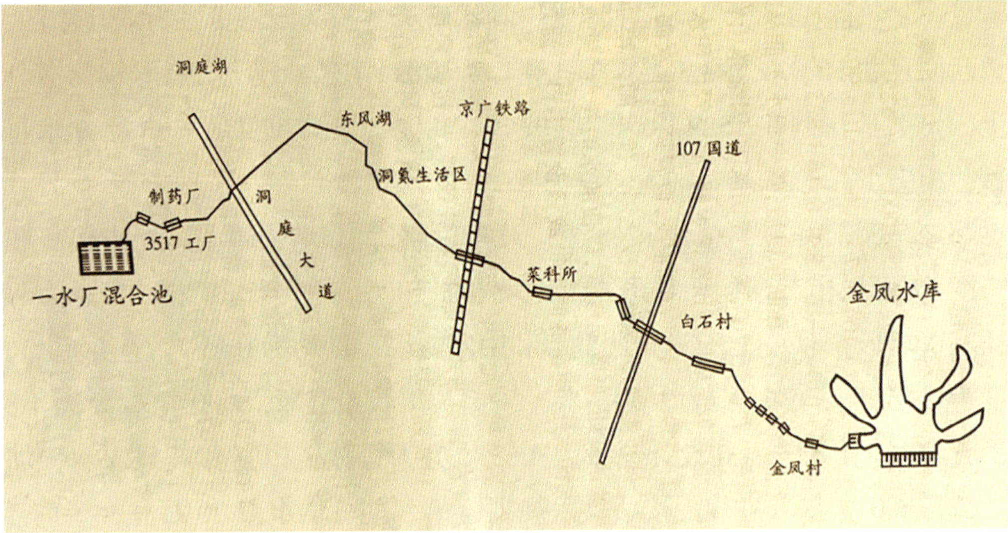

岳阳市一水厂原水输水干管示意图

力式输水。日供水量19.5万吨，年供水量7000万吨。

一水厂供水管道全长14350米，全部采用玻璃钢管（除架空钢管外）。其分段管道设置为3段，第一段从金凤水库到107国道段，0+037.7到3+937.7，平面长度3900米，采用ND1600毫米玻璃钢管；第二段从107国道到东风湖，3+937.7至9+118.7，平面长度5181米，其中ND1600毫米的玻璃钢管长1558米，ND1400毫米的玻璃钢管3623米；第三段从东风湖到一水厂，9+118.7至14+350，平面长度为5231.3米，全部采用ND1400毫米的玻璃钢管。

为了便于检修，在金凤调节水库压力水箱出水管处加设一阀门井，阀门为蝴蝶阀，直径1200毫米。在管道穿越铁路处也设置了阀门井，阀门井设手动蝴蝶阀，并配有柔性伸缩接头。同时，为随时排除管道内的积气，方便管道维修，凡在输水管道的竖向突起处均设置了排气阀井。另外，在管道平缓地段，每间隔1000米还设置一个排气阀井。

（五）岳化管道供水工程

工程管道设计全长17225米，跨越主要山梁7座，按地形不同将全程管道分为7段，即0+000—1+625.5、1+711.5—5+698.2、5+779.1—7+104.1、7+206.3—10+994.8、11+159.4—15+867.4、16+010.6—16+580.6、

16+825.2—17+225。每段形成一个大倒虹吸管。在断水以后，管中积水不能从尾端排尽形成管内积水。在该管线中，未设置切断阀，因翻越山脊实际上切断了水流。而在每段最低处设置排水阀，防空管内积水，便于进行维修。在 11+159.4—15+867.4 段，设置两处排水阀，其余各段均只设置一处排水阀，并兼作冲沙之用。排水阀内径 200 毫米。在每段管的最高处，设置通气管，以便灌水时排气、排水时充气。设置通气管 8 处，均在隧洞出口或只设置出口，通过管内径 200 毫米。

该工程穿越 8 处山梁，布置隧洞 8 处。隧洞所经地质均为前震旦纪板岩，岩石节理裂隙多，岩性较差，故衬砌采用预制构件边检边衬。衬砌断面呈蛋形，开挖宽 1.48 米，衬砌后净空 1.24 米；开挖高 2.0 米，衬砌后净高 1.78 米。为便于人工操作，壁厚 12 厘米，用 200 号混凝土预制，每块构件宽 18 厘米；底板厚 10 厘米，用 150 号混凝土现浇，每米作一个圆形支点管座。预制构件两件拼合采用铰接，接缝用 100 号水泥砂浆填塞。

该工程设置 8 座排水、冲沙阀，其位置分别为 1+022.9、2+543.1、4+307.8、6+341.5、10+295.2、13+572.0、14+676.7、16+376.1。还设置 8 座通气阀，其位置分别为 1+652.5、3+727.6、5+698.2、7+104.1、11+159.4、15+489.3、15+867.4、15+580.6。排水、排沙井室为 100×150 平方厘米，高 2 米，在这 2 米以下的水和沙需用泵提排。

（六）岳阳县城铁山饮水工程

经专家组审定，新墙水库作为岳阳县城铁山引水工程工程建设的调蓄水库。该水库距县城 10 千米，总库容 811 万立方米，有效库容 420 万立方米，完全能满足县城日供水需求（近期 5 万吨、远期 10 万吨）。

一期工程在铁山南总干荣湾分干渠（桩号 8+110）处进行分水，新建引水渠至新墙水库，通过一级加压泵站加压后送至县城一、二水厂。建设内容包括：新建 3.428 千米引水专用渠、新建分水闸、节制闸各 1 座、渡槽 1 处、加固新墙水库（大坝冲抓回填及摆喷、接触灌浆、溢洪道加固处理、灌溉涵改造、低涵封堵），新建取水构筑物（取水塔、取水箱涵和取水泵房）、铺设直径为 800 毫米的玻璃纤维缠绕夹砂管道 10 千米等。

第三节 指挥机构

1958 年秋，中共岳阳县委决定成立铁山水库修建工程指挥部，由县委委员、组织部副部长毛致用任指挥长，县委副书记李发启任政治委员，县商业局副局长陈钧任副指挥长。随后，1 万余名民工和工程技术人员，采取一边勘测，一边设计，一边施工的办法，拉开了修建铁山水库的序幕。1959 年春，因山洪暴发，铁山大坝被冲毁，工程搁置，指挥部也随之撤销。

铁山水库开始复建后，1975 年 10 月 9 日，中共岳阳县委决定成立铁山灌区工程指挥部，着手进行开工前的各项准备工作。1977 年 8 月 20 日，水利电力部发出通知，批准修建铁山灌区工程。9 月 30 日，岳阳地区行署成立由 15 人组成的支援铁山灌区工程工作组，刘秉谦任组长，杨金玺、张建邦任副组长。10 月 16 日，岳阳铁山灌区工程指挥部在水库库址附近的公田镇挂牌办公。指挥部由岳阳县委书记许志龙任指挥长兼政委，县委副书记李怀芝任副指挥长兼副政委，县委常委、公安局局长吴世伦和县人民武装部部长莫才明任副指挥长，县委常委、组织部部长苗富林和县人民武装部副政委陈菊球任副政委。指挥部下设办公室、政工处、工程处、移民处和后勤处。工作人员均从县级机关和企事业单位抽调，共 213 名干部、职工，其中有正、副科级以上干部 26 人。由岳阳地区支援铁山灌区工程工作组调集的 35 名干部也于同一天到达公田开展工作。

1979 年 11 月下旬，中共湖南省委主要负责人指示：“铁山灌区工程北总干渠经过临湘县境内的 23.7 千米渠道，由临湘县负责修建，南总干渠大明分干（后改名岳汨分干）由汨罗县负责修建；临湘、汨罗两县均应成立指挥部，岳阳地区要有专门班子指导整个工程。”中共岳阳地委根据这一指示精神，于 1980 年 4 月 20 日发出《关于成立岳阳铁山灌区工程总指挥部、分指挥部的通知》，决定总指挥部由地委副书记陈秉芝任指挥长，行署副专员王三金、行署农村办公室副主任张建邦、岳阳市委副书记周保龙、岳阳县委副书记李怀芝、临湘县委副书记谢裕民、汨罗县委副书记吴玉泗任副指挥长，总指挥部下设办公室、工程处、财务处、器材处等办事机构。同时，成立大坝指挥部和岳阳县、汨罗县、临湘县 3 个分指挥部。随后，原岳阳县成立的铁山灌区工程指挥部更名为岳阳县分指挥部；汨罗、临湘两县分指挥部也相继成立。鉴于铁山水库大坝是铁山灌区工程中的一项关键性工程，为了确保施工质量，中共岳阳地委决定由铁山灌区工程总指挥部副指挥长张建邦兼任大坝指挥部指挥长，铁山灌区工程总指挥部副指挥长李怀芝、湖南省水电建设公司负责人刘洪元兼任大坝指挥部副指挥长。1981 年 7 月，中共湖南省委决定水利水电厅副厅长白修身担任岳阳铁山灌区工程总指挥部副指挥长兼大坝指挥部指挥长，以加强对大坝建设工程的领导，为此原大坝工程指挥部领导班子作了调整。副指挥长由张建邦、刘洪元、沈素担任。随着大坝基础处理工程的加速进行，将库区淹没线以下的居民尽快迁往外地的工作迫在眉睫。为了做好移民的搬迁与安置工作，中共岳阳地委于 1980 年 8 月 20 日发出通知，增设铁山灌区工程岳阳县移民指挥部，由岳阳县委副书记李九州任指挥长，副县长吴世伦任副指挥长，移民指挥部隶属铁山灌区工程总指挥部领导，担负库区移民的搬迁与安置任务。

1983 年 8 月，岳阳市升格为省辖市后，原由岳阳地委和地区行署领导的铁山灌区工程总指挥部移交岳阳市委、市政府领导，而当时承担南、北灌区部分工程施工任务的汨罗县和临湘县仍属岳阳地区管辖，造成行政领导系统和工程指挥系统不一致，给工作带来不便。1986 年 2 月，原岳阳地区建制撤销，其行政区域划归岳阳市管辖，实行市管县的体制，铁山灌区工程的行政领导和工程指挥系统的关系随之理顺，工程重大问题的决策高度集中统一。1982 年 5 月，鉴于大坝工程已竣工并投入运行，大坝分指挥部撤销。1988 年 2 月，岳汨分干渠竣工验收，交付使用，汨罗市分指挥部随之撤销；因北总干渠渠系工程尚未动工，铁山灌区工程总指挥报请岳阳市人民政府批准，于 1988 年撤销临湘县分指挥部。1989 年后，北总干渠渠系工程陆续开工，为加速完成临湘县境内原设计 23.7 千米的渠道修建任务，1991 年重新建立临湘县分指挥部；铁山水库淹没区内的移民搬迁任务，到 1984 年时已大部完成，移民指挥部于 1985 年起并入岳阳县分指挥部。

第四节 施工队伍

修建铁山灌区工程的任务由两支队伍承担：一支是拥有较强技术力量和较多机械设备的专业施工企业，另一支是灌区受益县的广大民工和具有一定施工技术的农民技工组成的专业施工队。

1977—1989 年，先后参与铁山灌区工程建设的专业企业共有 17 家，即中国建筑工程五局七公司和机械化施工公司、中国化学工程第四建设公司、广州铁路管理局桥梁队、湖南省水利机械化施工处、湖南省水电工程公司第三工程处、湖南省水利水电修制厂、湖南省水利水电工程公司、岳阳地区水电局工程队、岳阳市第二建筑公司、岳阳地区公路总段、岳阳县机械灭螺站、岳阳铁山灌区工程队、岳阳县水电局工程队、岳阳大坝施工处、汨罗市水电局工程队和临湘县水电局工程队。

枢纽工程中除副坝以外的全部建设项目，渠系工程中如渡槽、隧洞、倒虹吸管等技术性较强或规模较大的建设项目，以及库区和中洲垸移民基地中的公路修建、大型涵闸和排渍机埠修建、高低压线路和邮电广播线路安装等重点建设项目，均由各级工程指挥机构根据专业施工企业的机械化程度与职工技术素质等条件，有选择地确定承建单位，并与之签订施工承包合同，按照技术设计的规定和国家有关政策法令，明确工程建设单位与施工承包企业各自的权利、义务与职责范围，同时对原材料的组织供应方式与数量价格以及工程质量保证和施工时间等，提出具体要求，双方严格遵照执行。凡投资数额较大的重点工程项目，其承包合同均通过公证机关公证，以取得法律保障。

枢纽工程中的大坝修建任务主要由国家建筑工程五局七公司和机械化施工公司承担；溢洪道、小湄连通洞和北干渠首引水洞三项工程，主要由湖南省水利水电工程公司和湖南省水利水电修制厂承担；导流放空洞、南干渠首引水洞和南干渠首电站三项工程，主要由岳阳地区水电工程队承担；岳阳县水电局工程队担负南干渠首引水洞的部分施工任务。

渠道建设、库区建设、移民基地建设和枢纽工程建设中不便于机械化施工的土石方开挖及回填任务，全部由受益县（市）组织的民工承担，岳阳县和汨罗市参加铁山灌区工程建设的民工达数十万人次。一般以区、乡(公社)、村（大队)、组（生产队）为单元，按军事编制原则，分别组成民工团、营、连、排，配备相应干部，划定地段，根据土质和地形情况，确定劳动定额，严格按照质量要求，由各级干部负责组织施工作业。

1977 年冬，岳阳县动员民工 35000 余人（高峰时达 7 万余人）修建铁山灌区工程，除从公田区民工团抽调 1400 人协同专业施工企业进行大坝围堰截流和基础清理等工程外，其余民工分别承担南总干渠开挖和中洲垸大堤加宽加固及垸内渠道开挖等工程项目的建设。

但当时在劳动力的调配和管理上存在某些不合理倾向：安排劳动力时，不区分受益地区与非受益地区，一律按农业人口的多少，确定调派劳动力的数量，平均摊派工程任务；对于劳动报酬的分配，则采取所有参加施工的民工一律按原所在生产队评定的劳动等级和在工地实际出勤天数，平均计发劳动补助费，即每个工日由国家补助 0.3~0.4 元，而不过问劳动力完成工程任务的数量与质量。

1980 年 12 月上旬，中共岳阳县委在有 1700 多名大队干部参加的训练班上，反复强调要改善铁山灌区民工建勤的劳动管理，以确保工程质量，并印发饶村公社东山大队《我们是怎样对民工连实行任务承包的》，大明公社如兰大队《现金结算的大包干制好》，兰田公社民工营《我们是怎样抓好民工劳动管理定额的》，公田公社《后勤支援好，民工热情高》4 个典型材料，但效果不明显。由于上述原因造成少数工程质量不合格，只得重新返工。

1981 年起，随着农村家庭联产承包责任制的普遍推行和逐步完善，岳阳地委和地区行署指示各受益县（市）及时调整政策，改进劳动力调派原则和施工管理办法：即在劳力调派上，由县（市）按各区、社受益面积的大小和受益时间的先后，将应当负担的土石方任务下达到区、社，对于先受益的地方，安排任务适当大一点，调派劳力适当多一点，出勤时间适当延长一点。然后由区、社按人田各半的比例，将应完成的土石方和出勤工日逐级落实到大队、生产队与农户，对军烈属、五保户和劳力少人口多的困难户，部分或少分任务，给予照顾，克服平均主义倾向，发扬社会主义协作精神。在施工管理上，建立层层承包责任制，对出勤民工按照完成工程的数量与质量，计发劳动报酬，实行多劳多得。支付民工劳动报酬的来源，除国家发给每个工日的补助费由 0.3~0.4 元提高到 0.7 元外，同时按照灌溉受益面积的大小，向受益区合理提取工程费用参与劳动报酬的分配，做到谁受益、谁负担，不平调摊派。

第三章　建设起风雷

铁山水库工程于1958年秋开始修建，1959年春因大坝溃垮搁置，1977年动工复建。1982年枢纽工程基本竣工，南总干渠于1976年冬开始，1988年南总干渠及所属3条分干渠相继建成并交付使用，北总干渠于1990年3月开始，1997年年底建成并交付使用。岳阳市城市供水工程包括三项工程，于1993年4月开工，2002年10月竣工。岳阳县铁山饮水工程于2006年9月规划设计并开始动工，2007年9月竣工通水。铁山水库工程凝聚了建设者们的智慧和汗水。铁山水库枢纽工程设计获国家优秀设计奖金质奖，铁山水库枢纽地质勘察工程获国家级优秀工程勘察银质奖，铁山灌区大坝工程获湖南省优质工程奖。

第一节　铁山水库枢纽工程建设

铁山水库枢纽工程包括铁山大坝、饶港大坝、副坝、溢洪道、导流兼放空隧洞、小湄连通隧洞、南干渠引水隧洞、南干渠首电站、饶港电站（原称临时电站）和北干渠引水隧洞10个建筑物工程。

一、铁山大坝工程

1977年12月27日铁山大坝破土动工，至1981年8月为施工前期阶段，该阶段以岳阳地县施工队伍及大规模的群众运动为主，省属施工力量投入较少；1981 年 8 月至 1982 年 5 月为大坝主体工程施工阶段，省属施工力量为主导，大坝主体工程填筑采用综合机械化施工，少数不便于机械作业的任务则由民工辅助完成。10 月 29 日，大坝主体填筑工程黏土斜墙和铺盖开始填筑，完成全部填筑任务共用 112 个工作日，完成填筑黏土量 21.41 万立方米，高峰月日平均填筑强度达 2392 立方米。坝体砂壳于同年 11 月 14 日开始填筑，共用 124 个工作日，完成砂砾料 44.71 万立方米的填筑任务，高峰月日平均填筑强度达 5758 立方米。1982 年 4 月 26 日，大坝主体填筑达到坝顶 96 米高程。大坝修建施工主要工程量有：清基土方 30.2 万立方米，清基石方 6.69 万立方米，基础凿槽混凝土 997 立方米，基础帷幕灌浆 315 孔共 6185.23 立方米，耗水泥量 219.79 吨，黏土斜墙及铺盖 22.64 万立方米，坝壳砂砾料 49.83 万立方米，上游铺筑石渣 6.79 万立方米，下游反滤料 1.12 万立方米，上游护坡块石 1.59 万立方米，下游护块混凝土块 524 立方米，下游护坡草皮 5500 平方米，完成国家投资 1215.5 万元。

（一）施工组织

铁山大坝主体工程施工由湖南省水利水电工程公司（后改名为湖南省水利水电工程施工管理局）总承包，该公司组织主要领导、技术负责人和各科室人员共 20 多人驻守施工现场，与岳阳抽调的大坝工作人员组成铁山灌区工程大坝指挥部，由湖南省水利厅副厅长白修身任指挥长，湖南省水利水电工程公司总工程师夏家仁任总工程师。指挥部内设工程科、质检科和办公室。工程科负责大坝工程施工管理、施工调度，观测设备埋设与施工期观测、大坝控制测量等工作，由汪亮诚任科长；质检科负责大坝施工质量检测试验和质量控制工作，由沈先传任科长；办公室负责后勤事务等。

参加大坝施工的单位有国家建工总局五局七公司，国家建工总局五局机械化施工公司，铁山灌区工程岳阳市指挥部大坝施工处，岳阳地区水电工程队（后改名为岳阳市水利水电建设工程处），岳阳县公田民工团和省水利水电工程公司下属机构水利机械施工处，水利第三工程处及挖泥船队。

铁山大坝施工以综合机械化为主，建立土料、砂砾料两条生产线，实际配备的机械设备达 131 台（辆），包括 8 吨~15 吨自卸汽车 60 辆、挖掘机 15 台、铲运机 4 台、震动碾 4 台、气胎碾 2 台、羊足碾 3 台、肋碾 3

台、推土机 14 台、挖掘船 1 艘、电动夯 10 台。按机械完成工程量占总工程量比例计算，机械化施工程度达到 90%以上，其中黏土生产线约 98%、砂砾料生产线达 98%；机械装备率按各施工单位全员平均拥有机械的马力数统计，国家建工总局五局七公司人均 26.4 马力，省水利机械施工处人均 31.1 马力；如按全工地人员（包括专业队、民工和指挥部机关人员）统计，人均 15.2 马力。铁山大坝的施工机械化水平在当时国内土坝施工中居首位。

（二）围堰与导流

根据铁山坝址水文资料分析结果和按有关规定的导流标准，铁山大坝的施工导流方式：1977 年至 1981 年 9 月非汛期以明渠导流，汛期以破堰溢洪，大坝截流进入主体工程填筑阶段以导流隧洞进行导流。

1977 年 12 月 27 日，铁山灌区工程指挥部组织岳阳县公田区民工团 5000 多人到达工地，开始进行大坝上游围堰清基和斜墙部分河床覆盖砂层清理。先填筑围堰右岸部分，达到围堰顶部 69 米高程，围堰为黏土心墙砂壳形式；继后在左岸主河槽部位浇筑长 14 米、高 2 米、宽 0.5 米的混凝土纵向导墙，由导墙与左岸坡形成明渠进行导流，导流明渠底宽约 5 米，过水断面约 10 平方米，能通过 8 月 5 年一遇和 9 月 20 年一遇的相应流量 12.5 立方米每秒；与此同时，填筑下游围堰形成基坑，进行大坝防渗体基础开挖与处理。1978 年春，汛期来临之前，将围堰左段破开缺口以备泄洪。1980 年冬，开始恢复上游围堰左段的破开口和在汛期中被洪水冲垮的部分堰体，在第二次临时截流后重筑下游围堰，进行坝壳和堆石棱体基础处理。1981 年春，汛期来临之前，又将围堰左岸破开缺口 40 米，以备汛期洪水通过。

1981 年冬至 1982 年春，进入大坝主体工程施工阶段。施工队伍在 8 月下旬进场后，快速清理原被破除的左段堰体，并进行堰体填筑。当填筑高程达到 63 米左右时，于 1981 年 9 月 3 日上午 9 时进行最终截流。随后将上游围堰加高到设计高程 71.5 米，并修筑下游围堰到设计高程 58.5 米，形成大坝施工整体基坑。从此时起，位于右岸的导流隧洞正式承担施工导流任务。导流隧洞于 1977 冬开通并完成衬砌，洞径 2.8 米，进口底板高程 61.2 米，导流期间通过最大流量为 67.2 立方米每秒。

围堰的填筑以机械开挖、运输、填筑碾压与人力清基、填土相结合，即用1立方米正铲或反铲在右岸老坝体取土，用15吨自卸汽车运卸、C-80推土机平土和碾压，同时，反铲清基配合人工清淤，夯实推土机碾压不到的部位。

（三）基础处理

铁山大坝基础处理施工从1977年11月27日开始，至1981年12月全部完成，前后持续4年多，其原故是工程开工比较仓促，坝址地质情况比较复杂，整个设计工作随工程施工的展开逐步完善。参加施工的队伍有湖南省水电工程公司机械化施工处、岳阳地区水电工程队和岳阳县公田民工团。

大坝基础处理按部位划分为3个项目：

1.斜墙基础处理。包括河床部位和两岸岸坡斜墙区覆盖层清除、凿槽开挖、岩石清理、混凝土压浆盖板浇灌、帷幕灌浆等。1977年12月开始，至1980年4月全面完成齿槽开挖、压浆盖板混凝土浇筑和齿槽回填，特别对地质复杂的区域如黑色岩组部位及部分破碎带进行特别处理，在黑色岩组带设置三道防渗齿槽；在斜墙基础开挖齿槽总共308米。帷幕灌浆从1978年12月10日开钻，1981年9月28日结束，共孔315个，总进尺6185.23米，总耗灰量219.79吨。帷幕灌浆最终检查合格率：以黑色岩组为中段，中段为92.86%，左段为98.15%，右段为100%。

2.左岸铺盖基础处理。为了左岸防渗铺盖达到稳定有效，必须对铺盖内零乱的山坡地形进行一定的清挖整形。1981年10月开始采用人工施工方式，以挖除、削坡与补坡相结合进行处理，山坡坡脚部分用浆砌石补坡，坡面按渗流方向开挖出多条沟槽，槽中回填以砂砾石作为防渗铺盖底部的排水盲沟，项目1981年12月完成。

3.坝壳区基础处理及堆石棱体施工。1979年10月开始，由民工对左右两岸山坡按坡比≤1:1.5标准进行清挖削坡，跛脚基岩裸露处按坡比≤1:1.0控制，局部陡峻处采用浆砌石补坡回填，共回填浆砌块石418立方米。对老坝废涵管及左岸坡脚地质勘测平洞进行砂石回填与封堵，并进行回填灌浆。1981年11月开始，省水电工程公司机械化施工处在岳阳县2500名民工的配合下，对坝壳基础进行全面处理。处理工作包括两个主要过程：一是结合上下游围堰的填筑，挖除河床砂层上的覆盖层和右岸老坝体；二是对原砂层进行分区块密实处理，使其达到设计控制的相对密度，同时分层回填与密实，使整个坝壳区基面大体水平（高程为56.6~57米），以便整体进行机械化施工。整个坝壳区的处理至1981年1月25日结束，在坝基砂层施工中取样151件，相对密度Dr≥0.7的有149件，合格率为98.7%，达到设计要求。

棱体基础与坝壳基础同时开挖，清除工作似黏土斜墙基面一样直至基岩面并经清水冲洗；1981年1月7日开始棱体干砌施工，棱体填料均为花岗岩，块石单块重大于50千克的达到70%，湿抗压强度400千克每平方厘米以上，破碎率不超过15%；层砌筑厚度80~100厘米，人工砌筑、振动碾压，控制干容重1.8吨每立方米，取样两个平均干容重1.78吨每立方米。

（四）黏土斜墙及铺盖填筑施工

黏土斜墙是大坝的防渗体，是大坝的核心。黏土铺盖包括防御左岸绕坝渗流的防渗铺盖和黑色岩组带上下游延长渗径的内外铺盖。黏土来源于坝址下游3.5千米左右的长安村铺上和长安中学两个土料场；铁山大坝黏土斜墙与铺盖填筑作为一体、同时施工，其大面积坝面施工的过程大体为：

1.运土——8吨自卸汽车从料场直接运土上坝，车辆分别经上下游两条进土专线从斜墙两端路口进入工作面，工作面严禁车辆同辙。

2.卸土——在专人指挥下倒卸法铺土。

3.平土——液压式推土机铺土整平，随卸随平。

4.铺土厚度检查——每层土铺平后人工用铁钎或竹钎插入土层检测铺土厚度，控制铺土厚度30±5厘米，确保铺土均匀。

5.剔除杂物——清除土料中夹带的杂草、树根、砖块等，保证黏土质量。

6.碾压——用羊足碾配合气胎碾或肋碾进行联合碾压，工作面较大时多采用圈转法，工作面窄小时采用进退错距法。

7.取样检查——取土样进行土层密度（干容重）试验。

8.坝面处理——如存在过压剪切破坏的地方或被淋湿的表层土作废土进

行挖除运走处理，土层合格后进行下一道工序。进料铺土前，用推土机的履带板进行坝面刨毛。在黏土斜墙的施工过程中，为有利于平行流水作业、提高工效、减少各工序的相互干扰，采取分带分块的施工方法，将铺土与碾压两个工序实行平行流水作业。

（五）坝壳料及堆石棱体施工

铁山大坝坝壳料采用大坝下游河床中的砂砾料，储量丰富，坝下游500~2000米河道作为主料场。砂砾料采掘有水上和水下两种作业，对于水上部分且厚度在2米以上的砂层，用WY—100型反铲开辟掌子面直接挖掘装车；厚度较薄和零星分散的砂层，先用推土机集料成堆，再用反铲装车。位于水下的砂层用1立方米的索（拉）铲从水下采集，以侧工作面为主开采，后退法集料，水下开采的最大深度为3~3.5米。砂砾料全部由25台捷克出产的T—148型15吨自卸汽车运输上坝。坝面填筑施工工序为：

1.卸料——在专人指挥下后退法卸料，料堆呈梅花状交错布置。

2.平料——日产液压式D80A型推土机整平卸料，随卸随平；同时控制铺料厚度80±5厘米。

3.碾压——用振动碾碾压8遍以上。

4.质量检查——挖坑进行相对密度试验。

5.在整个施工过程中，各工序互相配合，有机衔接，形成有秩序的一条龙施工，确保施工质量与进度。

6.堆石棱体施工基本全由人工进行场内搬运与砌筑，堆砌时要求做到平、稳、紧、满，每层堆砌厚度为60~80厘米，逐层用振动碾压6遍，每3000~5000立方米进行质检认证。

（六）观测设备埋设与施工期观测

为了观测大坝的应力、变形和渗流情况，在大坝不同的部位和高程埋设了各种仪器设备，以检验工程质量和监测工程安全运行。主要设备有十字臂横梁式固结仪2台、导管滑线电阻式测斜仪3台、钢弦式土压力盒18只、钢弦式渗压计4只、双管式孔隙水压力测头21个和表面变形观测标点29座，测量基点30个，埋设大小部件256件，电线和塑料水管（直径5毫米）5714米，埋设次数达332次。铁山大坝所埋设的观测仪器设备在当时国内所有土石坝中是较系统、全面和完善的，观测设备的埋设列入整个大坝施工中的一个组成部分，由施工部门统一安排生产调度。

铁山大坝观测由于施工单位的密切配合，较好地解决了施工期“边填筑施工、边埋设设备、边施工期观测”的矛盾，做到了埋设、观测工作基本不影响坝体填筑施工。由于观测设备埋设施工人员对埋设工艺有一丝不苟的精神和较熟练的技术，仪器设备埋设完好率取得接近100%的好效果。尤其是在施工期中开始观测获得一系列的可靠数据，给运行管理和设计、科研部门提供了一份宝贵资料。

（七）大坝施工参数试验

施工参数的试验与确定也是大坝施工的一个重要内容。湖南省水利水电勘测设计院除承担了大坝工程的设计外，还主持了本项任务。施工参数的试验内容主要是黏土和砂砾料施工碾压参数的确定。

黏土碾压试验现场选定在长安中学土料场。根据斜墙体的稳定分析计算，设计文件提出坝体黏土物理力学指标。为了满足设计的干容重和含水量，试验中选定3种不同的铺土厚度，5种不同的含水量，5种不同的碾压遍数，9种不同的碾压方式，用逐渐收敛法求出各种对数的最优值，最后用全部最优参数再进行一次复核试验，得出“碾压机具及其组合、碾压遍数、土料铺填厚度、控制含水量、碾压机械车速和碾压方法”6个参数的试验成果。

为使砂砾料的碾压试验能够模拟坝面施工情况，其试验现场选定在距坝下游1500米左岸河滩上，设计上为了防止坝壳砂料在地震力作用下的“液化”，提出相对密度要大于或等于0.7，在试验中应用现场已有的碾压机具，以不同的碾压方式，不同的碾压遍数、不同的铺料厚度，求出铺料厚度与沉降率、平均干容量、锤击次数的关系，从而确定“碾压机具组合、行车速度、铺料厚度、铺料方法、碾压遍数、洒水量”的最优参数。

（八）施工质量控制

水利电力部、湖南省党政领导和省水利水电厅十分重视铁山大坝的施工质量。1980年1月，水电部派出总工程师到岳阳，会同长江流域规划办公室、湖南省水电厅和湖南省水利水电勘测设计院等单位的专家，深入工地审查技术设计，着重研究大坝基础处理中防震、老坝基处理、黑色岩组处理以及帷幕灌浆等技术问题。8 月，湖南省水利电力厅副厅长白修身、总工程师龙五道，湖南省水利水电勘测设计院副院长曾涛仁、勘测队总队长顾建国等 18 人到铁山大坝指挥部实地察看，着重研究大坝砂基震冲密实处理问题。在对原河床砂砾层进行振冲加密试验中，发现砂层中（特别是右岸河床）含有较多的泥团泥块，以及基础砂层中含砾石的比例和砾石粒径均较大，振冲加密不能达到预期效果。10 月 22 日，中共湖南省委第一书记毛致用、湖南省农业经济委员会主任史杰听取省水电厅党组关于铁山大坝基础处理工程施工情况的汇报后，指出不符合技术设计要求的部分工程，必须全部返工，绝对不能留下隐患。大坝指挥部根据省委领导的意见，从 1980 年 11 月至 1981 年 2 月对原河床 68380 立方米的砂砾料进行挖除，重填后分层碾压达到设计的密度要求。1981 年 9 月上旬大坝截流清基后，准备斜墙大面积回填之际，对 1977 年回填的斜墙基础黏土进行检验发现，黏土料的干容重和含水量没有达到设计指标。主要原因：一是由于当时大规模的民工施工，技术力量投入不足，质量管理工作跟不上；二是由于 1978 至 1981 年，为了度汛，斜墙基础黏土长期浸泡在水中，影响了黏土质量。为了保证大坝施工质量，将基础已填黏土不符质量要求的 10000 多立方米实行全部挖除后重填。1982 年年初，水电部又派出工作组到大坝工地检查施工情况，并于 2 月 10 日发出《关于当前铁山水库大坝施工中一些问题的意见》，对填筑工程提出明确的质量要求，大坝指挥部及各施工单位严格按照水电部颁发的《碾压式土坝施工技术规范》和湖南省水利水电勘测设计院编制的设计图纸及施工技术要求进行施工。基础处理时，分项工程及隐蔽工程竣工后，经大坝指挥部和施工、设计试验、质量检查等单位代表组成的验收组检查验收后，才能进行下一步工程的施工。

为保证铁山大坝主体工程填筑施工的质量控制，建立一套完善的管理体系和规范的检测方法与措施。施工期间，大坝工程指挥部设立质量检查科，有科长、副科长、工程师、技术员及技工 23 人，并附设有工地土工试验室。质检科在指挥部及质量委员会的领导下，与驻工地设计代表组紧密结合，专门从事大坝施工质量最终检查工作。担任黏土填筑的七公司和担任砂砾料、石渣填筑的水电机械化施工处均组建质量检查组，负责各自填筑坝材料的质量自检。质检程序是碾压工序结束后，施工单位对其进行自检，自检通过后报指挥部质检科进行终检，终检通过后由质检科发给其合格证，然后才允许进行下一道工序。质检不合格则要进行补压，直至合格为止。黏土料的压实密度检验采用环刀取样，现场烘烤求其干容重，为了缩短检测时间有时也采用湿容重进行控制。坝体斜墙及左岸铺在盖黏土填筑施工中，共取土样3070个，合格率为92.7%，超过规定标准90%的要求；坝体砂砾料及片石石渣的压实密度检验采用挖掘试坑的取样方法，以“换水法”或“换沙法”求其相对密度。坝体砂砾料填筑在施工中，先后共取样703个，合格率为96.4%，超过部颁标准；对下游块石棱体取样4个，全部符合设计要求。

（九）运行期的改善

1989年、2000年，先后两次对大坝外坡进行补坡工作，主要是对部分塌陷部位进行填土整坡，为了美化大坝，对整个外坡进行换土种植草皮，采用现浇混凝土做了“铁山水库”4个大字。2002年，“铁山水利枢纽除险加固项目”对大坝坝顶加高0.3米、重筑钢筋混凝土防浪墙、对大坝内坡80高程以上进行钢筋混凝土现浇护砌，同时，对部分失灵的大坝监测仪器设备进行更新。

二、饶港大坝工程

在铁山原整体规划建设中，饶港坝不属于其中范畴。因铁山灌区工程要缩短南总干渠渠线，以小湄连通隧洞将小饶港水库与铁山水库连成一体，南总干渠灌溉、南干渠首电站和饶港电站（原称临时电站）要从小饶港水库取水，小饶港水库得与铁山水库联合调度运行，小饶港水库枢纽工程便成了铁山水库枢纽工程的一个组成部分。

1972年8月，由岳阳县公田公社组织172人的专业队，开始低涵工程的清基与块石备料。9月，岳阳县公田区委抽调20多名国家干部和职工组成水库建设指挥部，岳阳县水利电力局派出技术人员参加施工。在指挥部的具体领导下，工程施工正式开始，9月下旬由甘田公社组织400多名劳动力砌筑低涵。11 月上旬低涵基本完工。继后由公田受益区组织劳动力 4800 多人进行河床截流、大坝清基、坝体填筑等土石方施工工作。12 月，施工高峰期劳动力达 8500 人。1973 年 5 月，组织专业队伍进行水库工程扫尾，大坝主体工程于 6 月中旬左右完成。

饶港水库大坝是一个典型的边设计、边施工的项目，其施工从清基、坝基到坝体填筑都是大规模的群众运动，坝体的填筑密实尽采用“东方红”履带式拖拉机进行碾压，施工中没有任何质量检查措施和手段，大坝投入运行以来一直视为病险工程。大坝低涵漏水特别严重，经测量达 0.3 立方米每秒，主要是涵管段漏水呈射流出流，低涵闸门变形错位，漏水异常；同时，左坝端与岸坡接合部位多处渗水。

1982 年，小饶港水库划归铁山水库管理后，鉴于低涵漏水危及大坝安全和大量损失水资源情况，1991 年，对低涵管身采取水泥灌浆和低涵进口库内压土等措施处理，漏水得到基本控制。

三、副坝工程

副坝位于大坝右侧毛田公路低垭山口，为一黏土心墙坝。坝面块石护坡，坝高 4.3 米，坝顶长 20.6 米，坝体总工程量约 400 立方米。当出现特大洪水威胁水库安全时，采用爆破毁坝渲泄洪水，故此地又作铁山水库非常溢洪道。工程由岳阳县施工处组织民工完成。

四、溢洪道工程

（一）工程概况

溢洪道位于大坝左岸天然低垭处，为宽顶堰型，分三孔泄流。堰顶高程 83.2 米，溢洪道建筑物全长 151 米；进口段长 20 米，宽度 33 米，坡度 1/10；闸室长 21 米，宽度 33 米（净宽 30 米）；闸后缓坡段长 20 米，宽 33 米，坡度 1/100；泄槽两侧导墙为混凝土重力式，陡坡收缩段长 20 米，宽度从 33 米变至 24 米，坡度 1/6，底板厚度自进口 0.5 米逐渐加厚至出口 1.0 米；陡坡段 46.55 米，宽 24 米，坡度 1/6；挑流反段长 13.45 米，宽度 24 米，反弧半径 22 米，挑射角 25 度，下游护坦长 10 米，挑流鼻坎下游为

473米的泄流明渠与下游河道相接。

泄水明渠轴线与溢洪道轴线重合，在0+214至0+315桩号为一陡坡底流型消能建筑物，衔接上下游泄水明渠；设计标准下洪水流量为935立方米每秒。溢洪道设10米×9.3米的钢质弧形闸门三扇，钢质平板迭梁检修门一扇（两页）。启闭台安装有3台15吨电动与手摇二用启门机，以启闭弧形闸门。在检修吊梁上，配有移动式手动10吨葫芦启闭检修门。闸墩的96米处设公路桥与上坝公路相接，闸墩的顶部为工作桥，即启闭机台，闸墩的最大高度为20米。

溢洪道工程于1979年11月中旬开工，1982年4月竣工。全部混凝土及钢筋混凝土与帷幕灌浆工程，由省水利水电建设公司第三工程处承担施工；金属结构制造安装，由省水利水电设备修制厂承担；引水渠及溢洪道的土石方开挖，主要由岳阳县公田区民工团承担；溢洪道的泄洪渠，由岳阳市水利电力工程队承担施工，1987年1月开工，1988年3月底竣工。

（二）施工方案与程序

省水利厅第三工程处第二工程队于1979年5月接受溢洪道工程的施工任务，总指挥部要求该队在1980年年底全面完成混凝土主体工程。施工单位认真分析了工期和施工的难度，认为闸室的基础处理有帷幕灌浆、固结灌浆、纵横排水沟和钻3~4米深的排水孔，闸室的上部结构还有公路桥、启闭台，闸槽二期混凝土以及闸门安装各项工序互相影响，这是控制工期的关键。鼻坎齿槽位于护坦以下，为溢洪道的最下部，开挖深度达7米，底宽仅3米，必须在1979年冬至1980年春雨季之前开挖完工，并将其混凝土回填至地面，否则雨季一到，不仅增加施工难度，而且会延误工期。由于溢洪道的大部分土石方开挖已由民工团完成，山坡开挖不合格，坡度很陡，不少地方被爆松，跛脚不稳，时常发生滑坡掉石现象，危及施工安全。在施工的程序与方案上，采取先闸室、鼻坎齿槽，后泄槽；先泄槽边墙，后泄槽底板，边墙清基一段，混凝土浇筑一节，基础开挖与混凝土浇筑交叉进行。这样既保证了施工安全，又加快了工程进度。

（三）混凝土拌和系统布置

根据溢洪道各特征部位的高程和地形情况，在左岸96米高程的0+081

处设置两台 0.8 立方米拌和机和料仓形成拌和系统（上坝公路通过此处），采用人工配合胶轮车将砂石水泥送入拌和机。该系统承担 91 米高程以下的侧墙、底板全部混凝土的生产。另在 96 米拌和系统上方的 100 米高程处搭一平台，设置一台 0.8 立方米拌和机。该系统采用皮带机进料，熟料采用胶轮板车通过 100 米至 98 米的水平混凝土运输架直接浇筑 91~98 米高程的混凝土，98~103.2 米的混凝土则用斜跳接 15 米皮带机运输，皮带机以下用机动翻斗车运输，皮带机以上用胶轮车运输入仓。鼻坎齿槽和下游护坦混凝土的拌和生产，则在鼻坎下游 50 米处设一临时拌和台，安装 2 台 0.4 立方米的拌和机进行。

（四）脚手架与承重架工程

根据溢洪道高差较大的情况，施工脚手架分为四层搭设。第一层搭至 85.5 米，担负 84.9 米以下侧墙和底板混凝土的浇筑，该层脚手架延伸至 0+096 桩号时降低 3.5 米，中间安贮料斗转一次料，浇底板混凝土时则将脚手架降至 83 米，又接一贮料斗接转料；第二层为 91 米，担负 91 米以下的侧墙、闸墩和扭曲面混凝土的浇筑；第三层搭至 97 米，担负 98 米以下闸墩和公路桥混凝土的浇筑；第四层搭至 104.2 米，担负 103.2 米以下闸墩和启闭台混凝土的浇筑。

由于仓面较大，脚手架要在底板上生根。为了不使原木架树埋入混凝土，架柱下部与预制的混凝土柱（12×12 厘米）用夹板螺栓连接。所有脚手架全部采用原木绞架。承重架形式经对绞架、八字架、满堂架 3 种架型的研究对比，最后采用满堂绞架形式作施工承重架。

（五）泄水明渠施工

在 1985 年完成设计后，因未及时进行施工开挖砌护，1987 年汛期水库泄洪，将桩号 0+249—0+285 处断层冲坏，如按原设计施工，需回填浆砌石 3420 立方米。为减少工程造价，指挥部对原设计进行了修改，将堰顶宽度减少 4 米，实际为 4.5 米，陡槽段向内平移 4 米，陡槽后的水平段增长 4 米(实际为 24 米)。另外，还对原设计作了局部修改：取消了经过堰顶的过渠公路，增设人行桥；将桩号 0+254—0+315 段的纵向排水沟由 5 条增加到 6 条，桩号 0+295—0+315 段的横向排水沟由 2 条增加到 5 条，以保证基础内渗内外排；泄水渠左岸 0+470 和右岸 0+460 以后的砂砾石层深厚，地下水位高，将浆砌石基脚混凝土护坡，修改为钢筋石笼护脚基础，干砌块石护坡；钢筋石笼规格为直径 12 的钢筋做成 1.5×1.5×1.5 米内装块石。

（六）运行期间的改造施工

1.启闭机台的保护设施，原设计为整体敞开式，3 台启闭机和开关柜分别采用三铁皮防护罩进行覆盖。在运行中发现，防护罩只能起到防风雨作用，闲人可以从底缝钻入，有造成设备破坏和盗窃的可能，同时因空间过小，设备检修和运行操作极不方便，况且 3 个防护罩像是三具棺材，严重影响了工程的整体美观。1994 年，经请示省水利厅和省水电设计院同意，投资约 8 万元进行改造，修建的全封闭式、亭阁式的启闭机房。

2.溢洪道泄洪渠二级消能的护坦，原设计为临时措施，没有布设钢筋，也没有足够的排水孔。通过几次较大流量（约 350 秒立方米）泄流后，渠中部护坦混凝土四分五裂，严重威胁上游陡坡的安全，根据分析主要是高速水流的脉冲压力造成破坏。1996 年下半年，投资约 22 万元进行重浇钢筋混凝土处理，并对护坦出口的齿槽进行加深、加厚处理。

（七）混凝土掺和料

为了节约水泥和保证混凝土的和易性，在某些部位的混凝土中适量掺用了岳阳电厂的粉煤灰。为了解决混凝土在冬季 0℃以下施工的防冻抗冻问题，在混凝土的拌制时掺入早强剂，以提高混凝土的早期强度；早强剂采用三乙醇胺，掺用量为万分之五，混凝土的早期强度比未掺用早强剂的混凝土一般增长 40%~50%。

（八）工程质量

1.质量情况的一般描述。全部隐蔽工程，包括基础开挖的地质素描都通过了设计部门的检查验收，认为符合设计要求时，才进行混凝土的浇筑，所有记录资料是齐全的。混凝土的原材料如水泥、碎石骨料、砂子、粉煤灰掺和料和水以及混凝土的配合比都有较严格的质量控制，各部位的混凝土生产均取样作试块，从整个试验结果看，均达到设计标号，试验资料齐全。整个建筑物的表面外形美观，轮廓分明，几何尺寸到位，基本符合设计要求。

2.混凝土试验结果。溢洪道有 100 号、150 号、200 号、250 号 4 种标号混凝土 14677 立方米，从各部位现场取样做试块 162 组，其抗压试验强度成果分析见下表：

表 2：溢洪道混凝土抗压试验强度成果分析表

设计标号	取样数（组）	平均强度（千克/平方厘米）	均方差	离差系数	保证率（百分率）
150	106	201	41.8	0.21	88.5
100	33	146	37.6	0.26	88.5
200	19	242	33.85	0.14	88.5
250	4	289	39.53	0.14	84.1

从抗压试验成果记录表中发现，有 14 组没有达到设计要求（其中 100 号混凝土 4 组、150 号混凝土 10 组）。影响混凝土强度的原因是这些试件中使用的东江水泥较多，东江水泥系立窑生产，经常出现质量不稳定现象；碎石骨料为小湄隧洞开挖出的花岗石，碎石机加工后未经筛分，混合碎石中有时粒径偏细的较多；掺入的粉煤灰量略微偏大；天气和操作上的因素等。

3.问题与教训。一是溢洪道陡槽底板表面凹凸不平问题。由于陡槽底板混凝土施工采取的是大平面搭脚手架，用胶轮车运输混凝土入仓，没有采用拖模操作，造成底板伸缩缝前后高低不平。经过测量，其误差与设计标准相差±1.2~±10.6 厘米。这是由于施工工艺的问题所造成。二是启闭机吊车梁表面裂缝问题。在启闭机吊梁混凝土浇筑后的第二天，发现梁表面的箍筋方向产生裂缝。其原因是对钢筋的保护层设计不够合理。按设计要求，吊车梁的保护层为 4 厘米，根据设计说明受力主筋中心至混凝土表面距离为 4 厘米，而设计的牛腿为直径 20 厘米，吊车梁的主筋为直径 22 厘米，牛腿的保护层为 3 厘米，两者交叉实际牛腿的主筋距混凝土表面只有 0.8 厘米，吊梁的钢箍为直径10 厘米，如此钢箍还要外露 0.2 厘米，在绑扎钢筋时尽管克服种种困难将钢筋压低，在浇筑混凝土时又尽力将钢筋压入混凝土内，但由于保护层太薄，混凝土在固化收缩时，还是产生了裂缝；问题出现后，立即组织人员将混凝土表面进行凿毛，并抹上 1 厘米厚的水泥砂浆。

五、导流兼放空隧洞工程

由岳阳地区水电局施工队承担。1976 年 6 月开工，1977 年 12 月隧洞打通并开始进行导流。1978 年 1 月大坝斜墙基础处理结束之后，至同年 12 月，继续进行隧洞衬砌、回填灌浆、竖井混凝土衬砌、门槽安装、闸门安装及修建启闭室，于 1981 年 8 月竣工，1982 年 4 月 11 日正式关闸蓄水。

（一）工程概述

导流兼放空隧洞位于大坝右岸花岗岩体内，施工期导排上游来水，运行期兼作放空水库底水和排沙用。隧洞全长 376.3 米，由 3 段组成。上游段长 64.5 米，仅作导流用；中间是 14.5 米长的明渠槽；下游为导流兼放空隧洞，长 297.3 米，其间为侧堰进水口段，长 15 米。隧洞衬砌段直径 2.8 米，长 159.9 米；非衬砌段直径 3.6 米，长 137.4 米。导流期间通过最大流量 67.2 立方米每秒。导流放空隧洞明挖石方 15544 立方米、洞挖石方 6197 立方米、混凝土及钢筋混凝土 3184 立方米、浆砌石 7080 立方米、回填灌浆 1477 平方米、金属结构安装 18.97 吨。工程总造价 86.6 万元。

（二）开挖施工

1.测量放样：放空兼导流隧洞沿洞轴线有 3 个转弯，为了控制开挖精度和确定隧洞与大坝的相对位置，采用大坝测量的坐标系统，用小三角网进行控制测量，隧洞从两端开挖，开通后隧洞中心线偏差仅 1 厘米。

2.明渠开挖：放空兼导流隧洞的明渠共有 3 段，进口明渠段和中间明渠段，主体工程全长 90.2 米，于 1976 年上半年由岳阳县指挥部组织民工完成开挖；出口明渠段，1977 年 10 月按原设计施工，因河床覆盖层较厚（6~7 米），且渗水量较大，根据当时施工队伍的条件，无法进行开挖，后经设计和建设方同意，将轴线改靠山边，于 1978 年 8 月重新开挖，11 月底完成。

3.隧洞开挖：隧洞有临时隧洞、主洞的开挖。临时隧洞位于导流兼放空隧洞的首端，全长 64.5 米，在大坝施工期间担负导流任务，水库蓄水后废除，故称临时隧洞。因为地质条件不好，系强风化岩石，故采用先小洞打通，而后边扩大、边衬砌的方法，小洞开挖洞宽为 1.5~2 米。主洞，根据施工队伍的设备条件和洞口底板高程较低（57.424 米）易被洪水淹没等具体情况，采取进出口两个作业面同时对进和一洞分上下两层开挖的方法，先上层断面，后下层断面；上层断面开通以后，由省水利水电勘测设计院设计和地质人员进行地质素描，根据开挖后的实际地质情况重新拟定衬砌段与非衬砌段的设计方案，而后进行下层断面开挖。

（三）衬砌施工

混凝土衬砌部位有 64.8 米长的临时隧洞，主洞 0+079 至 0+165、0+240 至 0+290、0+319.44 至 0+377.42，3 段全长 184.98 米，中间明渠 14.2 米。浆砌石护砌主要是出口明渠 65 米长的导墙。

隧洞衬砌部分又根据围岩情况分别采用混凝土和钢筋混凝土。采用钢筋混凝土衬砌的，临时隧洞有 80 米，主洞有 72.98 米，衬砌段内径为 2.8 米。洞身衬砌的施工方法限于施工队伍的技术水平和设备条件，以两条伸缩缝之间为一施工段，先浇底板，再浇侧面，最后顶拱一次一米后退式浇筑。浇混凝土前，首先将洞内两侧的岩灰和底层岩缝内的石渣冲洗干净，然后装模和浇筑混凝土。有双层钢筋的地方，由于人工打铲容易造成混凝土骨料分离，粗骨料（碎石）难于穿过钢筋，则特制小铲、小扒，将其扒匀后，再进行插钎和振捣；每浇筑一层混凝土，对发生位移的钢筋进行一次复位整理。

主洞非衬砌段的 113.44 米内在 0+165 至 0+249 段，设计开挖直径为 3.6 米，实际开挖平均直径为 4.24 米；0+290 至 0+319.44 段开挖直径为设计的 3.6 米，并进行洞壁勾缝。

（四）回填灌浆

设计上要求对主洞 0+079 至 0+263.9 段 184.9 米进行回填灌浆，灌浆面积 1324 平方米。根据设计要求，在混凝土衬砌时已预埋好灌浆钢管，在灌浆前对混凝土冷缝和有漏水的位置用风钻补孔灌浆，对重点灌浆的 0+079 至 0+159 段全面进行检查处理，首先将预留孔内的灰浆清除干净，再用 2 千克水压冲洗孔内，待水溢出后进行灌浆。

灌浆程序先从出口段开始，共分 4 段。灌第一孔时，对邻近的几个孔用木塞、棉絮堵塞，第一孔的吸浆量一般较大（第二段开始首孔灌水泥 7 吨），浆液水灰比为 1:2~1:4；在吸浆量大时，灌浆压力保持 3 千克；吸浆量逐渐减少时，压力逐渐上升，当工作压力达到灌浆机的最大额定压力 7 千克，而浆桶内的灰浆又不见减少时，表明已经饱和灌不进浆了，对于无筋混凝土最大压力控制不超过 4 千克，以防混凝土的破坏。由于混凝土施工存在缺陷，灌浆时，在冷缝和蜂窝处因有水泥浆漏出，则用棉絮封堵，并停机几十分钟让漏浆面的浆液初凝后，重复续灌。灌浆孔的封堵，采用水泥细砂浆搓成圆条状，摄入孔内，用木塞将其挤紧待凝固后取出木塞。

（五）工程质量

从前述中可以看到，导流兼放空隧洞的施工自始至终非常注重工程质量，特别是混凝土衬砌、回填灌浆、闸门井和启闭台的混凝土浇筑、闸门及启闭设备的安装项目，更是要认真。混凝土在浇筑过程中均进行了取样试块，按照建筑物的部位及其混凝土数量情况，共取样 14 组，其中临时隧洞取样 4 组，试块平均强度 208.5 千克每平方米；主洞取样 4 组，试块平均强度 277 千克每平方米；闭台取样 2 组，试块平均强度 243.5 千克每平方米；闸门竖井取样 4 组，试块平均强度 286.8 千克每平方米。试块的平均强度，均超过设计的 200 标号。为了增强混凝土的抗渗能力，在洞身和闸门部位，其混凝土配合比用适当增加水泥用量的办法提高了混凝土的和易性；灌浆质量采取风钻打孔注水的方法进行了检验，当水压达到 7 千克每平方米时，浆桶内的水仍然无减。工程全面竣工后，先后进行 4 次试运行，其中第一次为无水情况下进行，第四次是库水位为 79.94 米（接近闭门水位）。通过几次的运行检验，工程各项指标基本达到设计标准。

六、小湄连通隧洞工程

（一）工程概述

小湄连通隧洞在距离大坝 6 千米的上游左岸，连通铁山水库与小饶港水库，可减少干渠长度和渠道建筑物。隧洞全长 2257 米，断面为圆拱直墙形式，衬砌段洞跨为 4.5 米，高 4.9 米，非衬砌段洞跨 5.5 米，高 6.2 米；

进口、出口底板高程分别为 78.67 米、77.69 米，底坡为 1/2300；隧洞上游设有长 800 米、坡降 1/800 的引渠。当库水位 83.2 米时，水流由引渠流入隧洞，通过流量 27.5 立方米每秒。隧洞设计流速：衬砌段 1.59 米每秒，非衬砌段0.98 米每秒。隧洞设计糙率：衬砌段 0.017，非衬砌段 0.03。隧洞按有压、半有压、无压 3 种水流状态均存在条件设计。隧洞进口设有平面钢闸门，除小湄隧洞检修、清淤及小饶港水库单独蓄水需关闭外，其余时间闸门均处在开启状态。小湄连通隧洞整个工程由省水利水电建设公司第三工程处承担施工（开挖工程由该队的第一工程队承担，混凝土衬砌工程由该队的第二工程队承担，闸门安装由该队的机电工程队承担）。1977 年 11 月 2 日施工队伍进场，1978 年 8 月开始进洞，1980 年 12 月底隧洞全线贯通，衬砌工作从 1980 年 7 月 1 日开始，至 1982 年 2 月 13 日竣工结束。

（二）开挖施工

小湄连通隧洞洞身进口段基本沿山脊定线，覆盖层厚度最小 22 米，最大 120 米；进口处地面为一大田段，高出洞身 110 余米，洞内出渣必须提升。隧洞出口段地形较为复杂，有坑槽溪沟，沿山麓定线。出口位于小饶港水库，高程在水库正常蓄水位 101.4 米以下，出口不能作为开挖工作面，经过实地勘探，拟在猴子坑开挖一施工支洞。

隧洞经过地段为花岗岩地区，勘测时仅做过地表普查，未进行钻探；地表为强风化层，遇雨冲刷即成砂粒；地表以下 7~8 米才显弱风化岩层；但洞身中部多为新鲜花岗岩层，成洞条件较好，f 值在 8 左右的有 1960 米，f 值 1~2 的有 126.5 米，f 值 2~3 的有 140 米。

1.测量放样。施工单位根据省水利水电设计院铁山设计组提供的进出口桩位、坐标点、水准点成果，自行进行加密控制，增设一个小三角网作控制。

2.开挖掘进。(1)爆破：根据隧洞的地质条件，大部分地段适用全断面开挖，但因断面太大一次钻孔有困难，故先挖上导洞 4~5 米，紧接着开挖下部上导洞高 2.05 米左右，断面面积 6~7 平方米；采用手持气腿式风钻钻孔；用 2 号岩石硝铵炸药和火雷管引爆的普通爆破方法开挖。(2) 支撑：在开挖过程中，由于局部地段岩石节理发育，相互切割，时常掉块，则采用临时支撑，全洞共铺设临时支撑 91 品，共 91 米；支撑的形式为木结构可缩性支撑，整个结构由五边形组成，其中圆拱由 3 片矩形木梁构成，每片四边形桁架的中心夹角为 60 度，拱梁上扛每 15 度设一节点，铺设纵梁，桁架半径为 2.07 米，间距 1 米，每节点允许承载 1.06 吨。（3）出渣：在进口工作面和施工支洞各设有两股道的卷扬道，进口工作面卷扬道长 87 米，跛脚 15 度；支洞工作面卷扬道洞挖长度 108.29 米，跛脚 17 度 30 分。上导洞开挖的石渣人工扒出平台，在洞底高程上用 FZH-5 型风动装岩机装入斗车，机车牵引，卷扬机提升。（4）开挖质量：隧洞打通后通过检验，隧洞中线偏差 5 厘米，底板高程闭合差 2 厘米（局部地段底板高出设计 0.1 米）；平均超挖 14.62%，低于设计允许的 15%，但也存在微量的欠挖。（5）开挖进度：在隧洞的开挖过程中先后有梅溪、步仙、公田区 300 多名民技工配合施工单位进行施工。工程于 1977 年 11 月进场，1978 年 5 月开始石渠明挖，8 月底进洞，10 月下旬开始猴子坑支洞开挖。1979 年 3 月下旬支洞开通，随后主洞分头掘进。1980 年 3 月初，两工作面贯通。1980 年 6 月底，掘至 2+228 米桩号时，考虑到小饶港水库水压对施工的影响，停止掘进，进行清基工作。1981 年春，小饶港水库放空，隧洞剩下的 28 米继续开挖，1981 年 12 月完成。

（三）衬砌施工

1.混凝土生产。拌和楼设置在隧洞进口 70 米处的左边引水渠堤的斜坡上，其高程 87 米，安装有两台 0.4 立方米的拌和机，生料与熟料基本为平坡运输。砂料在拌和楼附近的堆场由人工装车进料；石料在离拌和楼 300 米处的碎石场用机动翻斗运送进料；熟料采用矿车运送进洞，再经 10 米皮带机提升 4.5 米至仓面架上，后平坡运送。直墙混凝土浇筑直接入仓，拱部混凝土用气泵运送入仓。电动振捣器密实。整个工程的施工，为机械与人工的紧密配合。

随着混凝土衬砌由洞口向洞内的推进，混凝土的运送时间越来越长，装在矿车内的熟料沉淀淅水现象越来越严重。为改变这种状况，在洞内 1+885 桩号处添设一台 0.4 立方米的拌和机，其后的混凝土在洞内由该机拌和，用 15 米皮带机提升至仓面架，然后用胶轮斗车平坡运送入仓。

2.衬砌断面。设计要求隧洞断面规格依地质情况而异，分为3种。3种断面的结构形式均为圆拱直墙：f=1~2时，开挖断面宽×高=5.5×5.7米，衬砌厚度为0.5米，衬砌断面为4.5×4.9米，圆弧半径为2.25米；f=2~3时，开挖断面宽×高=5.3×5.6米，衬砌厚度为0.4米，圆弧半径为2.25米；f=8时，不衬砌，开挖断面宽×高=5.5×6.2米，圆弧半径为2.75米。

3.混凝土质量。衬砌混凝土的施工质量采取在标准条件下养护28天的试块抗压试验结果来评定。隧洞拱部混凝土设计标号R28为150号，试件取样34组，实际平均强度为200千克每平方米，其中有3组试块低于设计强度，占总数的8.8%，均方差为44.82，离差系数为0.22，保证率为90.3%；侧墙与闸墩等部位设计混凝土标号R28分别为150号和200号，试件取样40组，实际平均强度为216千克每平方米，其中有4组试块低于设计强度，占总数的10%，均方差σ=44.82，离差系数C2=0.22，保证率P=90.3%；根据国家混凝土规范要求，低于设计强度的组数不得超过总组数的15%，故整个隧洞的混凝土合格。

七、南干渠引水隧洞工程

南总干渠引水隧洞位于小饶港水库南侧，肩负着灌溉和发电取水任务。设计洞长174米，内径4.4米，进口设有4.5×4.5米平面事故检修门，末端为钢筋混凝土压力水箱并分两支。左支通向弧门闸室进入灌溉渠道，断面由内径4.4米的圆形变为4.5×4.5米的方形，以2台25吨启闭机吊钢质弧形闸门控制引用流量；右支为两条钢筋混凝土引水管通向发电厂房，发电尾水经尾水池进入南总干渠道，南总干渠不需要水时，尾水则通过右侧的泄洪闸泄入大饶港河槽。南总干渠引水隧洞开始由岳阳县水电工程队承担施工，1977年11月破土。首先进行进口明渠的开挖，1978年4月进洞，从出口向进口方向全断面开挖掘进，同年11月底全线贯通，1979年4月进行洞身衬砌，至1980年年底隧洞完成衬砌114米。中途因小饶港水库蓄水后山岩渗水严重，衬砌工作曾停顿半年。1981年1月，岳阳地区水电工程队接管岳阳县水电工程队未完工程；同年3月，进场进行洞内欠挖清理和电站的部分基础开挖。1982年1月中旬继续隧洞衬砌。整个隧洞衬砌、闸门安装、箱型叉管、出口闸室、消力池、回填灌浆等部分项目至 7 月中旬全面完成。

八、南干渠首电站工程

南干渠电站装机 2 台立式机组，单机容量 800 千瓦，水轮机型号为 DJ510-LH-180，发电机型号为 TSL260/28-28，单机设计流量 12.9 立方米每秒，最小流量 11.68 立方米每秒，主厂房尺寸 27.76×10.46 米；压力水箱的两叉管口设有两扇快速钢闸门，由 2 台 QPQ25 吨启闭机双吊点控制，闸孔口尺寸为 3×4 米，闸底高程 77.576 米，闸门井（调压塔）顶部高程 105.5 米，启闭台高程 112.5 米。

在进行南干引水隧洞施工的同时，岳阳地区水电局施工队伍于 1981 年 10 月开始进行南干电站的施工。由于经费困难等原因，工程时断时续，直至 1986 年 6 月才竣工，开始投产发电。渠首电站的机电设备于 1985 年 1 月正式启动安装工作，两台主机由岳阳地区水电工程队修制厂和设备生产厂家（重庆水轮机厂）派来的技术工人进行安装，全部调试工作由湖南省水府庙电站负责进行。在整个安装过程中，由于得到平江县黄棠电站、临湘县龙源电站、广西金城江水电设备厂、岳阳电厂等多方技术人员的支持，尤其是铁山管理局电站职工的主动配合和认真负责，至 1985 年 9 月全面安装结束，经过 9 月 12—21 日的连续试运行，安装成功，运行良好，各项指标符合规程要求。

九、北干渠引水隧洞工程

（一）工程概述

北总干渠引水隧洞位于毛田镇福胜村胜利组，隔山与铁山大坝相连。隧洞工程分进口、洞身、出口 3 个部分，全长 303 米。进口部分由扭曲面、闸室和压力明管组成，长 27.5 米；洞身份衬砌、喷锚和非衬砌 3 段，全长 222.05 米。

该隧洞整个工程由湖南省水利第三工程处承担施工，第一工程队承担洞身开挖，第二工程队承担进口混凝土的衬砌，闸门和拦污栅的制作安装由机电工程队承担。该工程于1980年3月进场，1982年11月完成隧洞开挖，进口段衬砌，闸门控制设备施工及安装于1982年11月完成。

（二）工程施工

1.工场布置。鉴于隧洞洞口前下方地势低洼，且紧挨大坝黏土进场的临时公路，出口为深切石渠，渠旁即为新建的公田至毛田的公路，出口渠道明挖工程一时不能完工的情况下，隧洞的工场进口、空压机房、拌和楼、修理房以及工棚全部布置在去毛田公路右侧的台地上，另开一便道至隧洞进口作运送熟料的机车道。

2.开挖施工。根据隧洞断面为圆形、且洞身不长、地质情况较好的特征，开挖方案为：进口独头掘进，全断面开挖，机械打眼，轻轨斗车，人工装卸石渣。

混凝土施工根据隧洞进口场地狭窄、山坡陡峭、混凝土数量不大、工作面集中、时间紧迫、工序复杂的特点，以1982年4月15日关闸蓄水作为控制日期，对进口各部位混凝土的浇筑进行排序，使各工序互相衔接、紧密配合。

3.工程质量。按5米一个断面实测隧洞，平均超挖10.4%，局部最大为24.4%（0+030）；部分地段存在少量欠挖，占0.5%；局部最大欠挖1.9%（0+090）；小于开挖规范15%~20%，基本符合要求。

4.混凝土浇筑质量

混凝土工程只进行了进口建筑物的浇筑和进口洞身与压力明管相连的10米衬砌，其混凝土试块的抗压试验强度：设计标号为150号，试块取样14组，试验平均强度为174千克每平方米，均方差为25.41，离差系数为0.145，保证率为84.1%。

十、饶港电站工程

（一）工程概述

饶港电站原称临时电站，位于渠首电站附近大饶港河边的山洼中，装机容量为3×630千瓦，设计流量为3×2.38立方米每秒，设计水头35米，保证出力（P=80%）805千瓦，多年平均年发电量1156.48万千瓦时，平均年利用小时6118小时，主厂房尺寸34×10.5×11.5米，厂房防洪标准为300年一遇。发电用水是在渠首电站压力水箱开孔引水，通过长161米、内径2米的压力钢管，钢管末端分三支管（内径0.8米）进入厂房。

（二）施工过程

1.施工力量。电站的全部土建工程，包括厂房、管道、升压站、公路及其他附属工程等由岳阳铁山管理局承担，压力钢管的制作安装由化工部第四化学建设公司第一处承担，机电设备由宜昌水力发电设备厂供货，电器安装由铁山管理局南干渠首电站技术人员承担。铁山管理局接受该施工任务后，根据工程建设的复杂性，从全局系统抽调部分具有一定施工经验的技术人员和技术工人迅速组建施工队伍，利用和修复原总指挥部移交给管理局的一些旧设备，新添置和租用一部分设备和工具，构成了岳阳铁山灌区工程管理局临时电站施工队。

2.工场布置。根据地形的特定条件，工场采取立体布置，拌和楼设在地势较高（与厂房顶基本平齐）的斜坡上，砂石料场和水泥仓库则在拌和楼上方的台地，此处正接近进场公路。生料由胶轮板车下坡运送进拌和机，熟料经拌和机出口的陡槽，再由胶轮板车运送入仓，陡槽的长度随建筑物的上升而缩短整个混凝土的生产，从进料、拌和、出料，类似一条半机械化的流水线。施工用水从南干渠电站的尾水池提取，经管道输送到各个用水点。工地用电则由2000米远的下石关电站供给，办公、生活用房由渠首电站生活区提供。整个工场布置充分利用了当地有利资源，为临时电站建设的顺利进行和降低施工建设费用，提供了有力保障。

3.工程进度。饶港电站土建工程于1985年12月17日破土动工，1986年2月19日开始厂房基础开挖，5月15日开始基础混凝土浇筑，10月下旬厂房主体工程基本完成。10月4日四化建一处进场准备，1987年1月正式开始引水压力钢管安装，1987年3月中旬，管道安装和镇墩浇筑全部完成。整个机械电气设备的安装于4月15日结束，4月16—20日电站72小时试运行。

1977 年秋，3 万多名民工参加铁山灌区南总干渠建设　　（照片提供：姜中保）

第二节　灌溉供水渠系工程建设

铁山灌溉供水渠系工程从 1976 年冬起，灌区民众坚持连年兴建开拓，续建配套延伸，裁湾取直改造，避塘切岗，直到铺砌防渗护砌渠道，长达 20 余年之久。建成干、分干、支灌溉渠系网络 80 余条，全长 700 多千米。铁山灌区以新墙河为界，分为南、北灌区两个部分；灌区渠系工程包括总干渠、分干渠和支渠的渠道、渡槽、隧洞和附属建筑物等主要工程。

一、南灌区渠系工程

南灌区内有总干渠 1 条、分干渠 4 条、支渠 44 条，总长约 500 千米（已计入饶港分干）。南灌区明渠土方工程主要依靠受益区农民群众投工兴建。具体方法：一是任务分配按耕地面积多少将渠道土石方工程量进行分段分单元落实到各区、公社（乡、镇）和大队（村）；二是参加施工的农民按军事编制以区、公社、大队和生产队结构相应编制组成民工团、营、连和排进行管理；三是各民工营组成一个突击连；四是选拔一些年轻体壮的民工充实专业施工企业，配合进行建筑物的施工建设（包括水库枢纽工程）。

1981 年起农村实行家庭联产承包责任制后，对于支渠工程的土石方施工基本上仍按受益区的耕地面积和人口各占 50%负担，将工程任务分配到村组，由村组将渠段再分配到农户，由千家万户完成工程任务。整个建设中民工的待遇与报酬大体为：1976—1980 年，根据民工出勤率按劳动力等级由生产队计工支付报酬，同时，国家对每个工日补助民工 0.3~0.4 元。1981 年起，国家对每个工日补助民工 0.7 元。

（一）南总干渠

南总干渠始于引水隧洞出口弧形闸门后，至岳阳县荆洲乡三红村张公用止，全长 31.96 千米；明渠全长 28982.58 米，占南总干渠全长的

90.68%；有渡槽7处，长1927.42米，占南总干全长的6.03%；隧洞3处，长1050米，占南总干全长的3.29%；其他小型附建筑物811处。

1.明渠工程施工。南总干渠的施工分为四个阶段：第一阶段从1976年冬至1977年冬，为试验阶段。为了尽量避免施工中的失误，为全面大规模施工摸索和积累经验，1976年冬，岳阳县铁山灌区筹建指挥部从相思和甘田乡调集部分民工，先在姑桥区段开挖1.2千米明渠，渠上建有人行桥、公路桥、水堰和小渡槽等，渠槽采用六方块和片石两种形式护砌。历时一年，修建一段试验样板渠。第二阶段是1977年冬，为全面大施工阶段。岳阳县组织3万多名民工，全面铺开南总干渠土石方开挖填筑工程，历时3个多月，土石方工程基本完成，渠道基本成型。第三阶段从1978年初至1982年冬，为土石方扫尾阶段。岳阳县民工专业队完成深挖、高填方的扫尾、加修工程。与此同时，岳阳县民工专业队和平江、双峰副业队完成总干渠渠道部分护砌和小型附建工程施工。第四阶段从1982年冬至1990年冬，为整险加固阶段。在省水电厅的大力支持下，灌区人民共同努力，有计划、有步骤地对南总干渠进行了整险加固。特别是1990年冬，岳阳、汨罗两县（市）组织受益乡（镇）2万名村民上工地对南总干渠主要填方和半填主区段进行加修，做到宽度、深度、坡度、直度、弧度五度相符，起到良好的安全运行效果。

南总干明渠全线采用预制砖（块）和现浇混凝土护砌，形成过水断面三面不见泥的全护砌渠槽。护其形式有11种：

（1）有模现浇混凝土护砌：厚度6~8厘米，混凝土标号150号，护砌长度949.5米，占南总干渠全长的2.97%。

（2）无模现浇混凝土护砌：厚度6厘米，混凝土标号150号，护砌长度9017.5米，占南总干渠全长的28.22%。

（3）预制六方块护砌：厚度6厘米，混凝土标号150号，护砌长度15744.88米，占南总干渠全长的49.26%。

（4）预制四方块护砌：厚度6厘米，混凝土标号150号，护砌长度250米，占南总干渠全长的0.78%。

（5）预制砖护砌：厚度25厘米，混凝土标号150号，护砌长度455

米，占南总干渠全长的 1.42%。

（6）预制砖表面抹砂浆护砌：预制砖厚度 25 厘米，100 号砂浆 3 厘米厚，护砌长度 1011 米，占南总干渠全长的 3.16%。

（7）浆砌片石护砌：80 号砂浆砌片石厚度 25 厘米，护砌长度 180 米，占南总干渠全长的 0.56%。

（8）六方块表面抹砂浆护砌：预制六方块厚度 6 厘米，混凝土标号 150 号，砂浆 100 号，厚度 3 厘米，护砌长度 88 米，占南总干渠全长的 0.28%。

（9）预制砖表面无模现浇混凝土护砌：150 号混凝土预制砖厚度 25 厘米，现浇150 号混凝土，厚 6~8 厘米，护砌长度 601 米，占南总干渠全长的 1.43%。

（10）预制砖表面有模现浇混凝土护砌：150 号混凝土预制砖厚度 25 厘米，现浇150 号混凝土，厚 6~8 厘米，护砌长度 456 米，占南总干渠全长的 1.43%。

（11）现浇钢筋混凝土护砌：水平向钢筋直径 8，间距 25 厘米，垂直向钢筋直径 6，间距 30 厘米，150 号混凝土，厚度 20 厘米，护砌长度 230 米，占南总干渠全长的 0.72%。

2.整险加固。南总干渠试通水运行后，暴露出工程质量上的有关问题：主要是填方填筑时填料不符规范要求，夯压不密实，造成填方堤渠发生渗漏、管涌、沉陷、滑坡等问题，危及工程安全运行。自 1983 年开始，根据各段渠道的特点和运行中暴露出来的问题，进行维修除险。

例如 0+000—3+300 和 6+100—6+400 石方区段填方防渗，这两段渠道经过强风化板岩地层，兴建时涂料缺少，只得采用开挖强风化板岩石渣和其风化涂料混合填筑填方区段，夯压又不密实，加之渠道为预制混凝土护砌，防渗效果差。当渠槽流水向外渗透时，在渗透压力的作用下，石渣之间土颗粒被带走，使石渣之间严重架空，形成股状管涌；加之，岩石节理裂缝非常发育，所护的预制块只能起到减糙的作用，防渗效果差，水流大量经预制拼砌缝渗出，渗漏非常严重。省水电设计院 1987 年、1989 年两年对南总干渠的测流资料表示，0+000—3+300 的 3.3 千米渠道的水量损失占整个南总干渠道水量损失的50%，达0.8个流量。因此，南总干渠防渗的重点在上游。

在整险过程中，指导思想是内堵外排，主要采取3种防渗措施：一是在预制块表面加抹水泥砂浆或现浇混凝土；二是将预制块拆除后重砌，并

在背水面加垫三合黏土、防渗油毡、塑料薄膜和土工织物；三是用黄泥掺水充填灌浆。通过上述三项防渗措施，管涌处数明显减少，漏出水量明显下降，大部分区段已经得到根治。

又如 3+300—6+100 花岗岩风化土填方渠槽内坡防滑，这段渠道是修建

铁山灌区供水渡槽（一）　　（照片提供：姜中保）

在残积花岗岩风化土料上，土体的长石、云母矿物含量高，内摩擦角小，透水性能也小。该段渠道全部用这些土料作填料，施工时夯压也不密实。当渠道水位急剧下降时，一方面土料内摩擦角小，另一方面土料黏粒含量高，使得土料透水性能小，渗透到填方土体内的水难于很快排出。加之，渠槽水位急剧下降，失去了水压力对渠坡的平衡作用，渗透压力 180 度转弯，直指渠槽方向，所以造成渠槽内滑坡。1984 年 7 月放水时，藕塘水库填方出险，迅速将渠首弧形闸门关闭，渠首、姑桥、王古冲三闸同时开闸泄水，渠槽水位很快下降，才使藕塘水库填方脱险，但是造成檀木冲和柳家冲两填方内滑坡，将渠槽堵塞。整修中，在渠槽内采取了浆砌石压内坡脚等处理方案，效果很好。

还有 6+400—31+960 红砂岩及近代堆积物填方区段的外坡防滑处理。该段渠道由于填方夯压不密实，加之土料砂性重，透水性能大。从沿渠线土料的分布规律看，从上游到下游砂粒含量逐步减少、黏粒含量逐步增大、透水性能逐步减小。运行中出现的险情也是上游比下游多。险情主要表现为：填方外坡脚呈散浸渗漏、渠堤裂缝、沉陷、外坡滑坡严重。其处理方法主要是在预制块背水面加垫塑料薄膜、防渗油毡和劈裂灌注黄泥浆防渗的内堵和在外坡埋设导浸沟外排的措施。

南总干渠共完成土石方 645.38 万立方米，干、浆砌石 3.3865 万立方米，混凝土、钢筋混凝土 6.317 万立方米，劳日 1095.53 万个。国家投资 1765.75 万元、自筹经费1559.535 万元，合计 3325.285 万元。

3.渠道建筑物和附属建筑物施工。南总干渠建筑物与附属建筑物 821 处，其中渡槽 7 处，隧洞 3 处，各类涵、闸、桥、管等小型附建筑物 811 处。7 处渡槽总长 1927.42 米，占南总干渠全长的 6.03%。最高最大的饶港渡槽排架高 24.44 米；最长的宏图渡槽长 775 米。3 处隧洞总长 1050 米，占总干渠全长的 3.29%。最长最大的大荆塘隧洞洞身长 550 米，内空高 4.72 米，内空宽 3.72 米。

（1）渡槽施工。南总干渠 7 处渡槽中，渠首、大饶港、许兑冲、谢全 4 处为现浇施工；姑桥、柘山、宏图 3 处为预制吊装。吊装中，排架采用 4 个吊点，避免了高排架吊装中预制件折断。渡槽接头全部利用环氧树脂贴止水橡皮。1986 年，发现 7 处渡槽槽身临水面混凝土均有不同程度的露筋现象，后来在露筋处加抹了一层环氧砂浆。大饶港渡槽原设计为预制吊装，后来改为现浇。1978 年 3 月 7 日，在现浇施工中承重架倒塌，使第九号跨槽跟着倒塌，第九号排架被折弯，造成其底部出现裂缝，事后做了加固处理。该次事故损失惨重，造成死亡 14 人、伤 24 人的结果。水兑冲渡槽原设计长 132 米，后因进、出口有 10 余米渐变段处在填方上，为此，在进口

铁山灌区供水渡槽（二） （照片提供：姜中保）

段增长 3 米跨槽身，实际长度达到 138 米。在浇 2 号、4 号槽身时，分别误用湘江牌325 号水泥250 千克和 2150 千克，事后，通过长期观察未发现异常。谢全渡槽进口挡土墙左侧底部发生不均匀沉陷，导致挡土墙向外倾斜，顶部水平位移达 9 厘米。后来，在墙脚下部加筑混凝土挡墙，有效地制止了位移的发展。宏图渡槽 44 号排架预制在沙滩上，产生 5 条裂缝。后裂缝凿槽，现浇膨胀混凝土补槽。7 天后，试块抗压力 197 千克每平方米，抗拉 11 千克每平方米。吊装后，发现 56 号排架 1.3 米高程处有一贯穿裂缝，后用环氧树脂将裂缝封闭，以保护钢筋不致锈蚀。

渠首渡槽、大饶港渡槽、姑桥渡槽由原岳阳地区水电工程队承担施工；柘山渡槽、谢全渡槽和水兑冲渡槽由岳阳县水电工程队承担施工；宏图渡槽由原湖南省水利水电建设公司第三工程处承建。

（2）隧洞施工。大平山、大荆塘、向家冲 3 个隧洞均穿过新生界下第三系红层，这种岩石成岩作用不完整，泥钙质胶结，岩性软弱，易于风化，受力后产生塑性变形，牢固系数在 0.8 以下，成洞条件差。特别是在裂隙水的作用下，大断面开挖，岩石极不稳定。隧洞施工时，掉块、崩塌现象时有发生，严重危及施工人员的生命安全。为了克服上述困难，工作人员采用一次性全断面开挖和中心支桩、边导洞开挖两种办法，并用木悬臂棚架作临时支衬，洞身采取边开挖边衬砌的措施，顶拱和侧墙预制块均用自制台车通过轻轨运到掌子面进行拼装成洞。由于思想上高度重视安全工作，加之方法得当，因此在整个施工过程中没有发生一起重大伤亡事故。3 个隧洞均由岳阳县水电工程队承担施工。

4.饶港分干渠。饶港分干渠原为岳阳县小饶港水库的灌区总干渠，由于铁山建设将小饶港工程纳入其中，小饶港水库管理机构及所属全部工程亦隶属铁山灌区管理局统一管理，故小饶港总干更名为饶港分干。

5.崩山分干渠。崩山分干渠自岳阳县公田镇崩山村庙神水库起，至筻口镇锹塘村止，全长 16.351 千米，在南总干渠 13+400 处取水，渠首引水高程 76.15 米，渠尾引水高程 70.125 米，渠首流量 5.69 立方米每秒。灌溉公田镇、柏祥镇、新墙镇和筻口镇 6606.67 公顷农田。

（1）明渠施工。崩山分干明渠由省水电勘测设计院设计，铁山灌区岳阳县分指挥部施工。1980 年 7 月动工，修建 2000 米明渠，后因国民经济调整暂停，1985 年 8 月重新开工，至 1986 年 9 月 8 日竣工通水。明渠及其附属建筑物完成土方 70.97 万立方米、石方 13.03 万立方米、混凝土及钢筋混凝土 13751 立方米、干浆砌石 3296 立方米，使用水泥 4125 吨、木材 949 立方米、钢材 3980 吨，劳动工日 35.1 万个，投资 442.48 万元。

崩山分干渠为下第三系红黄褐色碎屑岩地层，付保渡槽以上土质松散，透水性强，遇水极易崩解，崩山因此而得名。付保渡槽以下渠道土质坚实，稳定性较好。针对这一地质特点，在施工过程中，为了确保工程质量，对渠槽全部采取三面不见泥的 6 厘米厚的 150 号混凝土现浇护砌，对付保渡槽以上的 2956 米填方，在混凝土背水面加垫塑料薄膜防渗，取得良好的效果；全渠外坡均采取满草皮护坡，有效地防止水土流失，为了便于建设和管理，还在沟渠修建 3 米宽的机械路。该分干是南灌区建设速度最快、标准最高、质量最好的一条渠道，运行中没有出现过险情。

（2）建筑物及附属建筑。崩山分干渠有大小附属建筑 598 处，均由省水电勘测设计院设计。其中，大型附建筑物 5 处，含渡槽 4 处，长 1313.4 米；埋管 1 处，长 50 米。划匠、周正、鱼形 3 个渡槽由省建五局七公司施工，付保渡槽由市水电工程队施工，埋管由铁山管理局施工。小型附建筑物 593 处，包括分水闸 6 处，节制闸 1 处，泄洪闸 2 处，渠下涵 49 处，分水管 81 处，测流桥 1 处，公路机耕桥涵 9 处，人行桥 51 处，入渠 182 处，码头 204 处，跌水 1 处，其他 1 处，均由铁山灌区岳阳县分指挥部施工。施工质量基本达到设计要求，运行情况良好。

6.荣湾分干渠。荣湾分干渠从渠首岳阳县荆洲乡三红村张公用起，渠尾至岳阳县友爱乡白水塘止，全长 25.602 千米，灌溉岳阳县境内的荆洲、黄沙、黄秀、新墙、三合、白羊、荣湾、友爱、鹿角、兴旺、中洲和黄沙茶场农田 13600 公顷。从南总干渠尾 31+960 处取水，渠首取水高程 75.27 米，流量 11.74 立方米每秒；渠尾水面高程 58 米，流量 1.35 立方米每秒。

（1）明渠施工。该分干渠由省水利水电勘测设计院设计，铁山灌区岳阳县分指挥部施工。工程先后开工 3 次，第一次动工于 1979 年 11 月，开挖了前 9 千米；第二次动工于 1980 年 12 月，继续开挖到 19 千米处，后因铁山水库工程缓建而停止；第三次动工于1982年9月，直到1984年年底全部工程竣工。荣湾分干渠完成土石方200.22万立方米、干浆砌石0.2799万立方米、混凝土及钢筋混凝土1.4103万立方米，完成国家投资279.36万元，自筹142.22万元，合计421.58万元，投入劳力174.96万个。

最大的切方铁杉林位于6+755至7+035渠段，长280米，最大挖深14米。1983年开挖后，当年滑坡，地下水由坡面渗出，裂缝直至山顶，渠道的5米宽机械路挤至渠槽中心，堵塞渠槽。其滑坡原因主要是渠道经过高岭土地层，高岭土吸水膨胀，失水收缩，反复变化破坏了土体结构，造成山体滑坡。后经采取“削坡减载、导流排渗、挖除换土、刚性对撑”的处理措施，取得良好效果。

最高的填方位于蒋贤8+496至8+698渠段，长202米，填方高11米，上级外坡为1:1.5，下级外坡为1:2.0，渠坡外脚设有0.8×0.8米的排水沟滤体。由于清基不彻底，夯压不密实，渠道下沉开裂滑坡。后来，采取了挖缝回填、放平边坡、跛脚设排水棱体、渠槽内护砌防渗、渠堤劈裂灌浆等除险措施，至今效果良好。

（2）建筑物及附属建筑。荣湾分干渠有大小附建564处，其中大型建筑物1处，即刘富湾渡槽，长45米。该渡槽跨过京广铁路，地处7~8级地震区，渡槽按7级地震设防。槽身采用U型断面，槽壁厚14厘米，纵向采用双悬臂支撑，悬臂长6米，排架为A型架，与槽身连接时增加镇定装置，可防地震时槽身跌落。渡槽工程由广州铁路局桥梁队施工。该分干有小型附建563处，其中有节制闸1处，泄洪退水闸2处，分水闸16处，公路机耕桥涵13处，人行桥36处，渠下涵26处，跨渠小渡槽2处，跨渠倒虹吸管5处，分水管42处，测流桥1处，取污码头140处，入渠267处，跌水4处，其他98处。

7.岳汨分干渠。岳汨分干渠从南总干渠尾取水，分水地点属岳阳县荆洲乡三红村张公用，自张公用进水闸起，经汨罗市至岳阳县大明瓦泥塘止，全长22千米，灌溉岳阳县的荆洲、黄沙、大明和汨罗市的火田、新塘、白塘、楚塘、范家、桃林及范家茶场10个乡镇（场）农田12420公顷。

该分干渠由省水电勘测设计院设计，岳阳、汨罗两县（市）分指挥部组织施工。1982 年 8 月动工，1986 年年底竣工，完成土石方 176.0 万立方米、干浆砌石 364 立方米、混凝土及钢筋混凝土 24 万立方米，投劳动工日 214 万个，国家投资 406.41 万元，自筹 150.14 万元，共计 556.55 万元。

8.支渠工程。

（1）城步桥支渠。该支渠在南总干取水，是省水利厅 1985 年 12 月同意增加的一条支渠。1986 年 5 月开工，1987 年 5 月竣工。

（2）姑桥支渠。该支渠在南总干渠 5+700 处取水，1984 年 4 月开工，同年 12 月竣工。

（3）新冲支渠。该支渠从南总干新冲水库取水，1981 年 11 月开工，1986 年 11 月竣工。

（4）荆洲提灌支渠。该支渠在荆洲乡三红村的南总干 29+600 处取水，由岳阳县水电局设计，荆洲乡施工。1982 年 11 月开工，1986 年 8 月竣工。

（5）南支渠。该支渠在饶港分干渠取水。

（6）中支渠。该支渠在饶港分干渠取水。

（7）北支渠。该支渠在饶港分干渠取水。

（8）付朝支渠。该支渠在崩山分干 2+500 处取水，1985 年 9 月开工，1986 年 8 月竣工，由岳阳县中村乡和杨林乡施工。

（9）张平支渠。该支渠在崩山分干 2+743 处取水，1985 年 9 月开工，1986 年 8 月竣工，由杨林乡施工。

（10）付保支渠。该支渠在崩山分干 8+820 外的开井坡取水，1985 年 11 月开工，1987 年 8 月竣工。

（11）刘桂支渠。该支渠在崩山分干 11+515 处的划船塘取水，1985 年 9 月开工，1986 年 12 月竣工。

（12）大塘支渠。该支渠在刘桂支渠 1+952 处取水，1985 年 9 月开工，1986 年 12 月竣工。

（13）朱仑支渠。该支渠在刘桂支渠 2+956 处的九龙水库尾取水，1985 年 9 月开工，1986 年 12 月竣工。

（14）锹塘支渠。该支渠在崩山分干 16+351 处的渠尾取水，1985 年 9 月开工，1987 年 4 月竣工。

（15）进塘支渠。该支渠在崩山分干渠尾取水，1985 年 9 月开工，1986 年 10 月竣工。

（16）黄沙支渠。该支渠在荣湾分干 2+079 处取水，1982 年 9 月开工，1983 年 12 月竣工。

（17）双联支渠。该支渠在荣湾分干 2+770 处取水，1982 年 9 月开工，1983 年 5 月竣工。

（18）铁杉岭支渠。该支渠在荣湾分干 7+174 处取水，1982 年 9 月开工，1983 年 5 月竣工。

（19）金光支渠。该支渠在荣湾分干 7+250 处取水，1982 年 9 月开工，1983 年 5 月竣工。

（20）大桂支渠。该支渠在荣湾分干 8+110 处取水，1982 年 9 月开工，1983 年 5 月竣工，由新墙乡修建。

（21）群乐支渠。该支渠在荣湾分干 9+789 处取水，1982 年 9 月开工，1983 年 5 月竣工，由黄秀乡修建。

（22）新墙支渠。该支渠在荣湾分干 11+630 处取水，1982 年 9 月开工，1983 年竣工，新墙镇修建。

（23）方杨支渠。该支渠在荣湾分干 13+530 处取水，1982 年 9 月开工，1983 年 9 月竣工，由新墙乡和五垸乡修建。

（24）七站支渠。该支渠在荣湾分干 14+654 处取水，1982 年 9 月开工，1984 年 9 月竣工，新墙镇修建。

（25）许胜支渠。该支渠在荣湾分干 17+250 处取水，1982 年 9 月开工，1983 年 5 月竣工，由荣家湾镇和黄秀乡修建。

（26）细王支渠。该支渠在荣湾分干 22+312 取水，1982 年 9 月开工，1983 年 5 月竣工，荣家湾镇修建。

（27）富强支渠。该支渠在荣湾分干 23+853 取水，1982 年 9 月开工，1983 年 5 月竣工，友爱乡修建。

（28）文发支渠。该支渠在荣湾分干 24+510 取水，1982 年 9 月开工，1983 年 5 月竣工，由友爱、鹿角、中洲乡修建。

（29）牛皋支渠。该支渠在荣湾分干 25+599 取水，1982 年 9 月开工，

1983年5月竣工，鹿角乡修建。

（30）共同支渠。该支渠在荣湾分干渠尾25+602处取水，1982年9月开工，1983年5月竣工，由友爱乡、鹿角镇、荣家湾镇修建。

（31）炮兵支渠。该支渠从岳汨分干4+867处取水，1982年11月开工，1983年6月竣工，黄沙乡修建。

（32）包山支渠。该支渠从岳汨分干3+403处取水，1986年10月开工，1987年3月竣工，由汨罗市修建。

（33）范楚支渠。该支渠从岳汨分干10+350处取水，1982年11月开工，1985年12月竣工，由汨罗市修建。

（34）天扬支渠。该支渠从岳汨分干13+410处取水，1982年11月开工，1983年6月竣工，由黄沙乡修建。

（35）和平支渠。该支渠从岳汨分干14+850处取水，1982年11月开工，1983年6月竣工，由黄沙乡、大明乡修建。

（36）白塘支渠。该支渠从岳汨分干16+853处取水，1983年10月开工，1984年12月竣工，由汨罗市修建。

（37）灰山支渠。该支渠从岳汨分干19+450处取水，1984年11月开工，1985年12月竣工，由汨罗市修建。

（38）栏河支渠。该支渠从岳汨分干21+068处取水，1984年12月开工，1984年1月竣工，由汨罗市修建。

（39）马厅支渠。该支渠从岳汨分干21+750处取水，1983年10月开工，1984年1月竣工，由汨罗市修建。

（40）新塘支渠。该支渠从岳汨分干22+050处取水，1984年10月开工，1984年1月竣工，由汨罗市修建。

（41）新华支渠。该支渠从友谊支渠1+025处取水，1982年11月开工，1983年6月竣工，由大明乡、兴旺乡修建。

（42）友谊支渠。该支渠从岳汨分干21+868处取水，1982年11月开工，1983年6月竣工，由大明乡、兴旺乡修建。

（43）双墩支渠。

二、北灌区渠系工程

北灌区内有总干渠 1 条、分干渠 3 条、支渠 29 条，总长约 208 千米。北总干渠道土石方和建筑物工程全部由国家投资兴建；分干渠及支渠土石方主要由受益区农民群众投工兴建、国家给予补助，其渠系建筑物（包括附属建筑物）全部由国家投资配套。

（一）北总干渠

北总干渠始于北总干渠引水隧洞出口后，至岳阳县康王乡长岭头止，全长54.082 千米。明渠全长 42345 米；有渡槽 17 处，共长 4499 米，占北总干渠全长的 8.32%；隧洞、倒虹吸 26 处，长 7238 米，占北总干渠全长的 13.47%。

1.明渠工程施工。北总干渠的施工分为三个阶段：第一阶段从 1990 年 3 月至 1991 年 5 月。由铁山灌区岳阳县分指挥部负责组织进行北总干渠渠首段 10.35 千米的明渠施工，同年 5 月 27 日试通水，将水送至熊市分干渠，8 月 2 日正式供水灌溉。第二阶段从 1992 年年底至 1994 年 9 月。“94101”向岳阳市供水工程，从北总干渠 10.35 千米至 46.4 千米全线大施工阶段。铁山灌区岳阳县分指挥部负责组织岳阳县范围内的明渠施工，铁山灌区临湘市分指挥部负责组织临湘市范围内的明渠施工。第三阶段从 1996 年年初至1997 年年底，进行总干渠后 8 千米的施工。这段明渠全部采用机械化设备施工，由于施工中严格控制填筑质量和护砌标准，是整个铁山南北总干标准最高、质量最好的渠段。

北总干渠投入运行以来明渠突出表现的工程问题主要是“两严重、两不到位”：一是渗漏严重。北总干进入临湘市范围 80%为板岩、页岩地区，绝大部分渠堤是用开挖隧洞的渣石料填筑，加之渠道内坡衬砌的混凝土标准低、质量差（厚度不够，有的甚至只有 1 厘米左右；混凝土密实度不够，表面光滑，内部全是蜂窝；衬砌混凝土四分五裂），水量损失特别严重，尤为突出的是尖山隧洞后 18+787—20+550、欧家隧洞后 28+320—37+096 黎坡隧洞进口。二是滑坡严重。北总干渠运行以来大小滑坡超过 50 次，滑坡在千方以上不少于8 次。三是部分过水断面达不到设计标准，造成渠道雍水危及填方区段，如葛王、方家坡、石头坡地段。四是切方地段渠道以上岸坡处理不到位，造成崩塌的土石堵塞渠道与山体滑坡挤压渠道。1998 年以来，管理单位利用国家大型灌区续建配套与节水改造项目资金对北总干存在的上述工程问题进行全面整治，先后投入资金近千万元。

整治方法：一是对漏水地段采取换土防渗，即在渠道内侧渠堤及渠底挖除一定宽度的石碴料，以黏土回填并夯实形成防渗体；若工地附近无黏土时，则采用沙性坡积土回填，其间加铺防渗油毡或防渗土工布。二是高标准混凝土护砌，严格控制护砌厚度及砂石料、水泥质量和混凝土的配合比、和易性，坡面混凝土采用手提式小型平板振动器或人工拍打方式密实。三是对滑坡地段外坡采用浆砌石压脚和埋设导渗盲沟。四是对开挖不到位的开挖整坡处理。

2.渠道建筑物和附属建筑物施工。北总干渠主要建筑物 125 处。其中，渡槽 17 处，隧洞 25 处，倒虹吸 1 处，泄洪闸 6 处，节制闸 7 处，分水闸 3 处，公路桥 10 处，公路涵 5 处，分水管等小型附建筑物 51 处。17 处渡槽中，最高最长的是桃林畈渡槽，最大高度 35 米，长 1065 米，全部采用预制吊装方法。施工单位为原湖南省水利水电建设施工管理局第二工程处和吊装队。17 处渡槽中有 16 处为简支结构，唯有凉清渡槽 1 处是轻型拱形架结构，是湖南省水利厅在铁山灌区渠系建筑物中的新型结构形式的实验工程。该渡槽是岳阳市某工程公司承建，由于施工单位施工经验不足，试通水时整个槽身全部漏水，后采用丙乳砂浆对全部槽身内抹面防渗处理。26 处隧洞中，最长最大的是常青隧洞，洞身全长 1750 米，净高 4.72 米，净宽 3.72 米，施工单位为原湖南省水利水电建设公司第三工程队。1982 年，完成常青隧洞、沙河渡槽施工；1991 年，完成凉清、洞下坝和白水塘 3 处渡槽；1994 年，完成白羊田、陈家冲、石田畈、骆坪、桃林畈、王家塘、梭子桥、近似畈、兰头冲、廖家桥、和平 11 处渡槽和梅树坳、三眼塘、杨家坳、漆湾 1 号、漆湾 2 号、漆湾 3 号、谢家桥、尖山、欧家、打山坡、石头坡、暗子坡、梭子桥、大小冲、余细冲、横铺、九九坡、草坡、宋家冲、葛家、方家坡、黎坡、跃进、金明冲 24 处隧洞；1997 年，完成分水坳、长岭头 2 处渡槽，张家冲1 处隧洞和长岭头 1 处倒虹吸管。

（二）熊市分干渠

熊市分干渠初步设计中为支渠，1990 年改为分干渠。该分干渠于北总干 10+350 取水，渠道全长 12.1 千米，有渡槽 4 处，总长 370 米，隧洞 21 处，总长 2340 米。支渠有小塘、邓桥、郭家、东冲和明星 5 条，总长 23.8 千米。主要灌溉临湘市的白羊田和岳阳县的筻口镇、甘田乡的 3300 余公顷农田。该分干渠 1990 年开工，由铁山灌区岳阳县分指挥部负责施工组织，渠道土石方工程由受益区农民开挖，全部工程于 1991 年 5 月竣工，同年 8 月正式供水灌溉。

（三）五垸分干渠

五垸分干于北总干渠的末端取水，设计全长 9.844 千米。其中包括渠首、谢家段、许万柒、楠木冲和新开渡槽 5 处，总长 1075 米；新屋、谢家段、李家塘、许万柒、马家坳和楠木冲 6 处隧洞，总长 956 米；庙山倒虹吸 168 米；2 处节制闸、泄洪闸；全部明渠完成混凝土衬护；共和、龙湾和杨华支渠 3 条。该分干渠 1997 年开工，渠道土石方工程由铁山灌区岳阳县分指挥部负责施工，由 T85 推土机或铲运机筑造平台，挖掘机开挖造渠，人工配合修整。资金来源：一是由岳阳县在受益区按受益面积和人口分摊筹集；二是铁山总指挥部补助 100 万元。所有渠系建筑物及渠道护砌均由铁山总指挥部投资兴建；全部渡槽及倒虹吸管采取搭架立模现浇，隧洞除新屋、谢家段、李家塘 3 个采用现浇方式外，其余 3 个采用边开挖边衬砌预制件的方式。

第三节　城市供水工程建设

铁山城市供水工程即岳阳市城区引铁山水库优质水置换洞庭湖水源、改善居民生活饮用水质量的置换工程。铁山城市供水工程包括“94101”城市供水三项工程（金凤调节水库枢纽工程、梅溪引水渠工程和二水厂引水箱涵工程）、一水厂原水干管工程、岳阳化工总厂引水工程和岳阳县铁山引水工程。铁山向岳阳城区供水是从铁山水库北干渠取水隧洞引水，经 46.4

千米的北总干灌溉明渠和梅溪引水渠，进入金凤调节水库，再通过供水管、涵送往相应的自来水加工厂。铁山城市供水是铁山供水工程的主导功能和支柱产业。

一、岳阳市供水三项工程

城市供水三项工程包括金凤调节水库枢纽工程、梅溪引水渠工程和二水厂引水箱涵工程。这三项工程由铁山灌区工程总指挥部的派出机构金凤水库指挥部负责施工现场管理。工程施工于 1993 年 4 月开工，1994 年 9 月竣工。

（一）金凤调节水库枢纽工程

金凤水库枢纽工程包括主坝、副坝、施工导流与防空底涵、取水建筑物群（包括取水塔、塔前引水涵洞、引水压力隧洞、压力水箱、流量计房、流量计前池、流量计后池和连接箱涵）。金凤水库枢纽工程施工主坝由中国人民解放军长沙工程兵学院的四海公司承建，副坝由梅溪乡花果畈村工程

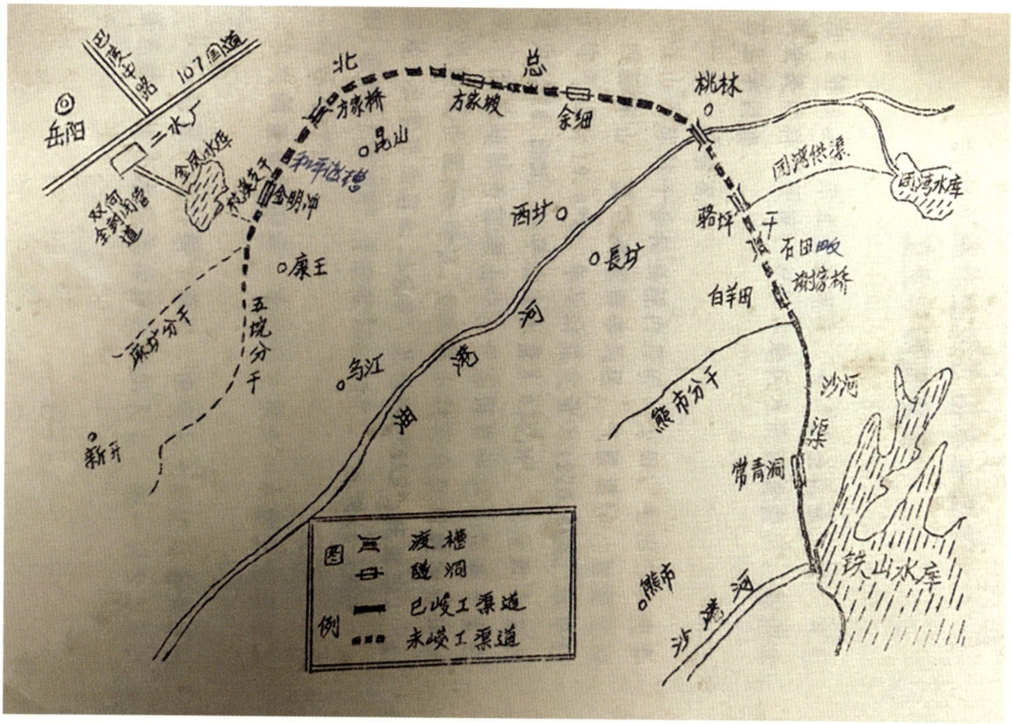

铁山引水工程示意图

队承建，施工导流与防空底涵由平江县路桥队承建，取水建筑物群由平江县水利水电工程公司承建。

主坝、副坝全部采取机械化施工，防渗心墙涂料来自距坝区6千米左右的茶园村，仅副坝心墙底部回填了坝区附近山沟、山坡内符合设计要求的坡积黏土；坝壳料来自坝区附近的山体，以库内料区为主，扩充水库容量；坝壳渣石料的开采与运输，采用风钻造孔，爆破松动，装载机装车，自卸车运输，高用高采，低用低采；坝面采用T85推土机平料，振动碾压实，黏土光面由履带式推土机刨毛；黏土压实度的质量检查采用环刀取样法，取样点一般采用碾压薄弱点作控制，即在填筑周边结合处和上下层结合处取样进行干容重检查。

水库清理与消毒处理，淹没部分所有坟墓外迁，葬坟处涂料掺拌漂白粉，原耕作稻田也用消毒药片进行处理。

（二）梅溪引水渠工程

梅溪引水渠是金凤节调水库从铁山北总干渠引水的明渠，全长2389米。该渠道从北总干金明冲隧洞出口46+400取水，设计过水流量6.26立方米每秒，最大过水流量8.02立方米每秒。竣工完成：隧洞5处，总长867米；渡槽1处100米；暗涵1处78米；浆砌石矩形明渠2段105.2米；进水闸、退水闸和渠尾节制闸4处；其他小型附建9处。整个工程除坳上隧洞外全部达到设计标准；坳上隧洞全长151米，进口桩号2+083，施工单位由隧洞出口向进口单工作面施工（进口段为山体鞍部，塌方无法施工），在进入2+130时，由于施工单位爆破装药量不当，加之地质结构特定因素，洞内严重塌方，最大高度达15米左右。在无法成洞继续施工的情况下，加之工期的紧急，由410地质队从进口开始采取顶管施工方案（即用12米钻管沿隧洞轴线方向水平顶进，在洞顶部形成间距0.3米的单排顶管后，边开挖边用铁路枕木支撑单排顶管，成洞后立模进行混凝土现浇，将顶管和支撑枕木埋入其中）。由于塌方处理原因，在2+117.922+130段隧洞过水宽度由设计的2.05米缩窄至1.7米。该洞的塌方事故造成死亡1人、重伤1人。

（三）二水厂引水箱涵工程

二水厂引水箱涵工程是从金凤调节水库压力水箱取水，经蝴蝶闸阀、连接箱涵、流量计前池、电磁式流量计、流量计后池等流程，最后进入该引水箱涵。引水箱涵全长2959米，为双孔全封闭式无压钢筋混凝土箱型结构；设计过水能力4.63立方米每秒，最大过水流量6.00立方米每秒。竣工完成隧洞6处总长636米；渡槽9处总长1225米，其中张家坡、大塘坡和梅子市渡槽为拱形架结构，单跨32米。主要施工单位有岳阳市水电工程处、华容县水利水电工程队、郊区建筑工程队等12家。所有混凝土工程包括渡槽、隧洞、箱涵等均为现场浇筑。在施工过程中，张家坡隧洞因塌方死亡1人。

二、一水厂原水干管工程

1992年，岳阳市委、市政府为了改善城区市民生活用水水质，决定从铁山水库引水，兴建岳阳铁山城市引水工程。该工程于1994年9月底竣工通水，但由于城区供水管网不配套等种种原因，至2000年，市区仍然没有全部用上铁山水。

2000年年初，市委常委扩大会决定兴建岳阳市城区集中统一供应铁山水工程，作为进一步改善岳阳投资环境，加速岳阳经济发展，改善市民生活饮用水质量，提高市民身体健康水平的一项“德政工程”和“民心工程”。工程于2000年、2001年连续两年被列入市委、市政府为民办实事重点建设工程之一。市政协主席高碧云、副主席周爱芳，市委宣传部部长白尊贤和市长助理樊德洪为办实事牵头市级领导，成立以市长助理樊德洪为指挥长，铁山灌区管理局局长胡益强任常务副指挥长，副局长余长利、总工程师任伟明等任副指挥长的供水管网建设指挥部。

一水厂铁山原水干管建设工程是城区集中统一供应铁山水工程内容之一，这项工程是用铁山水库优质水置换一水厂原有洞庭湖水源的置换工程。这项工程从金凤水库压力水箱取水，利用金凤水库和一水厂的11.2米水位差，采取重力输水形式，通过14350米的夹砂玻璃钢管道将水送至一水厂混合池，设计日输水能力16.5万吨以上。经多方案比较，最终确定输水干管走向大致为：自金凤水库压力水箱预留孔开始，西行穿过金凤桥小学，过金凤桥畈，经东茅坡隧洞进入鲁家珑，再穿过107国道，沿王家贩路直行至荣园路，转弯至冷水铺路，继续西行在望岳村穿过京广铁路线后进入洞氮生活区，跨东风湖后南拐，沿东风湖大堤延伸，通过洞庭湖大桥引桥下直达市磷肥厂，经市化工厂从 3517 工厂进入市一中，最后在市一中足球场处与一水厂接管后进入一水厂混合池。

工程于 2001 年 8 月 15 日破土动工。管槽开挖 11310 米，开凿隧洞 13 处总长 2940 米，顶管 3 处总长 190 米，钢管制安 2 处 120 米，附属设施59处，铺设直径 1.4 米管径的玻璃钢管 8872 米，铺设直径 1.6 米管径的玻璃钢管的 5508 米。累计开挖、回填土石方 19.8 万立方米，现浇钢筋混凝土 10000 多立方米。沿线拆迁房屋 12 栋 2000 多平方米。

在隧洞施工中，由于地质条件差，全线开挖的 13 个 2.6×2.4 米隧洞中就有 11 个隧洞出现塌方。特别是九华山隧洞，全长 519 米，施工时工作面塌穿 6 次，最后采取水泥灌浆方法增强土体的凝聚力以利于成洞防塌，为了确保工程进度，由原来的 2 个工作面改为 3 个竖井、8 个工作面同时进行施工（其中的 1 个竖井深达 18 米），24 小时轮班作业，尽管如此，每个工作面每天也只能完成开挖、灌浆、衬砌 16~24 分米。

整个工程从建设监理、玻璃钢管采购到土建施工全部由岳阳市招标投标管理办公室实施招标。2001 年 4 月 18 日进行玻璃钢管采购招标，来自湖北、湖南、广东、江苏、浙江、重庆、河北 7 个省市的 10 个大型玻璃钢管生产厂家参加投标，最后由河北省中意、江苏省连众和重庆市天立三家玻璃钢管厂中标。2001 年 7 月 9—11 日进行土建工程公开招标，82 家施工单位参与投标，湖南省工业设备安装公司、岳阳市水利水电公司、中建五局二公司等 13 家中标；建设监理由岳阳市光辉水利水电监理有限公司中标。2002 年 10 月 10 日工程竣工通水，实际完成投资 6800 万元。

三、岳阳化工总厂引水工程

1999 年 5 月，岳化引水工程指挥部成立。铁山—岳化引水工程是经岳阳市委、市政府批准，为改善岳阳投资环境，服务大厂建设，解决岳阳石油化工总厂生活饮用水不足，提高居民饮水卫生标准的大型基础建设工程。在地下铺设一条直径 0.6 米的玻璃钢全封闭管道，从铁山城市引水工程的金凤调节水库引水至岳阳石油化工总厂，管线全长16.6千米，总投资1600多万元，年供水量在80万吨以上。1999年8月25日动工建设，2000年1月18日正式竣工通水。2001年度，实现岳化供原水516万吨。

四、岳阳县铁山引水工程

岳阳县铁山引水工程于2006年9月27日正式启动，项目于11月8日开工，投资3898.54万元。主要工程量为：土石方开挖29.19万立方米，混凝土6395立方米，浆砌块石16020立方米，摆喷、接触灌浆1165米，冲抓回填黏土9474立方米。2007年9月30日工程竣工并投入运行，向县城一、二水厂供水。

从规划、设计、施工到建成，岳阳县按照“最快捷的行动、最优化的方案、最有效的投入、最灵活的机制”的原则强力推进工程进程，历时仅一年时间便完成，是湖南饮水工程建设史上最快的工程。整个工程设计、建设由省、市环保、水利等相关部门全程监管。

岳阳县铁山引水工程的建成是一项人民群众期盼已久的民心工程，也是一项功在当代、泽被后世的实事工程，不但极大地缓解了城区供水压力，使县城10万名居民吃上干净、优质、甘甜铁山水的愿望成为现实，而且极大地改善了该县的招商引资硬环境，为县域经济的发展发挥了积极作用。

第四节　后勤供应

铁山灌区工程是岳阳地区最大的水利工程，在湖南全省仅次于韶山灌区。当时，完成这一工程所需的大量汽油、柴油、钢材、木材、水泥、煤炭等物资，这些物资均由国家计划管理，供应十分紧张。

1981年8月，铁山灌区工程总指挥部物资供应处配有5名工作人员：铁山灌区工程总指挥部副指挥长、分管物资供应工作的樊川廷，地区供销社副主任樊任和，地区物资局副局长张承禄，地区木材公司副经理赵万增，地区煤建公司副经理蒋忠藻。这项工程面临的困难是：工程所需物资数额巨大，在本地区内无法解决。而且当年的物资供应计划早已到位，在这年度中期过后，要解决物资供应缺口，难度非常大。

为了解决困难，物资供应处向省长孙国治和省计委主任白玉兰、省计委副主任戈华等领导汇报，反复说明铁山水库大坝必须抢在 1982 年春汛到来以前填筑完毕，3 万多名库区移民要搬迁外地，必须修建 30 多万平米的住房和附属建筑物，急需大量的油料、钢材、木材、水泥等物资。孙国治和省计委的领导对铁山工程非常支持，在当年计划供应物资早已分配完毕的情况下，采取三条措施解决铁山工程所需物资：一是动用机动指标；二是从其他项目中挤出一部分；三是从下年指标中挪一点。并且当场解决汽油、柴油各 500 吨，钢材 300 吨，水泥 2500 吨，木材 1500 立方米等问题。

物资供应处的人员平时除了留 1 人在指挥部处理日常工作外，其余人员长期在外东奔西跑，来往于北京、长沙、湘潭等地。

工程全面铺开后，170 多台施工机械陆续到达工地，大多数机械都是昼夜不停运转，歇人不歇车，耗油量相当大。如，担负大坝填土运输任务的 30 台捷克造 15 吨“太特拉”载重车，每台一昼夜就要烧柴油数十千克。还有20 多台挖土机、10 多台压路机、10 多台发电机，都是“油老虎”。同时，还准备抽调 150 多台汽车帮助库区移民搬迁，这些车也需要大量油料。1982 年后，工程所需物资列入全省供应计划，但缺口仍然相当大。比如木材，工程预算需 4 万多立方米，但分配的指标只有 3 万立方米，当时实行计划经济，这些计划物资除了找中央和省里解决指标外，基本上没有别的办法；另外工程经费很紧，就是有议价的物资也买不起，因此还是只好多次向中央、省里的有关领导和部门求援。除了上班的时候去办公室找分管领导和经办人员，如果遇到开会或者外出，物资供应处的人员就“跟踪追击”，常常顾不上休息和吃饭。有时白天找不到，就晚上到他们家里去找，不达到目的决不罢休。

从 1977 年冬到 1990 年，铁山灌区工程和移民基地建设耗用柴油 4591 吨、汽油 2534 吨、钢材 9321 吨、水泥 11578 吨、木材40143 立方米（1988 年木材价格放开后，未统计）。

铁山灌区工程留给我们后代的不仅是一项伟大的工程，更是工程建设者们那种团结协作、乐于奉献、艰苦奋斗、廉洁自律、雷厉风行的革命精神和工作作风。

第五节　世界银行贷款项目

铁山水库枢纽工程和南灌区工程基本完工后，为了续建北灌区，岳阳市将铁山灌区作为中华人民共和国长江流域水资源项目的子项目，向世界银行申请了国际农业发展基金会贷款项目。

一、贷款过程

1987 年 10 月 14 日，岳阳市人民政府以岳政报〔1987〕66 号文向湖南省人民政府报送《关于请求将铁山灌区续建工程列入国际农业发展基金会贷款项目的报告》。11 月 17 日，湖南省水利水电厅以湘水电计字〔1987〕90 号文向水利水电部报送《关于请求将铁山灌区续建工程列人国际农业发展基金会贷款项目的报告》。

1990 年 7 月 8 日，水利部调查组到铁山了解铁山灌区工程发挥效益情况，以便为向联合国世界银行申请建设贷款提供依据。

1992 年 6 月 10 日，世界银行派遣以史密斯为团长的 4 人考察团到达铁山灌区，在水利部、财政部、长江水利委员会、湖南省水电厅、财政厅、岳阳市人民政府等单位的领导和专家陪同下，对灌区水利综合开发治理项目进行贷款立项考察。

1993 年世界银行考察团先后于 4 月 18—19 日、5 月 10 日、10 月 12 日对铁山灌区进行项目评估考察。

1995 年 7 月 18 日，铁山灌区作为中国长江流域水资源项目湖南项目区的一个灌溉子项目，国际开发协会和国际复兴开发银行与湖南省政府正式签署开发信贷协定（信贷号：2710-CHA）和贷款协定（贷款号：3874-CHA）。1995 年 11 月 16 日协定生效，项目正式启动。

二、铁山灌区子项目概况

根据《中华人民共和国长江流域水资源项目评估报告》中的叙述，项目内容有：

1.修筑可灌溉25800公顷土地的27千米长的北总干渠，其中有17座隧洞总长3.2千米、9座渡槽总长1.8千米以及涵洞、闸门和其他建筑物。

2.修建两条分干渠总长24千米和两条大支渠总长28千米。

3.修建小灌排渠28条以及斗渠、农渠，全长296千米，以灌溉从现有配水体系中灌溉不到的土地。

4.开垦土地4500公顷。

5.支持农户改造田间工程以适应供水的增加。

6.建设1条长2.2千米的引水渠道、1条长3.5千米供水箱涵和1座蓄水量为1002万立方米的调节水库，为岳阳市城市供水。

为提高运行与维护，项目投资对主干渠和支渠进行遥控监测和自动化控制，在渠道、水库和排水渠安装量水装置、改进无线电通信系统，建设管理大楼和管理用房，购置计算机设备和车辆，进行国内外培训和考察，提供国内外专门的技术援助。进行“湖南省第一个经济自立灌溉区”的试验，从实施的第一年开始对铁山供水公司和用水者协会提供机构支持。

项目计划周期为1995年1月至2000年12月。项目评估总投资为36246.5万元。其中世界银行贷款13920万元，占总投资的38.4%；中期调整为37603.1万元，其中世界银行贷款12280.68万元，占总投资的32.66%。

三、项目执行情况

铁山灌区世界银行贷款子项目从1995年年底启动，2000年年底按计划全面完成，累计报账世界银行支付金额为1.22356亿元人民币。

铁山灌区世界银行贷款子项目由铁山灌区世界银行贷款项目办公室负责项目日常管理工作。铁山项目办严格按照世界银行贷款项目管理工作的规定和要求，实施工程与货物的采购、计划安排、资金管理、支付报账、进度报告等工作。整个项目实施工作在世界银行严格监督下执行，前后接受世界银行项目执行检查15次（每年两次检查）。

项目的《实施完成报告》由武汉大学水利水电工程学院为主负责编写，对铁山子项目的实施完成与项目实施结果进行全面、客观的评价。

2002 年 6 月，由世界农粮组织组成的世界银行贷款项目后评估团对铁山灌区灌溉子项目进行了全面考察，对项目的实施结果非常满意。

铁山灌溉子项目实施后的效果非常明显：扩大了农田灌溉面积，北灌区灌溉面积达到 25800 公顷；由于保证供水，提高了作物复种指数，项目的初期效果很好；提高了水的利用率；铁山水进入岳阳市区后，促进了供水一体化，市民对饮用铁山水非常满意；在灌溉区实行了“公司+协会+用水户”的模式，促进了灌区管理体制的改革；通过培训和世界银行的指导，公司管理人员的管理运行技能有明显提高；整个项目管理能力和效果有很大的增强，达到了项目预期的目标。

第四章　再造新家园

建设铁山水库的号角吹响后，淹没区域内南冲、毛田、月田、黄岸、大塅5个乡的9692户37789名村民，按照铁山灌区工程总指挥部的统一安排，分期分批进行有序搬迁。从1978年冬首批移民外迁至1989年移民工作全部结束，前后历时11年，耗资4068多万元，人平耗资1073元。搬迁后，广大移民安居乐业，脱贫致富，出现耕地、房屋占有水平，生活水平，教育水平，对国家的贡献高于搬迁以前的“四高”景象。几十年来无一户移民返迁。

第一节　移民方案

铁山水库设计正常蓄水高程92.2米，以20年一遇洪水回水位93.2米作为居民迁移界线。1974年冬，经岳阳县测量队和移民工作组实地调查，移民涉及5个公社、51个大队、370个生产队、6790户30907人。需拆迁房屋40482间，其中社员私人32086间、社队集体6613间、国家1783间。1975年8月5日，中共岳阳县委写给岳阳地委《关于铁山水库移民安置的初步意见的报告》中提出移民安置的基本原则是：“既有利于山区建设，减少移民经费，向淹没线以上后靠和近迁一部分；同时又有利于开发湖区，为国家多做贡献，外迁围垦农场一部分。”其具体安置去向是：拟后靠和近迁4900人；拟迁往国营君山农场16000人、国营钱粮湖农场7000人；拟迁往岳阳县春风农场3007人。岳阳地委同意这一报告，并同君山、钱粮湖农场的负责人进行了磋商。1976年6月15日，在中共岳阳地委写给省革委会《关于岳阳县铁山水库移民问题的请示报告》中，提出移民安置的计划是：将水库淹没区的群众分批移走，因岳阳县安排3万人有些困难，而君山、钱粮湖农场劳力比较紧张，可作适当安置；但又考虑到这两个农场均属国营农场，如果劳力安置过多，对发挥农业机械效益和国营农场示范作用又有一定影响，因此，计划岳阳县自己安排16000人，农场安排15000人。其中，君山农场安置10000人（毛田、南冲两个公社），钱粮湖农场安置5000人（黄岸公社），岳阳县春风农场安置3000人，黄沙街区湖汉地区安置6000人，荣家湾区安置2000人，公田区安置2000人，广兴洲区安置2000人，步仙区安置1000人。但因省有关部门提出君山、钱粮湖农场属于全民所有制性质，不便接收移民的意见，这一计划被取消。1977年8月，又增设将数万移民分散安置到灌区范围内的3000多个生产队的设想。这样安置，国家可节省移民经费，也顺理成章、合情合理，然而安置组的干部群众担心田土、山林的人均占有量会减少，迁移区的干部群众担心集体财产难处理，人际关系难和谐，社会难稳定，亦被否决。1978年年初，岳阳县委在广泛听取各方面意见的基础上，确定了“以成建制搬迁为主、分散后靠或投亲为辅”的安置原则，除少数人向淹没线以上高地后靠和投亲靠友外，其余均以大队、生产队为单位，成建制迁往中洲垸、春风农场、杨林公社、兰田公社和君山农场。基建工地先迁，居民后迁，低处居民先迁，高处居民后迁，分段安排，分期分批进行。

成建制集体搬迁的好处是：原有管理体制未变，便于处理集体财产；原有领导班子未变，便于迅速恢复生产、生活的正常秩序；原有人际关系未变，便于消除遭受歧视排挤的顾虑。几十年来无一户移民返迁的事实证明：这一安置方案是稳妥的，既满足广大移民的心理要求，又为之后发展生产、改善生活提供了有利条件。

第二节　宣传发动

在移民方案确定后，铁山水库淹没区的多数居民将要迁往湖区的消息迅速传遍全县，在移民中引起巨大的思想波动。这些世代在山区生息繁衍的居民眷恋故土，不愿背井离乡，特别是对迁往百里以外的湖区，更是顾虑重重。他们一怕在湖区感染血吸虫病，影响自己和子孙后代的身体健康；二怕在湖区行路难，“晴天满身灰，雨天满身泥”；三怕饮用湖区的泥浆水；四怕在湖区缺柴烧；五怕到湖区后一旦溃堤倒垸，生命财产没有保障。加上 1958 年首次修建铁山水库时，未经深入的思想动员和周密的安置准备，匆忙将一批淹没区居民强行迁往外地，在 1959 年工程被迫“下马”后，多数外迁群众又陆续自动重返原籍，现在需要再次动员这些居民搬迁，工作更加艰难。为了帮助淹没区居民消除顾虑，同时动员全县人民群策群力，加快铁山灌区工程修建步伐，岳阳县党政机关采取一系列措施，开展宣传教育。1977 年 10 月，在岳阳县革命委员会印发的《修建铁山灌区工程宣传资料》中，列举了建成这一水利设施的巨大优越性：既能增强灌区内数十万亩农田抗旱保收的能力，促进丘陵地区经济开发；又能扩大耕地面积，缓解全县地少人多的矛盾；既能防洪拦沙，根治新墙河水患；又能利用丰富的库容水量，发展电力、养鱼和短途水上运输事业，充分发挥铁山供水工程的综合效益，必将对改变全县自然面貌、加速实现农业的社会主义现代化产生深远的影响。同时，还响亮地提出“开足马力快上，挽起袖子大干，冬春干部群众突击快上，常年专业劳力持续大干”“坚持自力更生，艰苦创业，依靠群众，战胜困难”等行动口号。接着，中共岳阳县委多次召开县、区、公社、大队四级干部会，深入进行动员，并组织农民代表座谈，还运用有线广播、文艺演出等多种形式，向全县人民宣讲修建铁山灌区工程的重要意义，使之家喻户晓。1977 年 8 月，水利电力部批准修建铁山水库；同年 10 月 3 日，中共岳阳县委发出《关于修建铁山水库动员令》的布告，在全县城乡广为张贴，号召全县共产党员、共青团员、社员群众、民兵、干部、职工紧急动员起来，发扬自力更生、艰苦创业的精神，高速度、高效率、高质量、高标准地建设铁山灌区工程；号召库区人民识整体，顾大局，积极做好搬迁准备，支持铁山工程早日上马；号召移民安置地区的干部、群众发扬互助友爱精神，热情接待迁入的淹没区居民。随后，岳阳地委、县委和铁山灌区工程指挥部派出上百名干部组成工作组，分赴移民任务较重的黄岸、大塅、毛田等公社，协助社、队党组织做好移民的思想政治工作。通过分大队召开移民户主会和分生产队召开社员大会，反复讲明修建铁山水库工程的重大意义和上级党委、政府建好这一工程的决心；宣传国家安置移民的方针政策和具体措施；介绍湖区兴家创业的有利条件和中洲垸移民基地的建设规模与发展前景；对少数思想顾虑较大的重点户，移民工作组协同社、队干部上门进行个别动员，晓之以理，动之以情，其中对个别户动员达20次之多。通过这些深入细致的思想政治工作，从1978年冬到1980年，先后动员淹没区居民7019人迁往邻近中洲垸的平江河东岸丘陵地区。

1980—1981年，水库大坝坝体的填筑进度加快，关闸蓄水的时间日益临近，早日完成移民任务成为当务之急。正在这时，岳阳县级领导班子中，对于修建铁山水库工程的态度出现明显分歧，并在全县干部群众中引发了一场工程“上马”和“下马”“续建”和“缓建”的争论，从而对移民工作带来直接影响。一些应迁未迁的居民不肯迁了，已经迁往中洲垸的居民，有少数独自返回原籍，并牵动更多的人要求返回，致使大坝建设工程受阻。1981年7月，中共中央、国务院领导对铁山水库工程的重要批示下达后，给工程建设者们以巨大鼓舞和力量。为了统一认识，进一步做好移民思想发动工作，中共岳阳县委于1981年9月17—23日，召开有淹没地区和安置地区的区、公社（农场）、大队党员负责干部、部分移民代表以及县直有关单位负责人、移民工作组全体干部共500余人参加的移民代表大会，认真传达中共中央、国务院领导的重要批示，深入讨论修建铁山水库工程的重要意义，着重研究移民工作中的困难和问题，协商处理的原则和措施。黄岸公社党委副书记黄忠富在会上主动要求调往条件比较艰苦的移民基地工作，同时将全家迁往中洲垸安置，县委负责人当即批准他的请求，并且树立这一典型，大力表彰黄忠富为国分忧、乐于奉献的思想情操。接着参加大会的黄岸公社坊坳大队党支部书记周湘义也公开表示，放弃个人原来要求就近后靠的打算，决心带头迁往中洲。在周湘义的影响下，该大队9名参加会议的支部委员都一致表示：服从统筹安置，做好家属工作，一起外迁中洲。大会结束后3天，这个大队立即由6名支部委员和5名生产队长率领280名社员组成先遣队到达中洲垸，开展迁移前的准备工作。对于那些经过反复思想动员仍存在思想顾虑的社员，区、社党委和移民工作组因势利导，分批组织部分代表实地参观水库工程建设和移民基地建设的现场，用事实帮助解除其思想疑虑，这种方法收到良好的效果。南冲大队竹鸡生产队社员刘菊芬，原本对迁往中洲垸存在抵触情绪，工作组曾十多次上门做工作，他不是避而不见，就是满腹牢骚，后来让他作为移民代表实地参观考察，在中洲垸他首先亲眼看到新房林立，园田成片，土质肥沃，作物葱茏，学校、医院、商店等生活设施齐全，配套、新居的确比旧地强。接着，他又到第一批迁去中洲的几户移民家中访问，了解到毛田公社立坪大队一社员全家10口人原来居住库区时，只有3间住房、0.53公顷责任田，迁到中洲后，国家分给他大小8间、总面积为140平方米的住房，村组划给他近1.3公顷责任田，这位社员逢人便说："这是我土改分田后的第二次翻身。"大量耳闻目睹的事实，使刘菊芬确信中国共产党和人民政府是真心实意为人民谋幸福的，上级对移民工作的宣传是实事求是的。他根据国家对安置移民的有关规定，盘算出全家从南冲迁到中洲后，分配的住房面积要比原来宽，房屋标准要比原来高，划定的责任田要比原来多，土质和水利条件要比原来好，看病、买东西、孩子上学要比原来方便。中洲垸虽属疫区，但经过连续几年围垦灭螺，血吸虫病已基本消灭；虽然在饮水、烧柴、行路等方面还存在一些困难，但有共产党和人民政府的领导，是能够逐步得到解决的。刘菊芬参观回来的第三天，就愉快地将全家搬到了中洲。刘菊芬从不愿搬迁到积极搬迁的转变和行动，使周围不少消极观望的居民群众顿时消除了疑虑，纷纷要求早日迁移。

1980年8月，组建以中共岳阳县委副书记李九州为指挥长的移民指挥部，在灌区工程总指挥部的领导下，负责办理有关移民事宜。广泛深入的思想动员，提高了库区居民的思想认识，妥善解决了移民的实际困难和问题，加快了移民工作的进程。1982 年年初，需要先行外迁的移民安置工作基本就绪，从而为大坝关闸蓄水和南灌区部分农田通水受益创造重要条件。

第三节　有序搬迁

1980 年以前，移民基地建设经费困难，多数移民的思想动员尚不充分，搬迁阻力较大，加上大坝填筑工程才刚开始，距离关闸蓄水还有一段时间，因此每年平均搬迁居民仅 3000 余人，且多是采取小型、分散的搬迁方式。1981 年 9 月，上游围堰大坝主体填筑工程截流后，为了保证水库如期蓄水，加快库区移民成为刻不容缓的紧迫任务。移民指挥部总结经验教训，决定将搬迁方式改为成建制、大批量方式。1981 年冬至 1983 年冬是移民搬迁人数最多的 3 年，其中 1981 年冬搬迁居民近万人。

1981 年 8 月，岳阳地委指定岳阳县委书记许志龙负责移民的动员组织工作，县委副书记、移民指挥部指挥长李九州负责移民基地建设。9 月中旬，岳阳县委召开移民代表大会后，立即增派 50 余名干部深入库区和移民基地了解有关移民搬迁和安置情况，摸清集中搬迁需要解决的问题。通过调查，发现搬迁工作存在不少困难：一是运输量大，将要搬迁的近万名移民，人均需 1.8 吨车位，平均运距达 100 千米；二是待运的家具杂物多，装车时难免超高、超宽和超长；三是为了人随货走，只得人货混装；四是沿途车辆密集，交通秩序很难维持；五是起迄两头均需直达屋场，不少地段路况不佳。由于存在较多的不安全因素，如果组织工作不到位，搬迁时就难免发生交通事故，使移民的生命财产受到损失，阻碍移民工作进程。居民搬迁后，留在淹没区的私人房屋和大队生产队的集体财产必须妥善处理，库区周围因修建水库而被损坏的公路、通信、电力等基础设施亟待恢复，移民基地的社员住房、公共用房、以及道路、供电、通信和农田水利等设施的建设尚未完全就绪，油菜等越冬作物亦需做好播种准备，做到不误农时。上述具体问题如不妥善解决，势必会给迁入移民基地的居民和库区周围的群众，在生产、生活上带来极大的不便，甚至影响社会的安定。

岳阳地委、县委对此高度重视，决定由岳阳县人民政府根据上级有关政策精神，结合迁移区和安置区的实际情况，印发《关于处理铁山水库移民若干问题的规定》，对外迁移民的住房和生产基地的安排标准以及淹没区各项遗留问题的处理，分别作出了明确规定，使迁移地区和安置地区有章可循。同时从麻塘、梅溪、筻口、黄沙街、荣家湾 5 个灌溉受益区抽调劳力 1 万多人，从县级农水、工交、城建、财贸系统抽调 12 名科局长和83 名专业技术人员，一起进入中洲垸，按照农田水利、交通邮电、房屋基建和

中洲垸荒土翻耕　　（摄影：吴小平　1981 年）

物资供应四个方面进行分工，抓紧进行基地建设和荒地翻耕，做好迎接移民的准备工作。经过 3 个半月的努力，开挖渠道 13 条，全长 40 千米，完成土方 96 万立方米；维修加固防洪大堤和岳汨界堤，整修横直渍堤，完成土方 10.5 万立方米；预制水泥块护坡 28000 平方米；完成北套大堤块石护坡和水泥灌浆 25760 平方米；新建涵洞 71 个、机耕桥 16 座、公路桥 4 座、人行桥 44 座；新修公路 4.3 千米；维修公路 28.5 千米；架设高压电线 14 千米；组织 110 个基建队突击施工，修建移民住宅 68920 平方米，中小学校舍 4835 平方米。岳阳地委还从钱粮湖、汨罗江（今屈原农场）和君山农场调集 35 台拖拉机，将垸内可供使用的荒土翻耕后，由淹没区派出的先遣队全部种上了油菜。为了加快搬迁进程，减轻装车的劳动强度，共抢修通往移民住宅区的临时简易公路 48 条，全长 44.5 千米。1981 年 12 月 5 日，在移民搬迁的各项准备工作就绪后，岳阳地区行署召开移民工作会议，驻岳阳的中央和省属厂矿、地直各局和地属厂矿，灌区工程总指挥部、岳阳市以及移民指挥部和移民地区与安置地区各社区的主要负责人，各移民工作组组长和移民搬迁路线沿途的公安派出所所长出席，重点研究解决运输工具和安全问题，决定成立由岳阳地、市委和灌区工程总指挥部以及地、市公安、交通、监理等部门的主要负责同志组成移民搬迁领导小组，下设迁移区、安置区两个工作组和车辆调度站，分工办理有关移民搬迁事宜。从各厂矿和地、市机关单位调集运输车辆 152 台，组成移民运送车队；从地、市公安、交通、监理部门抽调干部和交通警察 30 余人，由车辆调度站统一指挥；由迁移区和安置区社、队组织力量，分别在起运点和终运点负责安全检查与守护运输物资；沿途各公安派出所民警配合当地社、队干部分段维护交通秩序，以保证移民车辆安全通行。会后，中共岳阳市委、岳阳市人民政府抽调 100 余名机关干部分赴迁移区和安置区协助做好移民搬迁工作。

从 1981 年 12 月 15 日移民搬迁开始，到 1982 年 1 月上旬搬迁任务完成的 20 多天内，共运送移民 8871 人，百里运距，往返 8000 多车次，未出任何事故，是开展移民搬迁工作以来，运输时间最短、载运人数最多、货运数量最大、安全行车最好的一次。这次移民任务完成后仅 3 个月时间，大坝导流涵洞关闸，水库开始蓄水。同年 10 月 25 日，南总干渠通水灌田。1983 年秋，岳阳县境内久晴不雨，晚稻严重缺水，8 月 14 日，铁山水库南总干渠开闸放水。正是这次大规模搬迁的成功，大坝才能提前关闸蓄水，岳阳县 17 个乡、镇、农场的 6000 多公顷缺水晚稻得到及时灌溉，避免遭受巨大损失。

经过连续 11 年的努力，到 1989 年移民工作全部结束，从库区迁走居民 9692 户 37789 人。与 1975 年摸底时确定的应迁居民 30907 人比较，多迁走居民 6882 人，其中既有 10 多年来人口自然增长的原因，也有 1975 年的摸底工作做得不够细致等其他原因。在实际搬迁的居民中，以大队（村）生产队（组）为单位成建制集体外迁的 5469 户 25037 人；投亲靠友的 1814 户 5119 人；向淹没线以上高地后靠的 2381 户 7633 人。成建制集体外迁至各移民基地的人数是：中洲垸 4330 户 19856 人；春风农场 309 户 1434 人；岳阳县杨林公社 145 户 670 人；兰田公社 44 户 191 人。1986 年，经湖南省人民政府批准，有 668 户 2886 人迁往国营君山农场。

铁山水库移民的实践表明，以大队、生产队为单元，成建制地组织淹没区居民集体外迁，是加速移民进度、巩固移民成果的最佳方案。

第四节　基地建设

1977 年 8 月，水利电力部批准铁山灌区工程列入国家水利基本建设计划后，如何安置水库淹没区的数万居民便成为亟待解决的重大问题。当时曾设想将多数移民迁往君山等国营农场，因违背有关政策精神而被否决。此后，岳阳县党政领导又计划将这数万人分散安置到铁山灌区范围内的 3000 多个生产队，平均每队安置十来人，但通过调查、协商，安置区和迁移区的干部群众对此却反映强烈。岳阳县党政领导经过反复研究，最后确定安置移民采取四条途径：一是库区部分大队、生产队在淹没线以上高地尚有一些耕地，可以安排少数居民就地后靠；二是灌区范围内耕地较多的春风农场和杨林、兰田等公社，可以安置部分移民；三是库区居民在其他社、队有至亲好友且条件具备，可自行挂钩，投亲靠友；四是1975年冬，岳阳县为加速消灭血吸虫病，曾组织劳力数万人，在总面积近5340公顷的中洲垸筑起矮堤初步进行围垦，如果再将库区多数居民迁往此地，既可解决大部分移民的去向，又可使大片荒洲变成良田，促进湖区经济开发。这一方案经报请省水利厅批准后，中洲垸即作为库区移民基地，正式纳入铁山水库工程计划，统一安排建设项目和建设经费。根据省委主要负责人关于“铁山灌区移民的新居要优于旧居，生产生活条件要比搬迁好”的指示精神，铁山灌区工程总指挥部十分重视中洲垸移民基地的建设工作。1977—1989年，中洲垸列入灌区工程的大小项目达20多个。

一、防洪、排渍工程

对中洲垸内原有长度为10.4千米的灭螺矮堤，全部加高和培厚，堤外片石护坡，总计32.63万平方米；险段帷幕灌浆7650米进尺，堤内贴植草皮；加固岳汨界堤，达到省定20年一遇洪水的防范标准；垸内傍山一边开挖长6.15千米、深9米、底宽26米、泄流每秒300立方米的撇洪渠；在撇洪渠与大堤连接处，兴建一座六孔、孔宽4米、高7米、洩流每秒525立方米的排水闸；修筑横、直两道共长7.62千米的渍堤；开挖总长40千米的13条主排渠；在南套和北套分别修建两个排渍机埠，安装电动抽水机18台，计2790千瓦，并修建节制闸、低涵闸425处。这些设施能够解决10年一遇的排渍问题。同时，在垸内中心处筑起可同时容纳上万人的保险墩，一旦大堤出现较大险情，供垸内群众临时转移之用，以确保移民的生命安全。

二、田园化工程

铁山灌区工程总指挥部对垸内的田、水、林、路实行统一规划，成型修建。通过测量设计，中洲垸5300余公顷土地，除成片低洼地2000公顷易遭渍水淹没外，可供耕作的土地有3300余公顷，均规划为园田，按东西长1000米、南北长1500米为一格的标准，划为28格，每格以排灌渠道和机耕路相间；渠道上东西向每隔500米，南北向每隔700米修建一座人行桥；垸中央修筑两条“十”字交叉公路，垸东南修筑傍山公路，总长49千

米，汽车可以外通城镇，内达村庄，垸内交通运输和机械耕作十分便利。同时，利用渠旁路边和村庄周围的空坪隙地，先后营造风景林、果木林和用材林50余万株。通过这一工程的实施，使昔日的荒凉湖洲出现田园风格、道路成网、房屋成片、树木成行的优美景观。

三、移民用房工程

中洲垸内的移民住宅从有利生产、方便生活出发，采取全面规划、合理布局、以队成片、统一兴建的办法，组织专业劳力就地制砖烧窑，由专业基建队在25个居民点建起红砖红瓦平房953栋，总建筑面积243091平

中洲垸筑堤围垦　　（摄影：许理伟　1981 年）

方米，修建大队（村）、生产队（组）集体用房 128 栋，总建筑面积41323 平方米，两项合计建房 1081 栋，总建筑面积 284414 平方米。按移民总人数计算，人均用房 13.9 平方米，其中住房 11.9 平方米。因为坚持勤俭节约的原则，和当时国家拨给的平价建筑器材，移民用房每平方米的造价只有 30 余元，大大低于当时的市价。

四、公共设施工程

为了使迁入中洲垸的数万移民有良好的生活环境，1980 年后，移民指挥部每年安排一定的资金先后为公社机关及所属企事业单位修建办公、营业和生活用房 61 栋，总建筑面积 151119 平方米，其中包括供销社、粮站、卫生院、信用社、邮电局和 2 所中学、13 所小学，陆续修筑全长 49 千米、沟通垸内外的公路，修建公路桥 5 座、机耕桥 30 座、人行桥 122 座，移民购物、就医、出行和学龄儿童入学都十分便利。同时，架设全长 100 余千米的邮电广播线路，做到队队通电话、户户通广播。

五、移民二次搬迁工程

1980 年前，中洲垸移民基地建设尚未就绪，特别是防洪大堤还没有加固加高，而铁山水库大坝修建工程早已动工，为了解决库区低洼地段必须

先行搬迁的数千移民的居住问题，曾在邻近中洲垸的平江河东岸丘陵地带修建住宅 302 栋，安置移民 7019 人，结果造成移民生活区远离耕作区，部分移民入垸生产，不但要步行四五千米，而且还要乘木船渡过两道河。1983 年 6 月 17 日，曾发生 24 名移民在渡河时落水死亡的事故，严重影响移民的思想情绪。铁山灌区工程总指挥部根据上级指示精神，除了从 1985 年起陆续将居住在平江河东岸的的 2632 名移民进行二次搬迁，转入中洲垸内安置外，又先后在大明湖、铜盆湖、宝塔湖修建 3 条路堤，全长 2.86 千米，大大缩短了移民入垸生产的距离，使仍留在平江河东岸的 4000 多名移民入垸生产时，再也不需要涉水渡河，从根本上解决了这批移民的安全生

中洲垸美景　　（摄影：许伟军　2020 年）

中洲乡至县城的荣宝公路　　（摄影：龙世勇　2015 年）

产问题。

1978—1989 年，为建设中洲垸移民基地，国家累计投资 1566 万元，并供应了大批建筑器材。建设项目的安排贯彻了“有利生产、方便生活、美观实用、设施配套”的原则，为数万移民创造了一个较好的生产生活环境。大批移民入垸后，除了 1983 年遭遇特大洪水，造成撇洪渠堤溃决，使农业生产受到损失外，其余各年均喜获丰收。整个基地呈现兴旺发达的景象。移民的经济收入逐年增加，生活明显改善。1981 年冬成建制迁到中洲垸的

中洲乡平江河村村庄整治点　　（摄影：李斌斌　2015 年）

毛田公社横山大队红星生产队，在库区时是个有名的困难队，1981 年 61 户社员中有 17 户超支欠款 3000 元。1982 年，在中洲垸打了一个翻身仗，全队农副业总收入 15.32 万元，307 名社员人均收入 500 元，17 户超支户还清了全部欠款。生产队兴建了保管室，添置拖拉机、柴油机、发电机各 1 台，喷灌机 3 台，社员家庭添置自行车 26 辆、手表 102 块、缝纫机 12 架、收音机 40 部、电风扇 5 台，还有 3 户社员购买了手扶拖拉机，37 户社员修建新房 91 间。1982 年，中洲公社各移民大队喜获全面丰收，社员人均纯收入 250 元，比迁移前的最高人均收入增长 80%，60%的农户在银行有存款，人均存款 22 元，其中存款 1000 元以上的 90 户，5000 元以上的 2 户。胜地优居，增产增收，不仅有利于稳定已迁入垸移民的思想情绪，而且对尚待搬迁的库区居民也具有强烈的吸引力，从而加速了移民任务的完成。

对外迁至兰田、杨林公社和君山、春风农场的移民，根据岳阳市人民政府的统一安排，由移民指挥部派出工作组，协助上述公社、农场做好移民安置工作。按照分给移民的责任田、自留地和自留山不少于当地群众平均数的原则，通过合理规划、统一调剂，划定移民居住地和耕作区，对社员兴建住宅所需的经费，按照全省确定的标准发给。同时，根据安置区的具体情况，适当新建部分公共设施。1986 年，最后一批移民成建制迁往君山农场时，交接双方经过协商，决定在移民集中居住区，修建中心小学校舍 2720 平方米，移民点公用房屋 150 平方米；开挖饮用水塘和结合修安全

中洲乡城乡一体化供水项目建设　　（摄影：吴小平　2020 年）

中洲乡移民农业生产实用技术暨"阳光工程"新科基地植保员培训班　（摄影：周正操　2016 年）

移民喜摘金盆柚　（摄影：许伟军　2019 年）

小龙虾丰收　　（摄影：许伟军　2018 年）

菜丰收　　（摄影：许伟军　2018 年）

台填高住屋基地，移动土方 9.8 万立方米；架设高、低压输电线路 14.8 千米，安装 50 千伏安变压器 2 台，30 千伏安变压器 3 台以及所需附属设施；架设广播和电话线路各 8.3 千米。完成上述设施，共花费 69 万元。

对于投亲靠友和就地后靠的少数移民，均由移民指挥部按省定标准发给房屋拆建补助经费，其搬迁安置工作主要由当地社队负责。调查情况表明，社队热心，移民安心，双方满意。

为了优化移民的生活环境质量，县委、县政府坚持以自力更生为主，国家资助为辅的方针，动员全县人民投入劳力 2540 万个，折合资金 7620 万元；发动县级机关、企事业单位投入物力，帮助移民加速基地建设。同时，对移民连续 8 年免征农业税，每年另补贴 50%的排渍费。自 1983 年恢复岳阳县建制至 1993 年的 10 年间，为建设移民基地，全县累计投劳投物投资折合资金 8183 万元；国家先后投资 4068 万元，其中用于移民基地建设的经费1566 万元，占全部移民经费的 38.5%。

第五节　今日新貌

在党和政府的关怀下，经过几十年的努力，铁山水库移民都有了比较优越的生存环境，移民的生活水平超过了全县人民的平均水平。这一成果的取得，是与持续加强移民基地建设、加强移民后扶政策落实和产业发展分不开的。

为了使广大移民早日过上安居乐业的生活，岳阳县委、县政府情系移民。几十年来，在移民安置区农田水利、电、路、自来水等基础设施建设上不断投入资金，全方位改善移民的生产、生活条件。在中洲乡防洪大堤达到省定 20 年一遇防洪标准后，继续加高培厚，达到省定 50 年一遇洪水的防范标准，从根本上解除中洲垸区上游 273 平方千米的渍水威胁，并使垸内灌溉渠系全部配套受益。2017 年以来，岳阳县开展精准扶持推进移民重点村建设。利用特困移民避险解困政策，在中洲乡红星村、枫亭村、青锋村和毛田镇八斗村、道仁村建成高标准移民集中建房安置点，极大地改善了移民住房条件，全县铁山移民住房楼房率在70%以上，人均住房面积达到35平方米以上；新建县城到中洲乡荣宝公路和中洲乡防汛公路，移民村村组道路全部拓宽、硬化，毛田南冲、中洲北垸村级主干道全部实施白改黑建设，方便移民出行；在优先解决移民安置区靠山塘除险加固的基础上，整修塘堰、硬化渠道、新建和改建排灌站，建成一批农田水利设施；农村电网全部电改到位，电信宽带、广播全覆盖；改水改厕95%到位；每个村都建有村级卫生室，移民能够就近上学就医；村庄实现绿化、亮化、美化，每个村都规划建设了具有现代化小区特色的休闲广场，完善了村级文体中心和广场配套设施建设。为了解决中洲乡移民安置区饮水不安全的

问题，岳阳县委、县政府投资 700 余万元建成一座日供水 1000 余吨的自来水厂，又投资 300 余万元，埋管 4000 多米，建成了连接兴旺乡移民区的供水工程。2000 年，由于中洲垸内水质重金属超标无法饮用，中洲乡政府多方筹措资金新建宝塔水厂实行集中供水。2021 年，中洲乡率先在岳阳县启动城乡供水一体化建设项目，铺设引水管网，新建输水管道 21.3 千米，铁山水库移民实现了喝上铁山水的愿望，中洲 1.7 万移民用上了放心自来水。

铁山水库移民不仅喝上了铁山水，还更早一步享受到了铁山供水工程带来的红利。2005 年，岳阳市长办公会议决定从城市供水中每吨提取 2 分钱，每年争取 40 万元以上资金；从铁山水库电站发电量中每千瓦小时提取

中洲乡移民村美景　（摄影：王根良　2021 年）

0.5 分钱，每年争取 8 万元以上资金作为铁山水库移民后扶资金，用于移民安置区建设和困难救助等。

2006 年，中共中央、国务院印发《关于完善大中型水库移民后期扶持政策的意见》文件，其中规定：大中型水库，2006 年6 月 30 日以前搬迁的水库移民为现状人口，一次核定，不得调整。转为非农业户口的农村移民不再纳入扶持范围。凡纳入扶持范围移民每人每年补助人民币 600 元。对 2006 年 6 月 30 日前搬迁、纳入扶持范围的移民，从其搬迁之日起，扶持 20 年。文件下发后，岳阳县迅速落实文件要求，坚持“执行政策不走样、指标包干不突破、维护稳定不出事”，完成铁山水库移民人口核定、确定扶持方式和兑付扶持资金等工作。十几年来，岳阳县移民后扶项目资金到位 7 亿多元，实施项目 3000 余个。其中解决农田水利项目 700 余个；硬化道路 500 多千米，油化道路 20 千米，安装路灯 2000 多盏；解决安全饮水 1.3 万人；改厕 6000 多个；兑付移民直补资金 1 亿余元。

为了从根本上改变铁山水库移民的生活状况，帮助他们致富奔小康，岳阳县从移民培训、发展特色产业和鼓励自主择业创业三个方向着手，精准发力。从 2004 年以来，根据移民意愿和需求，针对性开展移民农业技术和就业技能培训近百期，培训移民 6000 余人，解决移民就业 1000 余人。扶持移民创建农业品牌，打造“一村一品”特色产业。在铁山移民集中安置乡镇中洲乡形成蔬菜、西瓜、稻虾、水产等移民产业，发展“萎下黄精”中药材种植产业，建成示范基地 40 公顷，全乡扩种 130 余公顷；平江河村、中洲村、机场村、北垸村、三江村发展蔬菜和稻虾 1300 余公顷。在铁山库区乡镇月田镇、毛田镇、公田镇形成红心柚、金盆柚、瓜蒌、艾叶、黄精、油茶等产业，建成红心柚基地 133 公顷，金盆柚基地 33 公顷，黄精、瓜蒌、艾叶等种植 133 公顷，油茶种植 347 公顷。各村通过发展种养业增加移民收入，形成了捆绑致富的链条机制。

2015 年以来，岳阳县通过项目扶持、技能培训、教育助学、产业开发、政策兜底、派驻帮扶等方式开展移民脱贫攻坚帮扶工作，投入资金 5776.5 万元，年均减少贫困人口 900 人以上。至 2020 年，全县贫困移民实现脱贫清零。

2021年，通过向上争取，中洲乡被纳入乡村振兴示范区创建范畴，每年可解决项目资金500万元左右，“十四五”规划期间，可利用项目资金在2000万元以上。岳阳县委、县政府提出中洲乡“风电一体化”建设项目，发展光伏板下黄精种植业，光伏板下水产养殖业，未来将继续加大移民产业投入，做大做强中洲乡村振兴示范区。

经过两三代人的奋斗，到2020年，铁山水库移民的年人均纯收入增加到18450元，移民行路难、饮水难、吃粮难的问题都得到有效解决。昔日荒洲变乐园，数万移民奔小康的兴旺景象都成为现实。

第五章　管理焕新姿

铁山水库工程按照边建设、边管理、边受益的原则部署各项工作。1982 年 1 月，铁山灌区工程管理局筹备处成立，着手进行接管部分工程并发挥其效益的准备事宜。这一阶段，铁山灌区工程管理局主要承担枢纽工程、渠系工程、库区恢复工程、移民基地建设和市区饮水工程的管理功能。此后，随配套工程的逐步竣工和运行的不断强化，又承担着农业灌溉、防洪拦沙、水力发电、渔业生产、旅游服务等管理功能。进入 21 世纪后，则突出水资源保护功能，履行“保水、蓄水、管水、供水”四大职责，着力把岳阳市建设成名副其实的现代化省域副中心城市的目标。

第一节　机构沿革

1982 年 1 月，岳阳地区行政公署批准组建岳阳铁山灌区工程管理局筹备处，共配干部职工 47 人，分设办公室、工程组和多种生产组。1982 年 6 月 10 日，湖南省水利电力厅批复湖南省水利水电勘测设计院《关于铁山灌区工程管理机构编制定员的请示报告》，确定岳阳铁山灌区工程管理局采用二级机构、三级管理体制，即管理局下设南灌区管理所和北灌区管理所，下设 26 个管理站。1982 年 8 月 21 日，湖南省编制委员会、湖南省水利电力厅联合发出通知，同意设立岳阳铁山灌区工程管理局，行政级别为县级单位，全局定编 401 人，在北干渠未开通受益前，暂配 200 人，为企业编制。1982 年 8 月 31 日，岳阳地区行政公署发出《关于成立岳阳铁山灌区工程管理局的通知》，明确岳阳铁山灌区工程管理局属岳阳市（县级市，1983 年 11 月升格为地级市）领导。同年 10 月 4 日，岳阳铁山灌区工程管理局成立，局机关内设办公室、政工科、工程灌溉科（1988 年后改为水利科）、财务器材科、机械电力科（1989 年后改为电力管理所），下设南灌区管理所、库区管理所，基层作业单位有 14 个管理站、1 个变电站、2 个渔场、1 个船队和 1 个林业队，实配干部职工 268 人，其中技术干部和技术工人占总人数的 42%。

1982 年 12 月 22 日，岳阳地区编制委员会根据湖南省编制委员会和湖南省水利电力厅的文件精神，发出《关于岳阳铁山灌区工程管理局机构和人员编制的补充通知》，将管理局的人员编制改定为事业编制，在整个工程竣工前，人员经费暂从工程费中列支。为加强灌区工程和库区渔业生产的安全保卫工作，1983 年 9 月，组建岳阳县公安局铁山派出所。

1983 年 5 月 12 日，由岳阳市人民政府颁发的《铁山灌区工程灌溉管理试行条例》明确规定：灌区实行民主管理，分别成立灌区代表会和灌区受益县（市）、以及地段三级管理委员会。灌区代表会是铁山灌区最高权力机构，由岳阳市和受益县（市）主管农业的负责同志、农业经济委员会和水电局以及灌区管理单位的负责同志组成。灌区管理委员会由灌区代表会选举产生，其职权是：反映受益社队的意见与要求；审定灌区工程灌溉管理办法；决定岁修、改修、扩建计划；确定灌溉任务和水费、水粮征收标准；商定灌区有关重大事宜。受益县（市）管理委员会由县（市）分管农业的负责人任主任委员，县（市）水电局主要负责人任副主任委员，县（市）政法机关、财粮部门、受益区和管理所的负责人为委员。按渠系区、社成立地段管理委员会，由主要受益区分管农业的负责人任主任委员，管理所和其他受益区的负责人任副主任委员，受益区政法机关和财粮部门的负责人以及受益公社（镇、场）和管理站负责人为委员。县（市）及地段管理委员会的职权是：贯彻执行灌区管理委员会的决议，领导所辖灌区工作；发动群众订立护渠护林公约；组织群众防洪抢险、维修养护工程；做好造林绿化和水土保持工作；检查督促计划用水、节约用水、科学用水的工作；

负责征收水费水粮。在灌区各级管理委员会闭会期间，由同级管理委员会的常设机构，即铁山灌区工程管理局、各灌区管理所和管理站负责处理日常工作。铁山灌区工程管理局及所辖各管理站的职权是：贯彻执行党和国家的方针、政策以及灌区管理委员会的决议，并向同级管理委员会报告工作；依靠和发动群众，制定配水计划；提出灌区建设施工和岁修方案，加强技术指导和检查验收；加强工程、设备的观测和维修；组织防洪抢险；充分利用水土资源，开展综合利用，提高经济效益和自给能力；加强管理人员的思想政治工作和业务技术培训，积极推广先进技术和先进经验，促进农业稳产高产。

1987 年 5 月 8—9 日，铁山灌区首次代表会在铁山灌区工程管理局召开，岳阳市及受益县（市）主管农业的负责人和有关部门负责人以及灌区工程管理单位的负责人共 28 人出席，大会选举产生铁山灌区管理委员会，随后各受益县（市）及地段管理委员会也相继成立，1987 年 8 月 31 日，岳阳市人民政府岳政发〔1987〕66 号文通知，决定将铁山灌区工程管理局由岳阳市领导改为岳阳县代管，机构级别不变。1988 年 3 月 7 日，岳阳县铁山灌区管理处移交铁山灌区工程管理局领导，并将管理处更名为铁山灌区工程管理局南灌区第二管理所。同月，铁山灌区工程管理局增设综合经营科，以加强对多种经营项目的管理。

1992 年 7 月，岳阳市人民政府批准成立岳阳市铁山供水总公司，供水总公司与铁山管理局合署办公。1994 年 10 月，铁山管理局恢复市管，并更名为岳阳市铁山供水工程管理局。1997 年 1 月 2 日，岳市编〔1996〕34 号文发出《关于〈岳阳市铁山供水工程管理局职能配置、内设机构和人员编制方案〉的通知》中明确规定：铁山管理局内设办公室、工程管理科、水利经营管理科、计财科、政工科 5 个科（室）。1999 年 1 月，铁山管理局机关增设法规科，以加强对灌区及库区的水政、渔政和林政的管理。同时，加挂铁山湖风景旅游度假区管理委员会牌子，加强对旅游产业的管理。是年，对下属 9 个独立的经济实体，按照“划小、放权、承包”和“包死基数、确保增效、超收分成、欠收自补”的原则，进一步完善经营管理体制，全面推行经营项目的风险抵押承包，同时采取双向选择，择优上岗，分流

10%~15%的富余人员。

2000 年 4 月 12 日，中共岳阳市委办公室、岳阳市人民政府办公室发出关于《做好市自来水公司并入铁山供水总公司协调工作会议纪要》的通知，岳阳市自来水公司成建制划归岳阳市供水总公司。2002 年 1 月 29 日，中共岳阳市委、岳阳市人民政府发出关于《岳阳市铁山供水工程管理职能配置内设机构人员编制规定》的通知中明确规定：岳阳市铁山供水工程管理局是承担行政职能的正处级事业单位，根据授权，负责铁山供水工程的管理工作。局机关核定自收自支事业编制 52 名，铁山管理局内设 6 个职能科室：办公室、工程管理科、政工科、水利经济管理科、计财科、法规科。另机关党委与政工科合署办公，监察室人员编制在机关总编制中解决。下辖 7 个所、2 个公司，其中 7 个所全为正科级自收自支事业单位，核定编制数分别为：电力工业管理所 100 名、枢纽工程管理所 15 名、南灌区管理所 39 名、北灌区管理所 48 名、城市供水管理所 34 名、金凤水库管理所 38 名、水库管理所 76 名，两个公司为：物资公司、建筑工程有限公司。2021 年，为体现岳阳市委、市政府构建大水利、实现水利高质量发展的坚定信心和决心，根据岳阳市深化事业单位改革试点的部署和安排，将岳阳市铁山供水工程管理局并入岳阳市水利局，组建新的铁山供水工程事务中心，岳阳市铁山供水工程事务中心于 5 月 19 日上午挂牌成立。

2015 年 6 月，岳阳县铁山水资源保护综合执法局组建成立，负责铁山饮用水水源保护和库区民生保障工作（以下简称“两保”），直属岳阳县人民政府管理。其主要职责职能是：负责贯彻执行铁山水资源保护方面的政策、法规，依法组织起草铁山水资源保护方面的规范性文件，拟订库区水资源保护工作中长期规划和年度计划，经批准后组织实施，行使水资源保护、水质保护、河道管理的相关职责。根据授权负责处理各种破坏水利设备设施的行为，负责处理各种污染水源、水质的行为，负责强制拆除各种严重污染水体水质的建筑和其他设备设施，负责打击进入库区河道违法开采、取土、筑坝等破坏河道的行为。行使农业、动物卫生、渔政、林业、定点屠宰管理的相关职责。根据授权负责查处违禁农药使用的行为，负责查处影响水质的动物卫生和定点屠宰方面的行为，协助负责维护库区渔业生产秩序，负责查处非法出库的所有竹木资源，重点保护重要集雨范围内的各种林业资源。行使环境保护、卫生监督、药监、殡葬、工商管理的相关职责。根据授权严格稽查库区及其重要水源地产生的垃圾、废水、废渣、过期药品、劣质食品，负责库区环境卫生整治的监察；强制拆除产生严重污染环境的建筑设备设施；会同相关乡镇人民政府严格规范库区建坟殡葬行为。行使安全生产监督管理的相关职责。根据授权负责库区安全卫生监管工作，负责处理在水源地因烟花、爆竹造成山火灾害的行为。行使公路、交通管理的相关职责。根据授权严格管理库区道路和水面，严格查处乱堆、乱放、违章占道、违规使用船只等行为。行使国土、住建、房产、规划管理的相关职责。根据授权强制拆除库区范围内的违章建筑，严格审查库区范围内项目报批和建筑许可。视违法、违规行为的性质、情节等，按有关规定和程序，将案件移送相关职能部门或乡镇人民政府处理。负责相关案件的行政复议答复、应诉和立案、听证工作。负责突发性事件的预案制订和处理，协助维护库区内旅游市场秩序，维护旅游者合法权益。负责县委、县政府交办的其他工作任务。

岳阳县铁山水资源保护综合执法局内设办公室、计划财务、政策法规、资源保护、规划建设 5 个股室，有干部职工 36 人。下设毛田、月田两个水资源保护监察大队，是正股二级机构，负责辖区内水政、环保、国土、规划、农业、林政、控建拆违等执法工作。

2019 年，岳阳县铁山水资源保护综合执法局更名为岳阳县铁山水资源保护中心，是县政府直属正科级公益一类事业单位，其主要职责职能不变。

第二节　工程管理

截至 2021 年，岳阳市铁山供水管理局遵循国家发布的相关规范、规程及管理办法，采取了一系列强化工程管理的措施，取得了显著的成效。

一、铁山大坝监测

铁山大坝是铁山水库极为重要的建筑物工程，为了监测铁山大坝的运行状态，确保水库工程的安全运用，在大坝施工期间埋设和安装了应力、变形和渗流观测各种仪器设备、大小部件共256件。大坝自投入运行以来，这些观测仪器与设备密切监视着大坝的运行状态，通过观测人员及时整理分析资料，其成果为指导水库的运行提供了可靠的、决策性的依据，特别在水库运行初期，为水库的安全运用，发挥水库的防洪效益起到极大作用。如1983年7月7—9日，新墙河与汨罗江流域普遍降雨309毫米，汨罗江下游6670余公顷农田受灾严重，其中长（沙）岳（阳）公路上的新市大桥淹水1米多深，而新墙河流域由于铁山水库在当时水库限制蓄水速度的情况下拦截约4000万立方米的洪水，水库水位暴涨1.2米，沿河两岸免遭洪灾。1988年8月21日至9月4日，岳阳全市出现特大秋汛，全市平均降雨量250毫米，铁山水库水位由87.32米上升到90.73米，水库水位暴涨3.4米，拦截洪水1.25亿立方米。1998年夏汛，水库水位上升至92.18米，拦截洪水1.23亿立方米。2011年6月9日，岳阳县降水量267.5毫米，铁山水库溢洪水量1.51亿立方米，水库水位90.65米。由于观测工作对防洪及时指导，确保大坝是绝对安全的，使水库工程不仅确保新墙河下游两岸的防洪、工农业生产和群众生活未受损失，同时又使水库大量蓄水，为电站长时间、满负荷发电提供充足的水源。铁山大坝的观测工作不仅使监测工程安全取得了巨大的经济效益和社会效益，也为中国水利工程科学技术研究提供了第一手可供参考的技术数据，做出一定贡献。

1987年5月6日，铁山大坝观测工作获岳阳市科学技术进步二等奖。1988年6月30日，获水利电力部科学技术进步三等奖。1989年3月，湖南省水电厅评定铁山灌区工程管理局为“大型水库观测工作管理第一名”。1990年8月21日，获湖南省水利工程安全监测资料分析优秀成果一等奖。1991年5月14日，在全国大坝安全监测优秀观测资料分析成果表彰会上获“大坝观测资料整编分析优秀成果一等奖”。

表 3：2021 年铁山水库坝址逐日降水量表

单位：毫米

日期	1	2	3	4	5	6	7	8	9	10	11	12
1			1.6	6.0		0.4	52.5				2.5	
2			0.3	15.9		20.0	18.6					
3		0.9		1.4	46.7	16.1	42.1					
4		4.5	8.3	0.6			6.6				5.0	
5		5.5	3.2	1.3				0.6			24.7	
6				12.1	5.0		3.1				19.2	
7		4.5	3.6	12.7				5.2				
8		1.0	3.6					6.3				
9		1.7						22.4				
10		5.0	8.1	6.5	12.6	3.9						
11				37.5								
12				4.7	3.7	15.9		79.9				
13			1.4	8.9	9.3			4.0				
14				2.7				9.0				
15		3.2	11.5		63.1			1.4		2.1		
16			14.6	0.6	2.2			0.5		11.5		
17			8.0		2.4	1.7	29.8	10.6		1.7		
18			1.2	1.7	5.0		9.7					
19			3.0		8.8	28.4			42.0	12.3	1.5	
20	0.5		3.6	8.1		0.6	9.9	12.2		8.2		
21	10.2			9.0	14.0						5.5	
22	8.0	5.9			58.1							
23				3.4	14.5			17.6				
24	3.5	15.7		53.4				30.5				2.0
25	7.2	8.4		0.9				1.1				
26	0.7	1.6	3.0	4.0	14.2			1.4				5.8
27	3.4	11.9	4.5		0.3	29.9		6.2				
28		4.2				2.6	10.1		42.0			
29						28.8	0.7			0.6		
30	2.0		1.8			25.6				0.5		
31	21.3		18.3							1.3		
当月最大	10.2	15.7	18.3	53.4	63.1	29.9	52.5	79.9	42.0	12.3	24.7	5.8
月降水量	56.8	74.0	99.6	191.4	259.9	173.9	183.1	208.9	84.0	38.2	58.7	7.8
降水天数	9	14	18	20	15	12	10	16	2	8	6	2
	年最大日降水量 79.9			8 月 12 日		年降水量 1436.3				年降水天数 132		

表 4：2021 年铁山水库水位情况表

日期	1	2	3	4	5	6	7	8	9	10	11	12
1	89.89	89.09	88.90	88.87	90.32	91.21	91.45	91.87	91.82	91.19	90.76	90.23
2	89.88	89.08	88.90	88.89	90.31	91.19	91.68	91.83	91.80	91.18	90.75	90.23
3	89.84	89.04	88.89	88.97	90.30	91.19	91.95	91.80	91.78	91.17	90.74	90.21
4	89.82	89.00	88.88	89.00	90.40	91.21	92.44	91.76	91.75	91.16	90.72	90.20
5	89.79	88.97	88.88	89.02	90.42	91.22	92.51	91.73	91.72	91.14	90.72	90.19
6	89.77	88.95	88.88	89.04	90.42	91.22	92.59	91.70	91.71	91.12	90.75	90.18
7	89.74	88.94	88.88	89.06	90.42	91.22	92.56	91.66	91.68	91.10	90.78	90.17
8	89.71	88.93	88.87	89.12	90.41	91.21	92.56	91.63	91.65	91.08	90.75	90.16
9	89.69	88.93	88.87	89.15	90.40	91.19	92.55	91.60	91.61	91.06	90.74	90.13
10	89.66	88.93	88.87	89.17	90.38	91.18	92.50	91.59	91.57	91.05	90.72	90.10
11	89.63	88.94	88.87	89.19	90.40	91.17	92.41	91.57	91.53	91.02	90.71	90.09
12	89.59	88.95	88.86	89.30	90.38	91.16	92.32	91.56	91.49	90.98	90.69	90.08
13	89.57	88.96	88.86	89.40	90.37	91.16	92.29	91.60	91.46	90.93	90.68	90.06
14	89.54	88.97	88.85	89.47	90.39	91.15	92.27	91.63	91.42	90.88	90.67	90.04
15	89.52	88.98	88.83	89.54	90.38	91.13	92.24	91.66	91.39	90.85	90.66	90.02
16	89.49	88.98	88.86	89.58	90.57	91.11	92.21	91.67	91.36	90.83	90.64	90.00
17	89.46	88.99	88.89	89.61	90.68	91.08	92.18	91.67	91.32	90.81	90.61	89.98
18	89.44	88.99	88.94	89.63	90.72	91.06	92.20	91.73	91.28	90.78	90.59	89.96
19	89.41	88.99	88.95	89.65	90.76	91.05	92.19	91.73	91.25	90.75	90.53	89.94
20	89.38	88.98	88.95	89.66	90.82	91.06	92.17	91.73	91.30	90.75	90.53	89.92
21	89.35	88.96	88.95	89.69	90.86	91.06	92.16	91.73	91.30	90.77	90.50	89.90
22	89.33	88.94	88.94	89.72	90.90	91.05	92.15	91.73	91.29	90.78	90.48	89.88
23	89.33	88.93	88.95	89.74	91.12	91.04	92.14	91.71	91.28	90.78	90.45	89.87
24	89.31	88.92	88.95	89.76	91.40	91.02	92.11	91.72	91.26	90.78	90.40	89.85
25	89.30	88.91	88.95	90.14	91.48	91.01	92.08	91.86	91.24	90.78	90.39	89.85
26	89.29	88.91	88.94	90.24	91.50	90.99	92.05	91.88	91.23	90.78	90.36	89.84

续表 4

日期	1	2	3	4	5	6	7	8	9	10	11	12
27	89.26	88.90	88.92	90.28	91.55	90.98	92.01	91.88	91.22	90.78	90.32	89.84
28	89.22	88.90	88.91	90.30	91.26	91.03	92.00	91.88	91.20	90.78	90.29	89.84
29	89.19		88.90	90.32	91.29	91.11	91.96	91.87	91.22	90.78	90.25	89.84
30	89.14		88.88	90.32	91.22	91.23	91.93	91.86	91.21	90.79	90.23	89.84
31	89.11		88.86		91.22		91.91			90.78		
最高水位 91.87 米　8 月 1 日　最低水位 88.83 米　3 月 15 日												

二、水库调度运用

铁山水库调度运用的基本原则是：执行省、市防汛抗旱指挥部门批准的调度方案，在确保水库大坝安全的前提下，选用最优的调度运用方案，合理安排除害与兴利关系（兴利服从防洪，防洪兼顾兴利），多蓄水、多供水、多发电、多受益，把灾害降低到最小范围，将效益扩大到最大限度，综合利用水利资源，充分发挥水库的应有效益。

铁山水库防洪调度的主要任务是：确保工程安全，腾出防洪库容，拦蓄洪水，削减洪峰，减免洪水灾害，并为非汛期工农业生产和城市生活储备水源。铁山水库设计洪水标准为 100 年一遇，相应洪峰流量为 2920 立方米每秒，相应洪水位 93.38 米，3 天入库洪量为 1.91 亿米；校核洪水标准为 2000 年一遇，相应洪峰流量为 4940 立方米每秒，相应洪水位为 94.35 米；保坝洪水标准为万年一遇，相应洪峰流量为 10100 立方米每秒，保坝洪水位为 95.92 米。铁山水库洪水完全由暴雨产生，全年降雨多集中在 3—8 月，占年雨量的 72%左右，夏季降雨多属暴雨，具有降雨强度大、历时短、汇流快等特点。为提高水库调度运行的计划性和预见性，1991 年，国家投资 35.68 万元建设水库水情自动化测报系统。2001 年，在国家防总和省防办的支持下利用第三批全国大型水库防洪调度系统试点资金 90 万元对原系统进行改造与配套，其中洪水预报与洪水调度系统的软件由武汉大学和原铁山供水工程管理局信息科共同研制开发。2014 年，由湖南省中灌公司完成第二次升级改造。

水库水情自动化测报系统的实施根据《中华人民共和国防洪法》《水情自动测报规范（SL61-94）》《水情测报预报规范（SDJ—85—1）》《综合利用水库调度通则》《国家防汛抗旱总指挥部办公室水库洪水调度系统设计与开发规则》等法律、规范和条例，充分考虑了防汛信息管理系统的特点，特别强调水情自动测报系统的实效性、洪水预报实时性和准确性以及水库调度决策的合理性，进一步完善了系统功能，保证总体设计的先进性和系统运行的可靠性。

系统采用 C/S（客户端/服务器）结构，分 5 个子系统，各个子系统以数据库系统为中心组织在一起。水情自动测报子系统自动实时采集铁山水库库区大坝、小饶港、百花台、黄岸、板江、立新、卢最、毛田、白水洞9个水文分区的水雨情信息，通过数据兼容终端仪自报式无线传送到中心站。洪水预报子系统从数据库中读取雨量、蒸发、水位等实时数据，由计算机进行洪水演算后，提供该次洪水过程的洪水总量、洪峰流量及洪峰发生时间等数据报表，还可结合短期气象预报结果，根据未来降雨过程，进行模拟洪水预报，供水库防洪调度决策，为水库防洪调度会商提供更多依据，还可进行人工干预洪水预报。洪水调动子系统主要是在洪水预报的基础上，根据系统计算提供的入库洪水过程分析水库防洪形势，结合水库工程特性、下游河道防洪安全及库区防洪要求，采取不同的调度模式和参数，选出最优洪水调度方案。信息查询子系统主要是对雨情、水情、洪水过程等信息按查询要求生成各种报表，提供各种特征数据。系统投入运行后，彻底改变了以往人工调度水库洪水的方式，为水库防洪调度赢得了宝贵的时间，提高了水库防洪安全，最大限度地减轻了洪水灾害损失，工程的社会效益得到充分发挥。系统改造工程 2001 年 4 月投入运行。2001 年 9 月 5 日，由国家防总委托湖南省防办验收通过。2002 年，获岳阳市科技进步一等奖。

铁山水库防洪调度经多年的实践，测报技术较为成熟。洪水预报的预见期为 6 小时，精度为 90%，因此考虑 6 小时水文预报进行预泄，以便适当腾空防洪库容。具体为：当预报水库入库洪水洪峰流量大于 1840 立方米每秒（P=5%）时开始泄洪，泄量等于来水加上 7 小时后的可预见流量，但不能大于拟补偿的下游河道安全泄量。根据铁山水库下游河道现状（建库前公田水文站实测流量 935 立方米每秒，下游未成灾，建库后由于生产活动、交通建设等原因，下游大部分河道束窄，行洪断面减少，2020 年后的安全泄洪量仅为 500 立方米每秒，采用预报洪水流量判别的分级补偿调节的调度方式。

主汛期（4 月 1 日至 6 月 30 日），水库按 91.6 米的水位限制蓄水，防洪高水位为 92.75 米，考虑水库预泄，防洪库容大于 0.47 亿立方米每秒

（防洪高水位与防洪限制水位间的库容）；其余时段水库按 92.2 米水位正常蓄水；当预报水库入库洪水小于或等于 20 年一遇的洪水（洪峰流量 1840 立方米每秒），以下游河床允许流量（Q=500 立方米每秒）进行补偿调节，保证下游防洪安全；当预报入库洪水大于 20 年一遇而小于或等于 50 年一遇的洪水（洪峰流量 2300 立方米每秒），水库水位尚未达到 92.75 米时，以下游河床允许泄量（Q=500 立方米每秒）进行补偿调节，保证下游防洪安全；当库水位超过 92.75 米时，水库加大下泄，最大泄量不超过 1250 立方

铁山水库大坝　　（摄影：许伟军　2022 年）

米每秒。当预报入库洪水大于 50 年一遇而小于或等于 100 年一遇的洪水(洪峰流量 2920 立方米每秒)，水库水位尚未达到 92.75 米时，以下游河床允许泄量（Q=500 立方米每秒）进行补偿调节，当库水位超过 92.75 米时，水库加大下泄，最大泄量不超过 1520 立方米每秒，库水位控制在 93.38 米以下。当预报入库洪水大于 100 年一遇而小于或等于 2000 年一遇洪水(洪峰流量为 494 立方米每秒)，水库应尽可能宣泄洪水，控制水位不超过 94.35 米。当预报洪水将达到万年一遇的保坝洪水（洪峰流量 10100 立方米每秒，库水位 95.92 米)，水库应采取非常溢洪措施，除采取敞开溢洪道宣泄洪水外，须实时决开毛田副坝进行非常溢洪，确保大坝安全，同时要采取一切措施减少下游损失，并尽量避免人员伤亡，具体如下：

由铁山水库管理局提出决开副坝的具体方案，报市防汛抗旱指挥部办公室审批后，下达爆破副坝的命令，由铁山管理局操作执行。报警：副坝下游村庄和溢洪道下游附近采用报警器报警，沿河两岸以电话报警，由铁山管理局向各乡镇报警，再由乡镇通知各相关村组疏散、转移。疏散转移：下游沿河两岸的疏散转移由乡镇组织各村组领导负责落实，毛田副坝下游村庄由铁山管理局配合长安村负责落实。炸坝决口：一次洪水过后，水库应尽快恢复至汛期限制水位，以腾空库容迎接下一场洪水。

2021 年 6 月 28 日 6 时，岳阳县开始降雨，7 月 4 日 15 时降雨结束，铁山水库平均总降雨量为 209.8 毫米，雨量站点最大降雨为月田镇立新站达 234.5 毫米。水库自 6 月 28 日 8 时开始起涨，起涨水位 91.03 米，相应入库流量 50 秒立方米，出库流量 30 秒立方米（城市供水和发电)，7 月 3 日 7 时出现洪峰 1250 秒立方米，相应出库流量 30 秒立方米（城市供水和发电)。由于降雨连续而又集中，来水量较大，7 月 3 日 8 时，水库水位达 91.95 米，经洪水模型演算，水库水位将在 17 时左右涨至 92.38 米，经岳阳市防指会商后，7 月 3 日 10 时，市防指发布 2021-03 号调度指令：“7 月 3 日 20 时开闸泄洪，泄量 200 方每秒，等待水位稳定在 92.50 米后，关闸，继续采取发电、供水方式降低水位，当水位稳定在 92.20 米后停止发电”。按照指令，3 日 20 时，水库正式开闸泄洪，至 7 月 4 日 9 时 30 分，水位稳定在 92.50 米时关闸，泄洪历时 13.5 小时，共计下泄 972 万立方米。该次洪水过程总洪量为 0.9612 亿立方米，拦洪量 0.9612 亿立方米，弃水量 0.0972 亿立方米，水量利用率 90.2%，调度过程削减洪峰 1020 秒立方米，削峰率 81.6%。

表 5：铁山水库历年较大洪水特征值表

洪水编号	开闸泄洪起止时间（日时）	洪峰（立方米/秒）	洪水总量（万立方米）	最高水位（米）	溢洪水量（万立方米）	最大溢洪流量（立方米/秒）	降雨量（毫米）	大坝状况
20060707	—	956	2466	88.60	424	30	125	正常
20090724	—	675	1512	87.86	4135	25	189.3	正常
20100517	—	285	4837	91.27	847	14	137	正常
20100619	—	420	4301	91.47	1512	25	84.9	正常
20100708	—	965	5106	91.47	1512	25	207.3	正常
20110521	—	285	1628	90.50	847	14	79.6	正常
20110602	—	300	2363	90.60	1260	15	133.3	正常
20110609	—	3000	9564	90.65	1512	25	267.5	正常
20110627	—	965	3680	90.71	1512	25	148.1	正常
20120428	—	1250	5692	91.21	847	14	177.7	正常
20120511	—	300	6264	91.25	1260	21	163.5	正常
20120625	—	850	2443	92.18	1814	30	137.3	正常
20130507	—	300	2860	91.17	0	0	84.5	正常
20130606	—	250	2770	91.15	0	0	83.5	正常
20130622	—	200	2750	91.17	0	0	80.2	正常
20140701	—	850	8250	92.30	420	8	174.0	正常
20140712	—	1650	9050	92.36	700	20	194.8	正常
20150518	01580811-05202400	850	4615	91.28	3924	250	132.2	正常

续表 5

洪水编号	开闸泄洪起止时间（日时）	洪峰（立方米/秒）	洪水总量（万立方米）	最高水位（米）	溢洪水量（万立方米）	最大溢洪流量（立方米/秒）	降雨量（毫米）	大坝状况
20150527	05271200–05301800	650	13458	91.35	8994	350	114.9	正常
20150603	06030000–06070900	850	10015	91.75	8514	300	124.5	正常
20150612	06142100–06190730	500	8012	92.46	7668	200	151.3	正常
20160420	—	956	6648	91.25	1215	30	154.2	正常
20160628	—	350	1415	92.44	560	20	92.4	正常
20170622	—	650	5820	91.25	2592	30	137.9	正常
20170629	06291800–07082000	2500	10020	92.20	8280	500	245.7	正常
20170812	08121400–08151400	3000	11290	92.36	5680	500	286	正常

说明：最大溢洪流量（立方米/秒）小于或等于30为发电溢洪，故不计溢洪起止时间

三、兴利运用

铁山水库兴利调度的主要任务是：根据铁山水库的汛末蓄水位92.2米（设计正常蓄水位），充分利用水库实际的调蓄库容3.83亿立方米，按预报的水库来水量和不同时期的岳阳市区供水、乡镇供水、农业灌溉供水、发电供水的用水总量，通过综合平衡制订供水计划，加强用水管理，充分发挥水资源的综合效益。

铁山水库兴利供水基本原则：丰水年和丰水期及时加大供水，减免弃水，扩大水资源效益；如年末水位和汛前水位较高时南干渠首电站、下石关电站提前发电。枯水年、枯水期保证以城镇供水和灌溉供水为重点，兼顾大饶港电站发电；同时为预防可能发生连续枯水情况，水库留有一部分储备水量确保城镇供水，以最大综合效益的原则进行调度。

城市防洪闭合圈项目 （摄影：吴小平 2017 年）

四、建章立制

铁山水库的所有项目，从前期工作到项目实施、资金管理、检查验收等都按照水利部颁发的《大型灌区节水续建配套项目建设管理办法》，建章立制，达到制度化、规范化管理。根据项目建设与管理的要求，成立项目建设领导小组，明确项目责任人，并建立“一个项目、一位领导、一班人马、一套措施、一抓到底”的“五个一”工作机制，严把项目立项关、审批关、实施关、质量关、检查关、验收关等多个环节。对已建工程实行责任管理，明确各工程管理单位主要负责人为工程管理第一责任人，并签订工程管理责任状，变集中管理为各工程管理单位区域管理。小型和一些零星工程维修项目，由各工程管理单位组织施工，工程科、计财科和监察室对资金与质量实行全过程监督，并实行责任追究制。加强质量监管，规范项目建前、建中和建后 3 个环节的管理，严格项目法人制、招投标制、建设监理制和合同管理制。50 万元以下的工程项目由具有资质的建筑施工单位施工；50 万元以上的工程项目实行公开招标；所有监理工程项目均委托符合资质的监理公司监理，特别是在项目建设中，严格按照施工标准和管理办法，做到“四严四不”：严格按照工程设计施工不走样，严格按照工程标准验收不放松，严格按照工程量计算不作假，严格实行质量跟踪管理不放过。真正做到建设一处，高质量、高标准完成一处，管好一处。对于项目资金，依法依规建立监管机制，项目资金做到专户存储、专款专用，严格按规定使用、管理；建立资金审计监督机制，纪委、监察室对所有大小工程项目资金实行全过程监督，杜绝违反规定挪用挤占、截留项目资金的现象。2013 年，针对工程管理的薄弱环节，在管道、渠道管理和养护上做文章、出新招，提出“上下联动、管养分离、风险抵押”指导思想，在二级管理单位深化工程维护管理改革。通过工程维护管理改革的不断深入，工程管理人员的责任心明显增强，铁山供水工程所属 87 千米供水干渠、14.6 千米供水主管道、3.6 千米供水箱涵的工程面貌大大改观，保证了城市供水安全。

五、树样板工程

铁山南、北总干渠和 7 条分干渠总长 197.6 千米，分布在 2600 平方千米的灌区范围内，工程管理难度大。2003 年起，岳阳市铁山供水工程事务中心为全部渠道不冲不淤，畅通无阻，采取“树样板工程”的做法，以点带面“创精品渠道”，努力提升灌区工程管理质量。首先是南、北灌区管理所的所领导带头示范，正副所长都下去包一段渠道，树“样板”中的“样板”，创“精品”中的“精品”。其次是所机关工作人员转变工作作风，分期分批下站上渠道创立“机关样品渠道”。管理站站长、站员，也要树立自己的精品渠。在创精品的同时，站长全年必须在渠道劳动 72 天以上，站员 120 天以上，把劳动工日折算成工程量写进年初的管理合同，逐月分解、逐项落实、逐月检查，与工资、奖金挂钩。一段样板，一个精品，就是一面旗帜。整个灌区工程管理形成你追我赶，争先创优的良好氛围，共创样板渠 44 千米。同时，排查除险到站到人，对近百处危工险段进行整修加固，灌区全部启闭设备和机电设备定期维修、保养，完好无损、运转自如。结

大坳灌区建设与节水改造项目　　(摄影：吴小平　2017 年)

合《中华人民共和国水法》的宣传严厉打击灌区污染水源、破坏水利设施的犯罪行为，为确保安全供水提供宽松环境。

第三节　灌溉管理

铁山灌区工程原设计灌溉面积 63580 公顷。2000 年 1 月，湖南省水利水电勘测设计院重新核实实际控灌面积 56940 公顷。到 2001 年，实际灌溉面积达 43333.33 公顷，占实际控灌面积的 76.1%。设计日供水 40 万吨的岳阳铁山城市供水工程 1992 年 10 月动工，到 2002 年 10 月 18 日，工程全部竣工通水，千百年来岳阳市区长期饮用洞庭湖水的历史宣告结束。2020 年，以铁山水库为骨干水源的铁山灌区是湖南省第二大灌区和商品粮生产基地，控灌农田面积 44613.33 公顷。为管好水、用好水，采取专管与群管相结合的体制，抓住健全管理机构，引进管理模式，优化资源配置，统一用水调度，推进水费改革，走出一条科学管理、高效发展、良性运行的新路子，较好地发挥工程经济效益和社会效益。

一、管理机构

1982 年，在市铁山灌区工程管理局机关和南灌区管理所分别设立工程灌溉科和工程灌溉股，作为管理灌溉的职能机构。工程灌溉科配备工程技术人员 18 人，南灌所下设 11 个管理站（1991 年 3 月后，增至 14 个站），既管工程，又管灌溉。局、所、站三级管理机构中，共配备专职管理人员 82 人。1987 年 5 月，召开首次灌区代表大会并选举产生灌区管理委员会，各受益县（市）亦相应成立管理委员会，进一步强化市、县人民政府和职能部门对灌区工程的领导。与此同时，灌区范围内各乡（镇）普遍建立农业用水管理站，由一名副乡（镇）长主管，配备专职管理人员与南灌所下属各管理站紧密配合，共同做好灌溉管理工作。1989 年 3 月，北总干渠前 10.5 千米动工兴建，第二年成立铁山北灌区管理所筹备处，负责北总干前 10.5 千米及熊市分干的灌溉管理。1992 年 7 月成立供水总公司，总公司以下设农业供水、城市供水、集镇居民供水 3 个分公司。到 1994 年 10 月，北总干渠金明冲以上 46 千米总干渠全线竣工通水后，相继成立铁山北灌区管理所，下设 6 个管理站（2002 年 2 月后增至 10 个管理站），所、站共配备专职管理人员 66 人，管理北总干和分干工程。1982—2002 年，铁山水库累计输送农业灌溉用水 16.3504 亿立方米，为铁山南灌区农业稳产、高产、连年丰收做出了重大贡献。至 2021 年，南、北灌区管理所有工作人员 116 人，负责渠道的安保运行、巡察、岁修、工程维修、渠道水资源保护、水环境治理等工作。

1997 年，为充分发挥干部职工在经营上的主动性和创造性，市铁山灌区工程管理局在管理体制上改统包、统管为层层分权管理，下设 9 个独立的经济实体，按照“划小、放权、承包”和“死包基数、确保上交、超收分成、欠收自补”的原则，引入竞争机制和风险机制，实行全员风险抵押承包，使全员的个人收入与单位的经济效益挂钩。岳阳市铁山供水工程管理局下属正副职、主管会计和一般干部职工每人分别交 3000 元、2000 元、

1000元和500元不等的风险抵押金，重点考核产值、利润、上交、成本、固定资产投入五大指标，让企业和经营者在市场竞争中求生存、求发展；同时，管理局规定各基层必须合法经营，超利润的50%上交管理局，30%作为生产发展基金，20%由承包单位作为奖金。管理局对基层单位实行（人、财、物）三权下放，凡是属于基层的权力都交给基层，管理局只起宏观调控、监督、协调和服务作用，使每个单位都真正做到自主经营、独立核算、自我约束、自负盈亏，这种经营机制增加了领导的压力，激发了工作活力，挖掘了生产潜力，提高了经济效益。

在人员管理上，改委任制为聘任制，实行人员轮岗制。在单位内部，打破干部、职工与合同工之间的界限，量才使用，层层实行聘任。根据市委、市政府〔2002〕35号文件中的“三定”方案和机构改革要求，出台并公布局机关改革实施方案和定岗定员方案，成立专门机构改革领导小组，制订竞岗原则，即按照公开、公正、公平原则，根据定岗人数、岗位要求和自身条件，将自愿申报、民主测评、综合考评、组织决定结合起来，择优录用。2002年4月23日，市铁山灌区工程管理局召开由10个基层单位一把手和机关全体职工参加的竞职演讲大会。通过公开投票，局党委综合考评，聘任6名科长(主任)、9名副科长（副主任）。水库所实行聘任后，一级一级启用能人，开展综合治理，逐渐摸索出一条渔业生产管理新路，渔政秩序得到了根本好转，各方面的专业技术人才得到了重视和培养。如，水库所先后培养了水产工程师1名、水产技术员25名，渔业生产实现从鱼种培育、网具制作、常年捕捞到产品销售“一条龙”作业。全系统的劳动人事管理、工程维护、灌溉管理和综合经营等各项工作均出现新的局面，取得以改革促进管理的良好效果。1996年，被水利水电部授予全国水利管理先进集体。2005年，被评为水利部全国大型灌区精神文明建设先进集体。

二、农民用水者协会

在理顺管理组织机构，强化灌区母工程（即主体工程）的管理职能后，引进国外先进管理模式：1995年，北灌区支渠率先建立农民用水者协会，在协会以下设立用水小组，把支渠及以下渠系的使用权与管理权交给农民，相应赋予他们自主、自立、自治的权利。为确保协会的顺利建立和发展，逐步达到灌区自我维持、自我发展的目的，有利于灌溉效益的持续发挥，确保国有资产的保值增值，铁山供水总公司采取与农业供水公司、农业供水公司与农民用水者协会、协会与用水小组层层签订合同的办法，在扶助措施、供水方式、水费收取及其使用、工程维修及管理等方面明确各自的权利和义务。如规定供水总公司和地方政府向协会提供工程建设与管理方面的经济、技术援助和政策支持，规定总公司从综合经营和城市供水收入中拿出部分资金用于支渠的附属设施建设，规定乡（镇）政府将协会灌区内农民的义务基建工每人每年划拨 5 个给用水者协会，规定协会必须保证有70%的水费用于工程维修，规定协会管理的灌区内新开垦的耕地 3 年免征农业税等等。农民用水协会成立以来，农民修复水利设施积极性空前高涨。据 1997—1998 年统计，各协会共组织农民 6500 多人，投资 30 多万元对渠道进行整治配套，完成土石方 20 多万立方米，配套大小建筑物 100 多处，渠道过水能力比过去提高三分之一。1998 年，灌溉用水比过去节约 20%左右，水费收缴率达 90%以上，减轻了国家和农民的负担，提高了灌区的整体功能，形成国家、集体、个人同办水利的新格局。2001 年 4 月，第六届用水户参与管理国际研讨会在北京召开，铁山灌区作为此次会议的一个分会场接待来自 18 个国家的代表，铁山灌区在会上介绍用水户参与灌溉管理的做法和经验，会后部分与会代表和部、厅领导到铁山灌区考察 4 个用水者协会和供水工程，并对铁山灌区灌溉管理体制改革给予高度评价。2006 年，通过全方位、多元化的筹资投劳建设灌区，继续利用中英项目，投资 15 万元在岳阳县金溪村和临湘市东湖、塘畈二村组建 4 个农民用水者协会，新增灌溉面积 800 公顷，1466.67 公顷农田由农民自主灌溉管理，整个灌区农民用水协会总数达到 46 个，协会共管理灌溉面积 20400 公顷，占灌区实灌面积 40000 公顷的 50%左右，恢复和改善灌溉面积 4000 公顷，年节约灌溉用水近 400 万立方米，年增产粮食 300 万千克以上。

用水户参与灌区管理，有四大好处：一是农民有了使用权，分干渠以下的渠系（支、斗、农、毛渠）有专人管理，在某种程度上说农民能因地制宜规划工程维修、改造与更新，农民负担有所减轻，资金使用更为有效；

二是农民有了经营权，他们能自觉地合理用水，节约用水，降低了灌溉成本，提高了工程效益；三是农民直接参与灌溉管理，了解灌溉收支情况，提高了水费缴纳的自觉性，减少水费收缴中的中间环节，资金到位率比以往大大提高；四是将分干以下渠系的管理权交给用水协会后，许多繁琐的事务交给了农民自己去处理，政府及管理单位能集中精力管理好骨干工程（水库枢纽、总干渠、分干渠）和规划灌区发展，既减轻了对工程运行维护的负担，又密切了党群关系。

SIDD 建设（用水户参与管理模式研究与实践）

一、实施背景

科学技术是第一生产力，如何使科学技术转变为现实生产力，应用国内外先进管理技术，这是铁山灌区面临的一个重要课题。

1982 年铁山灌区工程管理局成立，为县级事业单位。为了加强灌区管理，组建了灌区代表大会和管理委员会。管委会领导和代表大会成员由受益区地方政府和水行政主管部门指派担任。水库、枢纽工程、总干渠和分干渠由管理局派人专业管理，支渠以下渠系由地方（乡一级）水行政部门管理。管理局同乡政府签订供水协议，从乡政府收取水费，农民参与管理的成分很少，长期处在被动位置。由于灌区代表和有决策权的管委会成员受地方观念和对国家与水管单位依赖思想的支配，在水费上同管理局讨价还价，在工程运行维护上却很少问津，水费被大量截留，长期拖欠。南灌区受益乡镇向农民每亩收取 10—16 元水费，而上交给南灌区管理所的最高亩平均不足 2 元。截留的水费被乡镇作为财政收入，随意支配，基本上没有用于工程维护。由于农民没有直接、主动参与管理，对水费收缴使用情况、工程运行状况和维护计划缺乏了解，对工程维护的积极性得不到应有的发挥，缴纳水费的自觉性不高。农民在强制性指令下筹资投劳，不把工程配套建设与改造维护当作自家的事，所建工程质量低劣，远远达不到设计要求。加之土法上马，大规模群众运动建设造成的工程质量的先天不足和国家投入政策的变化，面对庞大的灌溉体系，水管单位心有余力不足，每年从综合经营收入中挤出资金投入工程维护，只是杯水车薪。更新改造与续建配套达不到规划目标，骨干工程自然老化，下级渠系淤积严重，甚至人为破坏，渠道输水能力逐年下降。特别是农村实行责任承包制以后，耕地经营管理的格局发生了很大变化，原来的行政手段对农田的灌溉管理越来越显得顾此失彼，难以调控，用水矛盾日益突出，偷水、抢水、卡水的现象经常发生。有的乡镇为了从水费收入中获利，甚至要求少灌、迟灌，水事纠纷接连不断，严重障碍了工程效益的发挥，也给农民带来了利益上的直接损害。在国家和地方政府财力有限，水管单位鞭长莫及的情况下，寻求灌溉管理新形式，落实各级工程管理责任，调动灌区农民（用水户）直接参与灌溉管理，消除水费收取使用的中间环节，有效利用资金和人力资源，调动一切积极因素参与灌区工程管理与维护，是改变灌溉管理传统模式，改革不适应市场经济要求的管理体制，确保灌溉工程持续高效运行的关键性举措。

二、试点与推广

铁山北灌区作为世界银行贷款长江流域水资源项目湖南省项目区的一个子项目，计划引进世界银行贷款 1500 万美元兴建北灌区续建配套工程。按照 SAR 的计划安排，是湖南项目区的试点项目，应为长江流域其他子项目的实施提供经验，这项计划简称为建立自负盈亏的灌排区（SIDD）。经中国政府承诺，在开展工程建设的同时，进行管理机构改善，在灌区建立供水公司，在支渠灌溉范围内建立非政府的、群众性的灌溉管理组织——农民用水者协会（WUA）。

1992 年 7 月，岳阳市人民政府（岳政办函〔1992〕138 号）批准成立铁山供水总公司。1995 年，岳阳铁山灌区工程总指挥部（岳铁总字〔1995〕13 号）成立铁山经济自立灌区工作组，下设办公室，工作组成员黄伟峰兼任办公室主任，具体负责 SIDD、WUA 研究试点与推广工作。

1995 年，铁山灌区工程总指挥部指挥长袁秋涛、常务副指挥长周煦奇赴法国、墨西哥、尼泊尔考察学习。1995 年 7 月，岳阳市政府（岳政办函〔1995〕92 号）批准开展经济自灌区试点。经济自立灌区工程组通过研究国外管理模式，总结我国灌溉管理的历史经验，结合我国国情和本灌区实际，制定了经济自立灌区研究、试点工程实施方案。1995 年 4 月选择临湘市长塘镇作试点，兴建长塘支渠灌溉工程，将工程建设与农民用水者协会组织建设同步进行。世界银行专家、武汉水利大学、铁山经济自立灌区工程组几次到长塘镇对乡村干部和农民代表进行现场培训，经过 9 个月的筹备，1995 年 12 月 19 日湖南省第一个农民用水者协会——长塘支渠用水者协会正式成立，在灌区内产生了积极的影响。

1995 年以来，铁山管理局在试点成功的基础上完善，循序渐进，稳步推广，使经济自立灌区和农民用水者协会的建设走上了健康发展的轨道。SIDD 建设大致分为以下四个阶段：1995 年为试点阶段，第一个农民用水者协会建立；1996 年—1997 年为试点扩大阶段，以长塘为轴心的临湘市境内幸福、何洞、白羊田、岳阳县境内康王、三荷、青云、熊市 7 个用水者协会建立；1998 年—1999 年为发展阶段，骆坪、西塘、井塘用水者协会建立；2000 年开始为推广阶段，桂林、甘田、朱仑用水者协会相继建立。2004 年，水利部将铁山列入中英合作面向贫困人口的农村水利改革项目，项目总投资 154.6 万美元。项目启动后，县铁山供水工程管理局在灌区完成了部分乡镇农民用水户协会的宣传发动、知识培训，积极开展灌区末级渠系改革和配套，以杨林乡为重点整体推进农民用水者协会建设，一次性建设 3 个农民用水者协会，近 2000 多公顷农田全部由农民自主灌溉管理。是年，在世行和中英项目的推动下，建设农民用水者协会 34 个，涉及 3 县(市)、20 个乡镇、248 个乡镇村，已有用水户 5.4 万户 20 多万人参与，协会管理灌溉面积 15000 公顷，占实灌面积的 1/3。2006 年，岳阳市铁山供水工程管理局把农民用水者协会建设作为农民在和谐灌区建设中发挥主动性、积极性和创造性的平台，掀起新一轮的建设高潮。在岳阳县黄沙街镇以贯穿该镇境内的 4 条支渠灌溉水系为单位，集中连片，建立了 4 个跨行政区域的农民用水者协会，全镇有 1333.33 公顷农田由农民自主灌溉管理，真正实现了水权的当家作主。是年，灌区建农民用水者协会 42 个，管理灌溉面积 16800 公顷，占实灌面积的四分之一。各地协会自发组织农民“一事一议”办水利的热情高涨，杨林乡姑桥协会、筻口镇井塘协会两个项目区 670 余公顷田间渠系工程进行改造，全是通过当地协会自发组织农民投

农民参与渠道管理 （摄影：吴小平 2010年）

劳完成。2011年，湖南省水利厅将铁山灌区列为全省农业水价综合改革的试点区，利用中央和省级财政资金，在进行末级渠道改造的同时，发展农民用水者协会，推行“输水到户、收费到户，水价公开、灌溉面积公开”的“两到户、两公开”制度，将渠系工程的“千根线”串成了“一根针”，此后，“两到户、两公开”制度一直沿用。2017年，围绕甘田、公田、井塘、青龙4个协会的灌溉管理建立了信息化系统，农民用水者协会的科学化水平有效提升。

三、效果评价

用水者协会成立后，政府将支渠及其以下工程移交用水者协会经营管理，明确产权、使用权和工程维护职责。用水者协会按照自己的章程实行民主管理，民主选举各级代表和执委会成员，财务公开、水务公开、民主决策。依照年度运行维护投入与购水情况向用水户收取水费，自收自支，自负盈亏，同供水单位建立市场性的供买关系，消除乡镇这一中间环节。

实践证明参与式管理（WUA）是灌溉管理的一种优良模式，其益处在于：

农民获得实惠。协会会员不分男女强弱，水权一律平等，灌溉用水由协会统一配置，分组管理，解决了老孺病残弱势群体难以承担的灌溉负担。水费由购水多少、维护投入大小等因素确定，并交用水者代表大会审定，消除搭车收费现象。

用水者直接参与工程建设维护与灌溉管理，促进了工程配套和节水改造，工程质量标准高，布局更合理，扩大了灌溉面积，打破行政建制界限，以水文边界划定管理范围，统一配置、调度用水，消除了上游漫灌，下游干旱的水权不平等现象，节约用水，减少灌溉用工，降低灌溉成本，为增加粮食产量提供灌溉保证。用水者协会实行自我管理、自主经营，用水者直接参与经营决策，可以合理开发利用当地水资源，因地制宜确定水价，根据协会章程规定，代表大会审议执委会提供的财务预、决算方案，收支清楚，消除水费收取使用的中间环节，减轻了农民负担。

密切党群干群关系。农业作为基础产业，水利是农业的命脉，用水者普遍主动地参与管理，使工程得到良好的维护，为发展农村经济提供了基础条件，有效推进了新农村建设。实行农民自主参与灌溉管理，变“政府要我干”为“自己的事自己办”，变“千把锄头”抢水为“一把锄头”管水，减轻了灌溉管理的工作负担，避免了水事纠纷，融洽了党群干群关系。

解决水事纠纷。供水公司同用水者协会直接建立市场性供买关系，减少了截留、拖欠水费现象，供水单位增加了水费收入。建设农民用水者协会，用水者对水费收支的了解程度大大提高，缴纳水费的自觉性明显增强，推进了农田水利设施的完善，解决了水事纠纷，促进了农民增收减负。

铁山灌区在全国率先开展参与式管理研究与试点，为国内外灌区灌溉管理体制改革提供了成功的经验。1996 年以来，先后接待来自越南、菲律宾、尼泊尔等国家和国内大型灌区考察参观团 119 个；1996 年铁山灌区在都江堰全国大型灌区转换经营机制暨用水户参与管理研讨会上介绍了用水户参与管理的试点经验；2000 年 7 月，水利部、世界银行、英国国际发展部以铁山灌区为现场在岳阳市联合召开了全国大型灌区改革研讨会；2001

年4月，第六届用水户参与管理国际研讨会在北京召开，铁山灌区作为此次会议的一个分会场接待了来自18个国家的代表，铁山灌区在会上介绍了参与式管理的做法和经验，会议期间与会代表和部、厅领导考察了4个用水者协会和供水工程，给予铁山灌区灌溉管理体制改革以高度评价。

三、用水调度

铁山水库总库容6.35亿立方米，其中兴利库容3.83亿立方米，年消落水位89米。随着灌溉面积的不断扩大，城镇引水工程的陆续开通，对水量的需求亦迅速增多。同时，为促水库养殖和发电事业的同步发展，要求水库库容经常保持在一定的水平上。40年的水库运行成果证明：解决水量供需矛盾的最好办法，就是要统一用水调度，坚持合理配水。管理局为充分发挥铁山灌区工程的灌溉效益和综合效益，最大限度开发利用水资源，始终坚持集中水权，统一调度，流量包段、指标到县的配水制度。每年年初都要正确预测当年的入库水量，分析灌区水量的需求情况，制订用水计划，做好配水方案。并以红头文件下发给各管水和用水单位，做到一年早知道，不打无准备之仗。同时，灌区水量力求保持平衡，平时十分注重长藤结瓜，使大、中、小型水利工程联合运行，提高灌溉保证率，降低旱期干渠洪水高峰通水压力。在供水期间始终坚持科学调度，灵活把握。始终坚持“五先五后”的供水原则（先放基础水，后引水库水；先急后缓；先远后近；先高傍后垅田；先水稻后旱地）。急缓兼顾，通盘考虑，不违农时。灌区各级管理单位还针对干旱季节容易诱发水事纠纷的特点，在平时还经常地开展形式多样的宣传活动，教育群众互助互让，团结抗灾，服从调度，遵纪守法。在放水期间，管水人建立严格的岗位责任制、分段包干、责任到人，日夜巡逻，排查处险，确保安全运行，万无一失。每年抗旱通水期间，管理局机关还派出大批工作人员，下到各基层管理单位，充实一线力量，在防汛抗旱指挥部的统一指挥下，跟班巡渠查险，身先士卒，冲锋陷阵，起到表率示范作用。灌区工程自投入运行以来，由于执行严格、指挥统一、管理科学，灌溉效益不断扩大。

2016年7月，南灌区遭遇严重干旱，高温持续时间长，极端气温高，蒸发量大，连续无雨日久，受旱范围广。在严重的干旱发生后，南灌区开展 48 天抗旱放水工作，共提供农业灌溉供水 5000 万立方米。2017 年，在南干渠、北干渠、小饶港、电管所的每一个取水口都安装视频监控和用水计量装置，为用水调度提供准确依据。2020 年 1—6 月，铁山灌区范围降雨偏少，水库蓄水严重不足，水位严重偏低，部分农田出现缺水现象。4 月中旬，灌区饶港分干灌溉范围内农作物干旱需水，市防指关于铁山水库抗旱用水调度指令，要求灌区从 4 月 17 日开闸至 21 日关闸，及时保障农业灌溉需求，规范的用水调度规程减少水资源的浪费，确保有限的水资源用在刀刃上。至 2020 年，南灌区灌溉水量 11500 万立方米，北灌区灌溉水量 14600 万立方米，饶港灌区用水量 1060 万立方米，较好地发挥了灌区工程的经济效益和社会效益。

四、水费改革

铁山水库工程从 1982 年投入运行到 1987 年，一直按灌溉面积征收水费的办法，实践证明这种收费方式不适应不断变化的新情况，收费标准低，导致水资源的极大浪费，严格制约灌区工程自我维持和自我发展的能力。国务院颁发的《水利工程水费核定计划和管理办法》明确规定：“粮食作物按供水成本核定水费标准，经济作物可略高于供水成本。供水成本包括工程的运行管理费、大修理费和折旧费以及其他规定应计入成本的费用”。据此计算，铁山灌区供水成本每立方米为 2.22 分人民币。南总干渠从1983 年至 1986 年年底的 4 年中，共输出水量 4.0353 亿立方米，收回水费 8.5 万元，每立方米只收 0.2 厘人民币，不及供水成本的 1%。南总干渠在这 4 年中开支管理费 80 万元，抢险费 30 万元，计划外维修养护费 20 万元，仅此 3 项共开支 130 万元，收支两抵亏损 121.5 万元，平均每年亏损 30.37 万元。同时，收费标准低，致使灌区群众忽视节约用水，浪费水资源现象十分严重。部分乡村还废弃了部分山塘堰坝，单纯靠灌区水量灌溉农田。1987 年，铁山管理局针对历年水费征收工作中存在的问题和弊端，经请示上级主管部门批准，决定逐步推行水费改革。首先在条件具备的地段开始实行量水计方，按方收费。岳阳县人民政府于 1987 年 9 月 15 日颁发的《岳阳铁山灌区工程管理暂行办法》规定水费征收标准及分成比例是：（一）自流灌溉：崩山分干渠和荣湾分干渠水量，每立方米收费 6 厘，另加库区扶助金 1 厘，其分成比例为铁山管理局与受益县（市）各五成；岳汨分干渠前 10 千米水量，每方收6 厘，另加库区扶助金 1 厘钱，其分成比例为管理局六成，受益县四成；总干渠和岳汨分干渠后 12 千米以上支渠的水量，每立方收费 7 厘，另加库区扶助金 1 厘，分成比例为铁山管理局六成，受益县（市）四成；总干渠和岳汨分干渠后 12 千米以上分水管或渠底灌溉孔的水量，每立方收费 8 厘，另加库区扶助金 1 厘，分成比例为铁山管理局七成，受益县（市）三成；饶港分干渠计划内水量收费标准由岳阳县自定，不另加库区扶助金；计划内水量所收水费暂由岳阳县支配；计划外水量每方收费 8 厘，交铁山管理局使用。（二）提水灌溉：从渠道提水灌溉的电、油料等费用，由受益县（市）自负，工程管理单位在水泵出水口计量，按支渠标准减半收费；两级提灌的再减半。均按所在渠系自流灌溉同等比例分成；库内提水灌溉暂免征收水费。（三）经济作物：水产养殖，水力加工，厂矿和城镇生活用水，在铁山管理局所辖范围内的暂不提高水费标准，与所在渠系自流灌溉同等标准、比例收费分成，在受益县（市）管辖范围内由各县（市）自行规定。收缴水费的办法是：水费（含库区扶助金）均由受益县（市）人民政府下达征收任务，随同农业税一起由财政部门代收入库，代收单位可从实收金额中提取 4%的业务费，每年 9 月底以前，各受益县（市）应向铁山管理局预交 40%的水费（含库区扶助金），其余在当年 12 月底前交清，逾期不交者，按月罚 5%滞纳金，次年供水前还未交清者，管理单位有权停止供水。1988 年试行的结果，铁山管理局实得水费 27 万元，相当于 1983—1986 年水费总收 8.5 万元的 3 倍多，每立方米供水实收标准由前 4 年的 0.2 厘上升到 3.8 厘，增长 19 倍；输出水量 7100 万立方米。回收水量 6100 万立方米，输出水量比前四年的平均数 1.0086 亿立方米下降 28%，取得了灌溉面积扩大、输出水量减少水费收入增多的良好效果。此后，实行新的征收水费办法面逐年扩大，效益不断提及。1991 年以后，铁山管理局陆续投入资金用于修建量水设施，到现在南灌区和北灌区分别安装大小节水钢质闸门 198 套和 49 套。水费征收办法和分成比例也有所改变，从 1996

年3月23日岳政会纪〔1996〕第4号关于管理机构和水费收取问题。同意岳阳县恢复铁山灌区管理处，由铁山管理局从原管理处人员中安排19人到管理处工作。铁山管理局建在荣湾城关地区的家属楼、县部分仓库、铅锌冶炼厂及荣湾、崩山分干渠上的管理站等房地产，作为固定资产清理后移交给县管理处管理、使用；铁山南管理处的全部债务由该处承担，并在1996年水费中抵扣5万元给管理处作开办费。县管理处的管理范围是荣湾、崩山分干渠、熊市分干渠、五垸分干渠、麻塘分干渠、西游支渠及岳阳县境内的其他支渠。灌区水费由岳阳县按市政府规定的水价负责收缴，铁山管理局与县管理处的分成，按分干渠和总干渠上的支渠分水口所供毛水计费，40%交铁山管理局，60%留县管理处。岳汨分干渠、汨罗市、北灌区、临湘市的水费都不分成，全部上交铁山管理局。

2012年8月，岳阳县人民政府提交《关于免缴我县铁山水库农业灌溉水费的请示》，提出：为修建铁山水库，岳阳县人民做出巨大贡献。1994年，铁山水库承担城市供水工程的职能后，岳阳县委确保市区、县城的居民喝上干净、放心的铁山水，先后投入3亿多元用于库区基础设施建设。水库功能的转变，导致城市供水与农业灌溉用水矛盾重重，水库下游受益乡镇抗旱压力加剧，群众抗交拒交水费现象日益增多，农业灌溉水费的收缴难度非常大。为解决农民负担，协调铁山库区农业灌溉用水矛盾，要求市政府减免岳阳县铁山水库农业灌溉水费。9月，市政府主要领导批示了这个报告，他们认为，免缴岳阳县的农业灌溉水费，农民有诉求，外地有先例，岳阳市有能力，建议从2013年起不再收取铁山水库农业灌溉水费。减免水费后，南北两条干渠维修等问题仍不可避免，因此，岳阳市财政局每年从水利专项资金中安排110万元，定额补助给岳阳市铁山水库工程管理局。自此，岳阳县结束了上缴农业灌溉水费的历史。

第四节 水利经济管理

2014年，根据水利电力部提出的“保证工程安全，发挥工程效益，开

农村"户户通电"工程竣工典礼　　（摄影：李斌斌　2006 年）

展综合经营，是水利工程管理单位的三项基本任务"的要求，在管理范围内以综合开发水土资源为总目标，以蓄水灌溉为主，结合兴建小水电站、开展水库养鱼、兴办城镇供水企业、搞好旅游服务等水利经济工作。这既是客观需要，又有实际可能，也可以说是工程效益的一个组成部分。其工作在 1982 年已开始，即在抓好工程管理的同时，坚持以改革总揽全局，边建设、边管理、边开发，充分利用自身的资源优势，以水为本，综合经营。逐步确定以成长性好、收益率高的城镇供水业、水产养殖业、电力业为支柱产业，加以大力发展，不断扩大产业群，拉长产业链，开发特种养殖业，壮大建筑安装业，拓展商贸旅游等第三产业，实行"划小放权，定死基数，确保上交，超收分成，亏损自补"的资产风险抵押承包责任制，闯出了一条发展水利经济的新路子。经过20年（1982—2002年）的积累和发展，水利经济已成规模，总资产达4亿元。2001年，市铁山灌区工程管理局实现水利经济总产值11215.8万元，总收入8090.9万元。2019年，水利经济总产值突破14102.2万元，总收入突破1000万元，经济实力的不断增强，不仅为维护和更新灌溉工程设施提供了急需的资金，而且为改善或提高居民的饮用水质量和活跃市场经济做出一定的贡献。

一、水力发电业

为充分利用水能资源，灌区工程内先后修建、改建4座水力发电站（南干渠首电站、大饶港电站、小饶港渠首电站、下三关电站）和1座变电站，这其中两座较大电站是：南干渠渠首电站，装机2×800千瓦，平均年发电量271万千瓦时，1985年6月9日开机发电；大饶港电站，1985年12月20日破土动工，装机3×630千瓦，年平均发电量1156万千瓦时，1987年4月29日竣工并投入生产。4座电站总装机4010千瓦，年均发电量1500万千瓦时，1988年1月12日与国家大电网正式并网运行，其中1994年年发电量1987.8万千瓦时，电力收入323.4万元，创发电量为历史最高的一年。1988年10月，铁山电力公司成立，通过输电线路改造、大坳和岳坊电站区的并网以及毛田、月田两区并网等工程，使临近库区的岳阳县毛田、月田、公田、张谷英、杨林、步仙6个乡镇所辖地域，基本形成以铁山电力公司为骨干的“上并大网、下连小网、兼有直接用户、自成体系”的发、变、供电系统，公司连续6年被评为省优电力公司，电力生产14年无重大事故，经济效益和社会效益不断提高。2001年11月1日，根据国家制订的“厂网分离”“同网同价”政策，铁山电力公司以大局为重，将经营12年的小水电供电网无偿上交电力部门，其资产1700余万元。同时，坚持有所为有所不为的思想，通过对人员和财力的重新配置，使电力生产设置和人力资本得到了合理的优化，最大限度地减少因交网带来的负面影响，使电力为主的传统产业重现生机和活力。2020年，这四所电站年均发电1000万千瓦时，创收300万元。

二、水库养鱼业

铁山水库库区年降雨量 1316 毫米，平均气温 13.9℃，最大水深34 米，一般水深 15 米左右，水面 4133.33 公顷，养鱼水面 2933.33 公顷。水质优良，开然饵料资源丰富，是比较理想的养鱼场所。1982 年 4 月 11 日，水库关闸蓄水，1983 年冬捕获鲜鱼 50.5 万千克，投放时间短、生产效益显著，创造了当时湖南省水库养鱼历史上的新纪录。为总结推广铁山水库养鱼高产经验，1984 年 12 月 14—18 日，全国大型水库渔业工作现场会在铁山灌区工程管理局召开。后来，由于采用了不恰当的渔业联营方式，人为地将水库这一整体拦网分割，由各乡镇划块经营的办法，既缺乏科学性，又不利于调动联营各方的积极性，造成鱼种投放锐减、捕捞难以进行、纠纷事故增加、合同无法兑现，出水鲜鱼逐年下降：1984 年为 17.5 万千克；1985 年为 12.75 万千克；1986 年为 3.5 万千克；1987 年仅 2.5 万千克。1988 年，铁山灌区工程管理局新的领导班子总结了历年渔业生产的经验教训后，通过完善经营管理，采取新的联营共管办法，扭转了被动局面，渔业生产逐年回升。从 1991 年开始，年均鲜鱼产量稳定在 60 万千克左右，其中 1997 年鲜鱼产量 80.3 万千克，渔业收入 485 万元，由于采用了可持续发展的经营策略，渔业生产走上稳定高产的良性循环。

铁山管理局在打破传统的经营方式，走水产养殖产业化的道路方面做了一些有益的探索。第一，利用浅水荒滩，高标准建立鱼种繁育基地。先后投资 150 多万元把库边属地的 6.7 公顷连片荒滩地改造成精养鱼种繁育基地，并选择养殖条件好的 9 个库湾共 20 公顷建成鱼种基地。为了确保质量，与 4 个专业研究所和院校建立长期联系，保证技术指导，同时培养2 名水产工程师，水产专业技术人员达 30 余人，拥有 60 公顷高标准鱼种培育基地，年育苗种 5.5 万千克。第二，注重品牌效应，形成鱼产品的规模化生产。自1985 年以来，铁山水库就把铁山大头鱼作为拳头产品来培育。通过近 20 年的努力，铁山大头鱼以肉质细嫩、味道鲜美享誉省内外市场，特别是鱼头，个大、肉多、味美，食用后让人久久回味。第三，充分利用市场信息，实施市场化营销战略。利用销售地区差和价格差，开拓多边市场，先后在长沙、株洲、武汉等地开设销售网点，还在广东、广西、云南、贵

岳阳县铁山引水工程建设开工典礼　　（摄影：许伟军　2006 年）

州等省(自治区）建立鲜鱼批发点。为了紧跟市场变化，达到销量最大和价格最高的目的，改变以往只进行一次冬捕的方式，实行“常年捕捞，减少冬捕，适量春捕，扩大常捕”的经营策略，促进了鱼产品销量的增长，经济效益有了大幅度提高。同时，积极尝试特种养殖业，先后引进银鱼、河蟹等养殖新技术，建立娃娃鱼养殖保护基地。第四，挖潜增效，实行多环节的专业化运作。一是专业化培育有渔业专业技术人员 20 人；二是专业化管理，成立以法规科为主的 10 多人的专业管理执法队伍外，还争取公安部门的支持，成立铁山派出所，处理库区各种民事纠纷和治安案件；三是专业化销售，建立 30 多人的专业销售队伍。同时，运用电脉冲电网防逃技术，避免以往泄漏造成的鲜鱼损失。第五，加强市场调研，开发鱼产品深加工项目，提高鱼产品附加值。2001 年，新上铁山刁子鱼加工项目，年创产值30 多万元。

三、城镇供水业

铁山供水工程管理局主要担负着岳阳市区供水和岳阳县、汨罗市、临湘市及岳阳楼区 63580 公顷耕地的灌溉两大任务。城镇供水业逐步成为产业发展的龙头和支柱。2001 年，城镇供原水达 3280.2 万立方米，供水收入 716.79 万元。通过近十年的发展壮大，城镇供水的规模不断扩大，效益不断提高。

饮水进城，壮大城市供水业。1992 年，岳阳市四大家领导在广泛听取意见的基础上，经过反复论证决定引铁山原水进城，取代水质日益恶化的洞庭湖水。1994 年 10 月 1 日，铁山城市引水工程竣工通水，与此同时日产水 20 万吨的自来水公司二水厂也正式投产。但由于水务体制等原因，在水量、水价、计量、水费解付等问题上存在利益矛盾，铁山原水日供量仅为 4 万吨，不足市区饮用水量的四分之一，大部分设备被闲置。岳阳市委、市政府把扩大铁山原水供水量作为全市必办的实事之一加以实施。2000 年 4 月 1 日，市自来水公司正式并入铁山管理局，实现市区饮用水管理、开发、经营一体化和产、供、销“一条龙”，既理顺了管理体制、优化了供水结构，又扩大了铁山水库向市区的供水量，水资源得到了更有效地开发利用。2001 年 8 月至 2002 年 10 月，投资 6800 万元的城市输水管网改造与建设的工程项目施工通水，市区居民可全部喝上铁山水，日供铁山原水可达 25 万吨以上，年供水收入达 2000 多万元。2011 年，铁山水库被列入全国重要饮用水水源地名录。

伴水生财，发展集镇供水业。铁山供水工程点多、线长、面广，南北两条总干渠经过岳阳、汨罗、临湘及岳阳楼 4 个县（市）区、46 个乡镇，近50 万人，伴渠发展集镇供水业，把铁山水引向供水紧张或缺水的集镇，既可以改善居民生活饮用水的条件和提高生活用水质量，又可以减少水利设施的季节性闲置，提高资产的利用率。1992 年，铁山管理局投资 40 多万元兴建公田镇供水工程，年供水 20 万吨以上，解决了近 4000 人的生活饮水困难，年供水收入10多万元；1997年，投资180多万元兴建西塘水厂，年供水能力50多万吨，解决了岳阳市西塘镇和临湘市长塘镇2000多户居民及30多家厂矿企事业单位近万人的生活用水问题，年均供水收入12万元。筻口、新开、甘田等集镇供水工程于2020年7月动工，这些集镇供水工程建成后，年供水能力达200万吨以上，供水收入200万元。

靠水发展，开辟厂矿供水业。铁山—岳化引水工程是经岳阳市委、市政府批准，为改善岳阳投资环境，服务大厂建设，解决岳阳石油化工总厂生活饮用水不足，提高居民饮水卫生标准的大型基础建设工程。在地下铺设一条直径0.6米的玻璃钢全封闭管道，从铁山城市引水工程的金凤反调节水库引水至岳阳石油化工总厂，管线全长16.6千米，总投资1600多万元，年供水量在80万吨以上，1999年8月25日动工建设，2000年1月18日正式竣工通水。2001年度，实现岳化供原水516万吨，收入289万元。2002年4月5日，洞庭丝麻纺织印染厂的原水供应签订合同。是年10月18日，引水工程竣工通水，该厂职工喝上铁山水。

四、建筑安装业

岳阳市铁山建筑工程有限公司创建于1997年3月。2002年8月，被评为首批土建二级及水利二级施工企业。主营工业与民工用建筑、工业设备管道、水利水电工程建筑、装饰装潢工程、土石方施工、基础高喷灌浆处理、测绘测量等。公司成立以来，完成建设工程业务7180万元，工程合格率100%，工程质量优良率40%，15年来未发生较大安全事故。其中，承建的玉泉宾馆及附属工程获1997年市优质工程；1998年承建的新开渡槽及1999年承建的铁山—岳化引水工程，均被评为年度市优良工程；2000—2002年承建的长江堤防工程各标段，均获得建设单位好评。2022年，由于机构改革，铁山建筑工程有限公司并入岳阳市农业集团发展公司。

五、商贸旅游服务等第三产业

铁山水库以一坝截三江形成43.3平方千米的人工湖泊，147个形态各异的岛屿，山水相映，风景如画，有“湘北明珠”之美称。1994年建设的

月田镇神湾居民安置点　（摄影：何东凯　2021 年）

铁山钓鱼度假村是铁山管理局为开发铁山水库库区旅游业新建于水库毛田河中游的一处旅游接待场所。1997 年，投资 280 万元进行扩建，有楼宇 5 栋，建筑面积 2300 平方米，高中档客房 40 间，床位 108 个，大小会议室 2 个，一次可接待 200 多人就餐，茶座、歌舞厅各 1 个，钓鱼池 3 个，大小游艇 2 艘。年均接待游客 5 万多人次，年创产值 200 多万元。1997 年建成的玉泉宾馆位于市区花板桥，集餐饮、住宿、娱乐于一体。宾馆的餐饮业注重提升行业服务品位，打造岳阳健康文明餐饮文化。2012 年，在岳阳市“十佳文明餐饮店”评选活动启用网络公众投票程序，确定玉泉宾馆为名副其实的岳阳市“十佳文明餐饮店”之首。

1984 年，铁山管理局投资 40 万元在市区巴陵大桥北侧建成总面积 2020 平方米的 8 层商贸大楼——铁山商城，内设商场、招待所和饮食店，由物资公司经营，于 1985 年 7 月 26 日开始对外营业。1998 年，投入近

600 万元进行全面改造、装修，成为湘北地区规模较大的品种齐全的床上用品、窗帘用品和布艺系列专业化商场，年均创产值 400 多万元。2015 年，铁山商城的所有资产交由岳阳市城投集团统一经营。

第五节　水资源保护管理

岳阳市、岳阳县两级党委、政府历来十分重视铁山水资源的保护工作。2014 年 12 月，市委、市政府出台《关于进一步加强铁山饮用水水源保护与库区民生保障的意见》，为铁山水资源保护和民生保障提供了总体思路和框架。2015 年，岳阳县铁山水资源保护综合执法局成立，以保障和改善库区民生和保护饮用水源为工作任务，实现了铁山水质更优良、库区民生更幸福的目标。

一、保障库区水质

规范村民建房。按照一、二级保护区内的居民后靠至准保护区建房，或到规划的安置点集中建房的原则，2016 年，投入 706 万元配套完善安置点基础设施建设，规划毛田镇道仁村周代组居民安置点、月田镇道院村冲斗坡居民安置点、毛田镇道仁村易家组居民安置点和月田镇徐家居民安置点 4 个居民集中安置点建设。是年，毛田镇道仁村周代组安置点（35 户）和月田镇道院村安置点（32 户）建成。2018 年，又启动 EPC 项目中的月田镇塘坳、毛田镇跳石安置点项目，2020 年项目完成，安置居民 48 户。是年底，建成 10 个居民安置点，实现 396 户村民临水建房后靠。根据库区群众建房实际，岳阳县严禁在一、二级保护内新建房屋，但原址居民的住房因危房或合法增加人口确需改建、扩建的，只要合法合规且同步建好污水净化设施，允许改建或扩建。同时，加大控建力度，对村民自主建房坚持每日常态化巡查，2020 年，县铁山水资源保护综合执法局发现违建行为 37 处，现场控停 30 次，联合乡镇及相关职能部门强制拆除违法建筑 7 处，有效控制违法行为的增加及恶化。

畜禽退养工作。2016年，出台《岳阳县铁山库区养殖业退出工作实施方案》，计划用3年左右时间将铁山库区集雨区内年出栏20头以上养猪场、年出栏20头以上养羊场、年出栏10头以上养牛场、年出笼300羽以上养鸡场、年出笼500羽以上养鸽场全部关停或搬迁至集雨区范围以外。明确规定：经合法合规审批的实行退出补偿，补偿标准为：一级保护区、二级保护区砖混结构栏舍面积（生产配套设施建筑面积按栏舍面积25%折算）按350元/平方米补偿，土木结构栏舍面积按260元/平方米补偿，棚架结构栏舍面积按180元/平方米补偿，鸡、鸽、羊、牛栏舍比照养猪栏舍进行补偿。2017年，全县召开铁山库区一、二级保护区畜禽规模养殖一次性退出启动会，全面打响畜禽退养攻坚战，3月底前就将第一批一、二级保护区内的大中型养殖户32户全部退出。7—8月，开展第二批畜禽退养攻坚月活动，与76户养殖户签订退养协议，并同步完成所有沟渠的粪污清理工作，年底完成115户养殖场的退养任务。持续认真推进在库区的退养工作，对已退养的养殖场处理畜禽、清理栏舍情况进行验收，严防反弹，严控新增。截至2020年年底，关退一、二级保护区内规模养殖场154家，并进行生态修复。

公共墓地建设。为推行殡葬改革，杜绝乱建乱挖造成水土流失而影响水质，2016年，在库区一、二级保护区外的荒山瘠地规划毛田镇黄金村上新屋组茶山、月田镇余家村富家垅、公田镇板桥村杨冲组老虎咀山头3个公共墓地建设点，实行集中安葬，总预算为303.43万元。2020年，完成毛田镇孟城公墓山和月田镇余家公墓山二期等项目建设。

治理库区污染。2018年，在库区推行“村收集、镇集中、县转运”的垃圾处理模式，建成投运10个垃圾压缩中转站，将垃圾压缩后转运至新开垃圾填埋场进行无害化处理。铁山库区一、二级保护区有1.5万户村民房屋纳入“四池净化”项目，加毛田、月田两个集镇污水处理厂接入管网的3000户，有10055户散户污水纳入环保处理，约占环库区总户数的67%。毛田、月田两个污水处理厂由中集环保公司进行技术托管，出水COD及氨氮成分得到较好控制，水质稳定达到一级A标。2020年，有2000套散户型污水处理设施和5个联户型污水处理设施完成选址、立项等前期准备。

EPC续建项目的2000个散户型四池净化设备建设完成，8个联户型四池净化设施有6个完成土建和安装，年底交付使用。

落实河长制。2017年，为进一步加强铁山水库水资源保护力度，确保工程安全、供水安全，成立岳阳市铁山水库河长制工作委员会办公室，负责该委员会的日常工作。2018年4月起，市、县政府持续加强河长制落实力度，铁山库区县级河长为县委常委、县政法委书记余泽世，当年解决库区涉污问题12个。按照省、市、县的巡河要求，县铁山水资源保护综合执法局定期对铁山水库巡河，做到发现问题消除问题、发现隐患消除隐患。2020年9月21日，岳阳市铁山水库河长制市级巡河问题指出：铁山水库内私人船只存在安全隐患及违法载客、垂钓。29日，县政府办组织地方海事、交通、司法、水务、应急、铁山、安监及公田镇、毛田镇、月田镇等传达文件精神，解读政策并征求各相关单位意见。会议解读了义渡船、快艇对水质的污染危害，小机动船、划子、竹排对人身安全的重大隐患，要求乡镇对各类船只进行摸底核查。库内船只有687只，到年底，铁山库内船只除有义渡任务及生产生活保障船只外，其余船只有计划分步骤逐步退出。

打击非法采砂。2016年，受东洞庭湖禁止采砂的影响，部分人利欲熏心，把采砂目标对准库区内的河沙、山砂。2018年，岳阳县开展禁砂行动，重点突出“打、拆、清”，实现整治立体式，库区原有28条采砂船全部解体或拖离上岸，开展偷采山石矿藏、洗砂等专项整治，与湖北通城，县直水务、国土、林业等部门执法，捣毁非法采砂点93处，扣押作业机械52台套，办刑事案件6起，刑事拘留9人，治安拘留11人。2020年，县直各相关部门捣毁沙场25处，扣押非法采砂车辆设备35台，移交派出所超载扣分卸货5台，移交治超办处罚超载车辆32台，责令整改3起，移交县公安局治安大队备案登记冲关车辆20台。在打击采砂的同时，建立信息共享，与自然资源、水政、林业、镇控建办、派出所进行相关联合执法，确保库区生态水源地进一步改善，杜绝库区内开采河沙、山砂的违法行为。

二、保护库区民生

出台并落实政策。2016年，出台《岳阳县铁山库区特困户救助资金发放办法》，将视救助对象的困难程度实行两个档次的救助，即每年每户 2000 元和每年每户 3000 元。出台《岳阳县铁山库区大病医疗救助资金管理办法》，对大病救助对象、救助标准、救助程序等进行明确规定。落实一级保护区、二级保护区内居民后靠至准保护区或规划的居民安置点集中建房的 4 万元/户奖励，以及确有建房困难的特困危房户的 1 万元/户补贴。是年，核实大病医疗救助 90 户，救助资金 27 万元，基本实现库区大病救助全覆盖。对申报后靠建房奖励和特困危房改造补助的 88 户居民进行核查，审批通过 66 户，奖补资金 99 万元。2017 年，岳阳县成立专门工作小组，根据大病医疗救助申报情况，核实 441 户，救助资金 104.83 万元。对铁山库区一、二级保护区内的特困户审定进行动态管理，建立救助档案，实行一年一核、一年一审，发放救助资金 150 万元。2018 年，岳阳县加大困难救助力度，发放大病救助金 261.33 万元、特困救济金 600 万元。审核通过符合民生建房奖补 39 户，发放奖补资金 56.6 万元。2019 年，审定符合上报发放条件的有 290 份，发放救助资金 64 万元。截至 2020 年，岳阳县累计发放库区大病救助金、特困救济金、民生建房奖补金 2295 万元。

生态公益林补偿。促进库区生态公益林建设，是有效保护库区内森林资源的重要支撑，是确保城乡饮用水安全的重要举措。铁山库区集雨区有生态公益林面积 15933.33 公顷（一、二级保护区 4533.33 公顷，准保护区 11400 公顷）。2016 年，岳阳县按照《铁山库区生态公益林补偿资金的管理使用方案》，对整个铁山库区生态公益林项目资金的补偿范围、发放方式以及管理和使用办法等作出具体规定。按照一、二级保护区 30 元/亩、准保护区 15 元/亩标准，以“公开、公正、公平”为原则，对铁山库区集雨区生态公益林进行补偿，发放生态公益林补偿资金 729.669 万元。为确保方案落到实处，根据摸底台账，此后的每年县里相关职能部门将资金核算到库区各乡镇，当年的 6 月底，729.669 万元生态公益林补偿资金全部打卡发放到位。

产业发展。铁山库区有种植产业面积 578.93 公顷，农副产品加工业 7200 平方米，生态修复 13.33 公顷。2017 年，成立库区产业转型专项班子，负责产业转型发展情况摸底、引导群众产业发展方向、联系技术指导和产品销售服务。2020 年，对绿色产业登记造册，县铁山水资源保护中心、县环保局、县林业局、县农村农业局、移民服务中心等相关部门，结合优惠政策对库区人民进行帮助和扶持，在库区指导成立 4 个中草药种植基地，占地面积 28 公顷。至 2020 年年底，库区培育发展“饶港河瓜蒌籽”“黄安茶叶”“许三星艾叶”“竹娃”等本土品牌，鼓励开发“铁山牌”特色农产品和系列休闲食品，走出生态优先、绿色发展为导向的高质量发展新路子。

第六章　山水惠巴陵

铁山水库工程 1982 年建成投入运行后，改变了新墙河两岸频繁的洪水灾害和灌区农田常因大旱断粮的贫穷面貌，40 年来无洪涝和干旱绝收现象，灌区年年保丰收。同时，发挥了城镇供水、防洪拦沙、水力发电、水产养殖、旅游观光等综合功能，工程显现出巨大的社会效益和经济效益。

第一节　防洪灌溉效益

水库防洪效益主要是削峰错峰，避免河水漫溢成灾。铁山水库建成 40 年来，在防洪上大大削减了新墙河洪峰流量，直接保护了下游的防洪安全，同时拦蓄了大量泥沙淤塞下游河道。铁山水库大坝以下的新墙河沿岸，居住着 1930 户 7170 多人，有耕地面积 4953.33 公顷。修建铁山水库以前，新墙河河道泥沙淤积严重，泄洪能力较差，一遇暴雨，沿河两岸外洪内渍，淹没耕地，甚至造成溃堤决口房屋倒塌，人畜伤亡。1967 年 5 月中旬，新墙河流域暴雨成灾，3 天内降雨量达 391 毫米，引起山洪暴发，河水猛涨，冲毁防洪河堤 8 处，导致 11 个垸子全部溃决，4480 公顷耕地被淹没，倒塌房屋 10704 间，淹死 3 人和 25 头耕牛、2060 头生猪，损失粮食 1250 万千克，造成直接经济损失 448 万元。1982 年铁山水库大坝关闭后，通过调蓄，将新墙河流域 20 年一遇洪水每秒 1840 立方米削减至下游河道安全泄洪每秒 935 立方米，铁山水库每年拦沙 36 万立方米，从而根治新墙河的沙害，为提高下游泄洪能力创造了有利条件。此后，沿河两岸的7万多名群众免除了洪水危害，过上安居乐业的生活。1983年7月7日至9日，新墙河与汨罗江流域普遍降雨309毫米，汨罗江下游6666.67公顷农田受灾严重，其中长（沙）岳（阳）公路上的新市大桥淹水1米多深，而新墙河流域由于铁山水库拦截了约4000万立方米的洪水，沿河两岸未遭洪水袭击。1988年8月21日至9月4日，岳阳全市出现特大秋汛，全市平均降雨量250毫米，铁山水库水位由87.32米上升到90.73米，拦截洪水1.25亿立方米，确保了新墙河下游两岸的广大地区安全度汛，工农业生产和群众生活未受损失。1998年夏汛，水库水位上升至92.18米，拦截洪水1.23亿立方米，确保了新墙河下游两岸广大地区安全度汛。

铁山灌区东起岳阳县公田镇，西抵洞庭湖滨，南达汨罗，北接临湘，总面积2600平方千米，设计灌溉岳阳、汨罗、临湘及岳阳楼4个县（市）、区农田面积63580公顷，实际控制灌溉面积59986.67公顷，是湖南省第二大灌区。灌区以新墙河为界，分为南、北两大灌区。南灌区有总干渠1条全长32千米，引水流量27.5立方米/秒，有分干渠4条，总长70千米，支渠41条；总长413.6千米，灌溉岳阳县和汨罗市的37780公顷耕地。北灌区有总干渠1条全长55千米，引水流量19.5立方米/秒，有分干渠3条，总长35.6千米，支渠31条，总长377.4千米，灌溉岳阳县、临湘市和岳阳楼区的25800公顷耕地。灌区由总干、分干、支渠和星罗棋布的农、斗、毛渠组成，形成了较为完整的自流灌溉网络。1982年铁山水库关闸蓄水，1983年5月开始向受益区供水。至2002年，灌溉受益面积达40000公顷，占设计灌溉面积的62.9%，平均每年向灌区供水1亿立方米左右，放水时间持续100多天，获得了显著的灌溉效益，为灌区农业生产做出巨大贡献。

一、保收能力增强

修建铁山灌区工程以前，南灌区内的大片耕地水源不足，少数地方严重缺水，难以保证农业生产丰收，1981年仅遇一般干旱，灌区范围内岳阳县的16个乡镇中，就有8333.33公顷水田受旱，5318口山塘干涸，虽出动抗旱机械 820 台，开支抗旱经费 120 多万元，仍有 5266.67 公顷水田严重失收，减产粮食 1596 万千克。位于汨罗市汨罗江以北的 6 个乡镇，系浅丘地带，水源奇缺，1981 年有 1800 公顷农田受旱，投入抗旱劳力 163 万个，开支抗旱经费 85 万元，减产粮食 65 万千克。南灌区渠道投入运行后，水库通过全长 32 千米的总干渠和全长 467 千米的 3 条分干渠以及 41 条支渠和大量斗渠、农渠、毛渠，使南灌区基本实现自流灌溉。水库还采取长藤结

瓜的形式，与灌区内 6801 处山塘水库串联，增加蓄水量 1800 万立方米，新增保收面积 9200 公顷，使 78.9%的水田面积实现百日无雨保丰收。在 1988 年春、夏、秋三季连续干旱的情况下，由于铁山水库持续放水 98 天，输出水量 1.0286 亿立方米，使南灌区水田受旱面积由 1981 年的 10180 公顷降至 1040 公顷；受旱面积在灌区总面积中所占的比例，由 1981 年的 30.7%降至 3.13%；严重失收面积也由 1981 年的 5266.67 公顷降至 198.3 公

新墙河两岸风景如画　（摄影：王根良　2021 年）

筻口镇释迦寺村连片稻田基地　（摄影：许伟军　2021 年）

顷。2006 年冬季至 2007 年夏秋之间，岳阳县降雨量严重偏少，90%的水库山塘已经见底。铁山水库水位下降至 83.48 米，库容不足 2.5 亿立方米。新开镇高垅、常山村，麻塘镇东风村等地出现人畜饮水困难，全县旱情十分严重。县农办牵头组织对全县水系进行科学调度、市铁山管理局在库区实施人工降雨，发射增雨弹 69 发，缓解了全县农业生产和人民群众生活用水紧张局面，当年粮食总产 47.74 万吨，实现稳中有增。2013 年是岳阳县历史上的大旱之年，7—8 月在部分乡镇有少量降雨，有 30 多天持续晴热高温 35℃以上。县水务通过完善预案，加派力量，加强渠道巡查，人工增雨，科学调配铁山水库水源，全面组织生产自救，确保了抗旱减灾工作取得重大胜利，粮食总产55.6万千克，岳阳县被评为“全国粮食生产先进县”。

铁山水库工程不仅为南灌区人民节约了大量的抗旱开支，而且给他们带来了大旱之年夺丰收得实惠和喜悦，耕地面积扩大。自1983年南总干渠投入运行后，灌区范围内的农民群众利用铁山水库输出的充足水量，通过多种途径扩大耕地面积。1983—1989年，南灌区新增水田1905.6公顷（岳阳县1606.93公顷、汨罗市298.67公顷），其中开垦荒地造出水田730.67公顷（岳阳县472公顷、汨罗市258.67公顷），原有旱地和沙滩改水田1174.93公顷（岳阳县1146.93公顷、汨罗市40公顷），另外通过开垦荒山增加旱地1275公顷（岳阳县733.33公顷、汨罗市541.67公顷）。临近水库大坝的岳阳县公田镇，往年因大片良田被流沙侵占，人多田少的矛盾日益尖锐。1982年水库关闸蓄水后，不仅根治了沙害，还通过埋沙造田和旱地改水田，新增水田148公顷，加上开垦荒山造出水田44.67公顷，共计增加水田192.67公顷。位于低丘地带的岳阳县友爱乡，原有水源不足，引来铁山水后，将旱地改成水田205.33公顷，占全乡现有水田面积的27.8%；将荒山改成旱地105.27公顷，占全乡旱地的17.6%。2012年，位于丘陵地带的岳阳县鹿角镇有5个村利用优越的水利灌溉优势，创办部级油菜万亩高产创建示范片，面积700公顷，由于技术先进，水源充足，平均单产高达160千克，比非示范区高35千克。

二、粮食产量提高

随着铁山水库工程灌溉面积的扩大，不仅灌区内原有水田保收能力大大增强，而且有1333.33公顷旱地和沙滩改成了水田，近1333.33公顷荒山改成了旱地，从而为大幅度提高粮食产量奠定了基础。南灌区范围内的岳阳县所属16个乡镇，在自然条件和农业投入基本相同的情况下，灌溉受益前的1981年同灌溉受益后的1989年比较，粮食产量由9433万千克上升到16150万千克，增长71.2%；粮食亩产由449.5千克上升到711.5千克，增长58.3%。2020年，岳阳县农作物总播种面积121100公顷，同比增长3.2%，其中粮食作物播种面积80300公顷，同比增长2.8%；经济作物播种面积40700公顷，同比增长3.99%。

汨罗市桃林片所属6个乡镇自1984年开始引灌区山水后，粮食产量逐年上升，受益前的6年（1978—1983年）与受益后的（1984—1989年）情况比较，年均粮食总产量由3266.17万千克上升到4996.33万千克，增长52.9%；年增粮食亩产由468.17万千克上升到638.33万千克，增长36.35%。

三、农民收入增多

1982年以来，铁山水库工程在边建设、边管理、边受益的原则指导下，为灌区数十万农民创造了脱贫致富的良好条件。随着粮食产量的迅速提高，养殖业和工副业也同步发展，南灌区范围内的生产总值和人均收入成倍增长。岳阳县16个乡镇受益前7年（1976—1982年）同受益后7年（1983—1989年）比较，年均总产值由6645万元上升到16178万元，增长1.43倍；年纯收入由1129万元上升到2312万元，增长1.05倍；农民年人均纯收由202元上升到792元，增长2.92倍。2014年，受益乡镇的农村居民人均可支配收入12746元，同比增长10.5%。2020年，这16个受益乡镇的农村居民人均可支配收入为19299元，同比增长7.7%。汨罗市桃林片6个乡镇受益前6年（1978—1983年）同受益后6年（1984—1989年）比较，年均总产值由1390.5万元上升到4078.6万元，增长1.93倍；农民年人均纯收入由146.8元上升到349元，增长1.38倍；1989年人均纯收入424元，比受益前的1983年增长1.88倍。汨罗市新塘乡原有水利设施不足，1979年全乡开支抗旱经费17万元，亩均达58.3元；1984年开始引灌铁山水，94%的水田实现了自流灌溉，1988年虽遇严重干旱，仅向灌区管理单位缴纳水费6.5万元，便获得了农业生产的全面丰收，比1979年节省抗旱经费10.5万元；全乡还新增水田面积133.33公顷，1987年粮食总产1000万千克，比受益前产量最高的1983年增长16.1%；同时，利用原有调蓄湖发展演业生产，年产鲜鱼10万千克；全乡农业人口纯收入由受益前的1983年的95元上升到1989年的337元，增长2.66倍，这个乡的农民群众称赞铁山水库送来的“致富水”，帮助他们摆脱了贫困，过上了好日子。这个昔日偏僻贫困的农村，在短短的几年内，面貌发生了很大的变化：一栋栋红砖红瓦楼房拔地而起，电视机、摩托车、拖拉车、汽车等高、中档商品，陆续进入寻常百姓家。2010 年，新塘乡从铁山灌区年均引水 420 万立方米。至 2014 年，有耕地面积 962.13 公顷。其中，水田 595.6 公顷，旱土 366.53 公顷，农民人均纯收入 11317 元。

历史上缺水的岳阳县友爱乡，自 1982 年通水受益后，农业生产连年喜获丰收，农民群众在解决温饱问题后，大力发展工副业生产，做到以农促工，以工补农，种植业、养殖业、工副业全面发展的结果，使全乡总产值由 1982 年的 181 万元上升到 1989 年的 1086 万元，增长 5 倍；农民人均纯收入由 1982 年的 112 元上升到 1989 年的 683 元，增长 5 倍多。全乡有 70%的农户建了新房，50%的农户拥有电视机，还有部分农民购置了摩托车、拖拉机和汽车。1995 年撤区并乡，鹿角镇与友爱乡合并成立鹿角镇后，2014 年，全镇总产值 23.5 亿元，比 2013 年增长 28%，人均收入达 13758 元。

筻口镇在铁山水库通水前，农产品比较单一，主要以村民自给自足的

金秋收割忙　（摄影：许伟军　2021 年）

水稻、蔬菜种植为主。通铁山水后，农产品数量品种速度发展，通过走“一村一品”“一地一品”的发展路子，形成葡萄、西瓜、芦笋、反季节蔬菜等拳头农产品的规模生产。建成以李何、新庄、仙安、郭家、筻口等村为主的千亩优质棉基地，以移山、九丰、西游、沙坡、西冲、鲁受、燎原、笔架等村为主的野生蘑菇基地，以游港、七市、界岭、双港、中洲、潼溪、中心等村为主的千亩优质油菜基地，以明星、大柳、莲塘、老街等村为主的千亩辣椒基地，基地农产品畅销岳阳、长沙等城市，成为远近有名的“鱼米之乡”。2020 年，筻口镇连续 8 年被评为全市粮食生产标兵乡镇，农民人均收入 20226 元。

第二节　城镇供水效益

城镇供水是随着水利“转轨变型，全面服务”方针的贯彻和城镇企业的蓬勃发展，人口的增加，人民生活水平提高而兴起的业务。铁山供水工程有 3 座水库（铁山水库、小饶港水库、金凤水库）、806 千米干支渠、31.3 千米原水输送管线、3.3 千米大型箱涵、200 多处大型渠系建筑物。城镇供水主要包括四部分，一是岳阳市城区统一供应铁山水，二是集镇供水，三是厂矿居民供水，四是饮用纯净水。岳阳市铁山供水工程管理局按照“二稳一增”的思路，即稳定农业灌溉和发电用水，增加城镇供水，既科学合理，又符合时代的要求，体现了广大人民群众希望饮用铁山水的愿望，产生了较大的社会效益和经济效益。城镇供水成为铁山管理局的主业，也为铁山水资源的可持续利用和发展增强了后劲，使铁山供水工程由传统水利工程转变为现代水利工程。

岳阳市城区统一供应铁山水。长期以来，岳阳市民饮用的洞庭湖水质量欠佳，特别是枯水季节，卫生超标，对人体健康不利。而位于市区东南 50 千米的铁山水库，设计正常蓄水位 92.20 米，常年集雨 3.67 亿立方米，最大库容 6.35 亿立方米，库中四周群山环抱，植被良好，污染源少，取样化验表明：铁山水质明显优于洞庭湖水。铁山灌区北灌区渠道工程延伸至岳阳市郊区，将铁山水引入岳阳市区，是一项投资合理、具有较高经济效益和社会效益的工程。1982 年 4 月铁山水库关闸蓄水后，市区干部群众要求早日饮用铁山水的呼声高涨。铁山灌区工程总指挥部为此对铁山水库的水量和水质进行了调查，得出的结论是：在不影响整个灌区农田灌溉的情况下，水库可以保证向市区日供水 30 万吨。建设岳阳市供水工程不但能保证市区日供水，还可以进一步改善北灌区的农田灌溉条件。进入 20 世纪 80 年代后期，随着市区人口的急剧增加和工业生产的迅速发展，原有水厂的供水能力已接近极限，为了缓解生产、生活用水日趋紧张的矛盾，岳阳市城建部门拟在市区新建日供应能力为 40 万吨的第二水厂，并上报建厂计划与水源方案。1991 年 10 月，经中南市政工程设计院择优比较，建议第二水厂采用铁山水源方案。

1994 年，铁山城市引水工程、岳阳市自来水公司第二水厂相继建成运行，城区部分供应铁山水。2000 年 6 月，岳阳市铁山城市供水管网建设指挥部成立，筹措资金 1200 万元完成二水厂供水管网改造配套。2001 年 8 月，一水厂铁山源水干管建设工程正式动工兴建，干管全长 14.5 千米，采用直径 1.4~1.6 米的玻璃钢管，从金凤水库取水，利用重力式供水将铁山水送至日供水能力为 20 万立方米的一水厂，工程面向全国招标，总投资 6800 万元，2002 年 10 月全部竣工通水。一、二水厂全部引入铁山原水，岳阳市企盼已久的铁山清泉从此将经流不息，日夜滋润着发展中的巴陵古城。

2019 年，通过铁山水库向城镇居民供应生活用水 1.1 亿立方米。

岳阳城区全部使用铁山水功在当代，利在千秋。在社会效益方面，按照创建国家级环境生态保护模范城市要求，城市居民饮用水水质达标率必须超过 96%。城区统一供应铁山水工程竣工通水后，市区居民饮用水水质达标率达到 96%以上，对岳阳市创建国家级环境保护生态模范城市和改善城市投资环境有积极作用。在经济效益方面，可充分发挥铁山供水工程效益，按照优质优价的原则，2002 年 7 月 20 日，市物价局正式下发调整自来水价格的文件，将城区基本水价由 0.98 元/吨调整为 1.2 元/吨，年可增收近千万元。

集镇和厂矿统一使用铁山水。1992 年，铁山供水工程管理局投资 40 万元修建岳阳县公田集镇供水工程；1998年，又投资180多万元兴建西塘集镇供水工程。上述两个集镇供水工程主要是向集镇居民供应生活用水，其收费标准公田为0.6元/吨，西塘为0.8元/吨，水费直接由铁山供水工程管理局向用水户收取。公田水厂年创收15万元，西塘水厂年创收12万元。

1999年，铁山供水工程管理局投资1600多万元兴建日供水能力2.5万吨的铁山—岳化引水工程，其水价标准为0.56元/吨，水费直接由该局向厂方收取，年创收300万元。2005年，岳阳市铁山供水工程管理局加大对城区供水管改造力度，投资900万元接通万家畈等部分新网，扩大了用水户；自来水公司自筹资金新铺设城区供水管线上万米，完成“一表一户”改造12110户。2006年，巴陵石化公司社区8000多户居民饮上清洁甘甜的铁山水，每年增加供水量160万立方米。是年9月，新墙河发生砷污染事件，岳阳县委决定启用铁山水库作为县城供水水源。10月27日，成立铁山饮用水工程协调指挥部；11月8日，引水工程开工。2007年9月27日，一期工程竣工并向城镇居民供水。

做好供水服务工作。2005年，岳阳市创建国家卫生城市和国家园林城市的迎检工作，岳阳市铁山供水工程管理局投入100多万元用于水库一级保护区建设和改善自来水厂环境。岳阳市自来水公司为优化服务质量，强化服务责任，铺设和改造自来水管道上万米，水改到户1万多户。为保证市民正常用水，市自来水公司成立管网巡查队和抢修队，设立24小时值班服务专用电话向社会公布，处理用水突发故障，并实行了服务承诺制和责任追究问责制，制定爆管应急预案，确保市民正常用水。为方便市民缴纳水费，在全市开通96个邮政代收网点，解决5万余户居民缴费难的问题。自来水公司针对供水市场逐步萎缩的情况，通过加强抄表管理，打击偷盗水行为，做好供水调度，改变城市自来水供水量、售水量近10年停滞不前的状况，2005年首次出现增长势头，供水量和售水量分别达到7000万吨和5000万吨。

2006年，岳阳市加大水质监测力度，在城区管网有代表性的地点设置20个水质监测点，筹资10万元对水质监测系统进行全面升级改造。加大管网维护和抢修力度，成立自来水管网巡查队和抢修队，完善了抢修预案。

加大户表改造力度，完成“一表一户”改造 24233 户，安装 DN500 的管道 6800 多米，增设用水消防栓 160 多个。启动 96 个水费邮政委托托收点，开通为民服务监督电话，向社会公开收费标准，公开承诺服务项目等，满足市民对用水的服务需求。2020 年新冠肺炎疫情发生，岳阳市铁山供水工程局聚集疫情防控和供水安全两个工作重点，进一步压实责任、加强研判、精准施策，在坚持抓好疫情控防的同时，确保城乡供水安全。在春节期间，对水库、大坝、渠道、管涵、电站、渡槽、山体、坡脚等工程进行全面排查，建立台账，处理险工险段和安全隐患 20 多处。对各水库枢纽工程、渠道和城市供水管涵的附属设施设备进行检修、清淤清渣、除锈上油、止水补漏，加大对南总干渠和北总干渠的养渠护渠力度，对渠道进行常态化清淤，疏通天沟、排水沟，路面平整，并对管道、渠道沿线除草清杂，整个南北总干渠上下呈现出干净、通畅的面貌。关停向市区东风湖与王家河的生态补水，科学合理保障市区两个水厂和巴陵公司、洞纺等中央省属企业供应铁山原水水量，进一步加大对铁山水库与金凤水库水质的检测力度，全力保障市民用水安全。

第三节　水利发电效益

从 1986 年起，铁山水库工程新建和改建的四座水力发电站陆续投产，总装机 4010 千瓦，年平均发电量 1600 万千瓦时。到 2002 年，累计发电 2.4336 亿千瓦时，发电、输电和电力加工创产值 6000 多万元。在水费计收标准偏低和自 1989 年起国家不再向水利工程管理单位拨发人头经费的情况下，电费收入一度成为保证整个工程正常运行和逐步发展的主要资金来源。铁山灌区工程管理局利用充足的电能，发展工业，1988 年建成投产的耗电企业硅厂，到 1991 年，已累计生产工业硅 1080 吨，共创产值 572.1 万元。引进的高氯酸钾厂绸布厂、扇厂也创造了较好的经济效益。水电事业的发展不但给灌区工程管理单位带来了良好的经济效益，而且通过 1988 年同国家电网并网运行，还为岳阳县原 5 个区所辖的 20 个乡镇提供重要的致富条件。地处偏远山区的岳阳县毛田、月田、公田、渭洞 4 个区，原来虽然修建了几个小水电站，但因水源有限，每年发电时间很短，严重制约了乡镇企业的发展。铁山灌区的电送到这 4 个区后，使乡镇企业得以迅速发展。供电前的 1984 年同供电后的 1989 年比较，乡镇企业产值由 715 万元增至 1695 万元，增长 1.37 倍；实现利润由 68.8 万元增至 166.5 万元，增长 1.43 倍；安置农村富余劳动力由 836 人增至 1644 人，增长 75.6%。月田区的长石粉厂、榨油厂和渭洞区的星竹厂、制扇厂等企业发展尤为迅速，经济效益成倍增长，竹扇等产品还打入国际市场。充足的电源，还改善了山区生产生活条件。据 1989 年统计：毛田、月田、公田、渭洞 4 个区和步仙区所辖关王、十步、凤凰乡的 237 个村中，已通电的有 229 个村，占 96.6%。拥有电动打米机 408 台、4290 千瓦；电动抽水机 56 台、7510 千瓦，均比铁山灌区供电前 1987 年增长近 5 倍。各乡、镇、场均陆续建立了电影院和灯光球场；用上铁山灌区电能的有 53750 户，占农村总户数的 91.4%；电视机、电风扇和电饭煲等家用电器源源进入了山区农家，他们将铁山灌区工程供应的电赞誉为“幸福电”。2001 年，铁山供电网移交大电网。2002 年 5 月，省物价局下文将铁山电网上网电价由 0.17 元/千瓦时上调至 0.278 元/千瓦时，每年可增收 100 余万元。

第四节　渔业生态效益

铁山水库拥有水面 4133.33 公顷，其中有效养殖水面 2933.33 公顷，可供深度开发的库湾 35 处 500 公顷，水库最大水深 34 米，平均水深 15 米，年平均降雨量 1316 毫米，平均气温 16.9℃，无霜期 280 天，日照 1800 小时，水库库型开阔，天然饵料丰富，水位落差小，是一个大有发展前途的商品鱼生产基地。水库还有可供深度开发的库湾 35 处，面积 501.07 公顷，绝大多数平均水深不超过 3 米，且地势平坦，整体成片，排灌便利；另有成形鱼池 15 个，面积 10 公顷，是鱼种培育和特种水产养殖的理想场所。

1982 年 1 月，铁山灌区工程管理局筹备处成立后，立即着手进行渔业生产设施建设，对库区内原有的坟墓、厕所、禽舍、医院、农药仓库所在地进行全面消毒，以免因库水污染，影响鱼类肉质的鲜美，同时修建了5处捕捞基地。水库建成蓄水后的第二天，即投放鱼种939.5万尾，亩平投放235尾。翌年，捕捞鲜鱼50.5万千克，亩平产鱼12.6千克，创全国大型水库当年蓄水、当年投放夺高产的新纪录，全国大型水库渔业生产现场会在铁山召开。此后，由于体制变更，加上综合治理的措施不落实，水库渔业生产秩序一度极为混乱。库内炸鱼炮声隆隆，水上网具比比皆是，河道鱼腥袭人，渔贩蜂涌而至，非法捕捞者横行霸道，刁难、殴打、谩骂管理人员的事件时有发生。从1986年至1987的两年内，最多的一天有200多炮下库，一炮炸鱼最高达1500千克，致使渔业生产每况愈下。1984年鲜鱼产量降至35万千克，1985年降至25.5万千克，1986年降至7万千克，到1987年仅5万千克，累计经济亏损43万余元，4000公顷水面几近荒废，渔业生产跌入低谷。

日趋恶化的库区社会治安不仅使水产资源遭到了毁灭性的破坏，而且还造成了严重的社会公害。至1987年，因晚上出船偷鱼而丧生的有14人，炸鱼炸死1人，伤残11人，有123人弃农偷鱼。水库社会治安的严重状况引起岳阳市、县领导的高度关注。1988年3月，在岳阳县人民政府的领导下，县公安局、铁山灌区工程管理局、库区管理所及库边各区、乡（镇）政府共同组建铁山水库渔业联营委员会。联营委员会采取“统一领导、独立经营、集资入股、按股分红、分乡管理、严明奖罚”的办法，使渔业生产冲出低谷，当年鲜鱼产量上升到10万千克。1989年至1993年的5年中，库区管理部门坚持一手抓增加水库投入，一手抓综合治理，并从1991年开始，开展了库湾育种的大胆尝试，一举取得成功，既减少了费用开支，又提高了鱼苗入库后的成活率和生长速度。在此5年内，鲜鱼产量逐年回升：1989比1988年增长1倍，1990年比1989年增长85%，1991年比1990年增长44.6%，1992年比1991年增长28.1%，1993年因遭受历史上罕见的自然灾害，鲜鱼产量略下降。至2002年，累计捕捞鲜鱼936.83万千克，渔业总收入4118.01万元。2020年，鲜鱼年产量突破100万千克。水库渔业已初具规模，拥有固定资产800多万元，有大小船只85条、捕捞网具15000

铁山水库起鱼　　（摄影：李斌斌　2017 年）

多米、各种机械 80 多台（套），建成鱼种培育基地，大小渔政管理站 23 个，管理用房 5000 多平方米。为防止鱼体泄洪时外逃，库区管理所投资 20 万元安装脉冲电缆网。

在发展渔业生产经营方面，库区管理所逐渐形成“自繁、自育、自捕、自销、自加工”一条龙产业化格局，加大科技兴渔力度，拳头产品鳙鱼畅销大江南北。2005 年，铁山水库生产注册的“相思湖”牌铁山鳙鱼被农业部中绿华夏有机食品认证中心认证为“有机食品”，从而使“相思湖”牌铁山鳙鱼成为湖南省第一家有机鱼认证食品。是年，投放鳙鱼苗 10 万千克、鲢鱼 1 万千克、夏花 108 万尾、健鲤 10 万尾、斑点叉尾鮰 5 万尾，保证大水面养殖结构的多样性、合理化。同时，加大宣传力度，增强品牌意识。在互联网、中央电视台七套、湖南卫视等媒体进行“相思湖”牌铁山鳙鱼广告宣传和专题报道，并利用东南亚最大的水产品批发市场环球市场挂牌销售，利用销售平台推出铁山有机鱼品牌。11月，在市区设立“相思湖”鱼产品专卖店，小店连接大市场，小店做好大文章，通过直接配送市区各家大酒店、宾馆，“相思湖”牌铁山鱼鱼价比同类高出50%，且供不应求。同时，充分利用铁山优质水资源，打破传统养殖观念，积极寻求铁山水库养殖的名、优、特品种之路，发展壮大渔业经济。是年，引进珠海荣记水产品养殖有限公司七星鲈鱼养殖项目，该项目第一期投资200万元在水库黄岸库湾按有机食品规范要求试养86万尾，“人放天养”，最大的达2斤。

2006年，在水库水位严重偏低、鱼产量不断下降的情况下，通过加大品牌经营力度，使铁山“相思湖”有机鱼的“质”与“价”达到统一，市区实行直销、配送、代理等销售相结合的办法，平均日销售量在250千克左右，平均售价为11元/千克，比常捕批发价7.4元/千克高出3.6元/千克，当年净增纯利润15.6万元。

铁山刁子鱼是铁山水库的又一特产。刁子鱼是具有铁山地方特色的淡水鱼，也叫白刁鱼或白佬。这种鱼一旦离开水面，很快就会死去，人工根本无法饲养，又由于这种鱼外形如同柳叶，当地人都习惯叫成刁子鱼。刁子鱼头小，呈锥状。体细长，背部呈蓝绿色，腹部银白。刁子鱼成长速度慢，大小匀一，长约10厘米，重也不过二三两，主要分布在水库的各个沟港湾叉，纯天然生长，无任何污染和异味。刁子鱼外形酷似鳡鱼，但没有鳡鱼凶悍，它性情较温和。刁子鱼有洄游的习性，每年4—6月的生殖季节就在急流中进行生殖，7—9月又重新洄游进入到库水较深的地方肥育。据库区人介绍，刁子鱼还有游上水的习性，每当库区急骤涨水或退水时，刁子鱼就成群结队顺着水流逆向游戈，黑压压的一大片，蔚然壮观。库区人一般是将刁子鱼清理干净用食盐腌制半天后，捞起沥干盐水，均匀铺在竹折子上，放在太阳下晒干，这样就可以长时间保存不会坏。每年，这样的野生刁子鱼可为库区人民创收50万元。

铁山水库自关闸蓄水后，形成了以人工湖泊为主体，山水相映增辉的优美风景区，拥有水岸线328千米，库湾冲叉千回百转，达1268条之多，水库四周群山环抱，花木葱翠，气候温和，四季如春，常年平均气温为16.9℃，无霜期280天。绿水中147座小岛星罗棋布，千姿百态。山间有湖，湖中有山，湖光山色，相映成趣，水面开阔，烟波浩渺，山岗水色构成湖川景观，具有幽深峡谷气息和江南水乡风情。库内有“真武遗墨”“怒斩龙潭”“鸡凤争鸣”“八仙登台”“高祖相思”等众多名胜古迹和神话传说。水库北有巴陵第一峰相思山，山峰险峻，悬泉激石，气象万千。有国家森林公园大云山，盘旋72峰，悠悠28亩。水库与明清时代古建筑张谷英大屋、公田温泉宾馆近在咫尺。铁山水巧缀幽、秀、奇、古于一锦，精绘山、水、树、人、文于一身，以其独特的魅力吸引着四海游人。1988年，铁山景区被评为第二批国家重点风景名胜区。1997年，铁山管理局投资200万元扩建了铁山湖度假村，建起钓鱼台宾馆，开辟了100多个钓鱼岛，购置了2台豪华游艇，整修了旅游区交通要道，年接待游客达到20万人次。2002年，随着岳阳市供水工程的竣工，铁山库区不再作为旅游景点对外开放。

第七章　人物树丰碑

1977年8月，水电部批准修建铁山灌区工程后，岳阳县委、县政府立即在全县城乡开展宣传发动，广大干部群众欢欣鼓舞、奔走相告，大家都说“要得岳阳变，需把铁山建”。在全面发动的基础上，岳阳县委、县政府、县人武部联合发出动员令，号召各级领导、广大干部和民兵带头上阵，积极参战。10月16日，工程指挥部在公田挂牌办公。岳阳地委支援铁山灌区工程工作组在刘秉谦、杨金玺、张建邦等领导的带领下，深入工程一线指导工作。岳阳县委书记许志龙、县委副书记李怀芝带领县级机关26名正、副科级干部和220名干部职工奔赴工地，带领数十万建设大军奋力拼搏，参与建设，艰苦创业，在人民群众心中树立起一座永不褪色的丰碑。

第一节　历届市、县主要负责人名录

在修建铁山灌区工程过程中，岳阳县各级领导干部，特别是县委领导始终战斗在工程一线，身先士卒，率先垂范，与人民群众同甘共苦，与修渠民工同吃、同住、同劳动，同群众打成一片。在铁山水库工程建设和建成的几十年间，历届市委、市政府，县委、县政府领导以人民为中心，胸怀大局，着眼长远，敢于担当，一张蓝图干到底，以叫高山低头、河水让路的英雄气概，充分发挥了党的领导核心作用。

表 6：中共岳阳市委 1983—2022 年主要领导一览表

届次	职务	姓名	籍贯	任职时间
中共岳阳市第一、二、三、四、五、六、七、八届委员会	书记	李朗秋	湖南岳阳	1983.8—1986.2
	书记	储　波	安徽安庆	1986.2—1991.3
	书记	谢培清	湖南衡南	1991.3—1993.10
	书记	罗桂求	湖南邵东	1993.10—1995.4
	书记	阳宝华	湖南衡山	1995.4—1998.2
	书记	张昌平	湖北孝感	1998.2—2000.1
	书记	于来山	湖南益阳	2000.1—2004.6
	书记	易炼红	湖南涟源	2004.6—2011.12
	书记	黄兰香	湖南醴陵	2011.12—2013.4
	书记	卿渐伟	湖南沅江	2013.4—2015.5
	书记	盛荣华	湖南衡阳	2015.5—2016.11
	书记	胡忠雄	湖南澧县	2016.12—2018.1
	书记	刘和生	湖南祁东	2018.2—2019.12
	书记	王一鸥	辽宁绥中	2019.12—2022.1
	书记	曹普华	湖南衡山	2022.1—

表 7：岳阳市人民政府 1983—2022 年主要领导一览表

届次	职务	姓名	籍贯	任职时间
第一、二、三、四、五、六、七、八、九届岳阳市人民政府	市长	陈邦柱	江西九江	1983.8—1984.7
	市长	储　波	安徽安庆	1984.7—1986.2
	市长	谭照华	湖南望城	1986.2—1990.8
	代市长	储　波	安徽安庆	1990.8—1991.5
	市长	欧阳松	湖南常宁	1991.5—1994.11
	市长	黄甲喜	湖南岳阳	1994.11—1997.12
	市长	周昌贡	湖南汨罗	1998.1—1999.10
	市长	罗碧升	湖南华容	1999.12—2006.9
	市长	黄兰香	湖南醴陵	2006.9—2011.12
	市长	盛荣华	湖南衡阳	2011.12—2015.5
	市长	刘和生	湖南祁东	2015.7—2018.2
	市长	李爱武	湖南临湘	2018.2—2022.2
	市长	李　挚	湖南浏阳	2022.5—

表 8：中共岳阳县委1949—2021 年主要领导一览表

届次	职务	姓名	籍贯	任职时间
中共岳阳县委	书记	赵冰岩	山西定襄	1949.7—1951.11
		罗西芳	山西五台	1951.11—1953.4
		李满全	山西五台	1953.4—1955.4
		武登荣	山西五台	1955.4—1956.6
中共岳阳县第一届委员会	书记	贾德润	河北深县	1956.6—1958.12
	第一书记	周政（兼）	湖南宁乡	1958.2—1958.12
	第一书记	张兴玉	山西五台	1958.12—1960.11
	第一书记	张月桂	山西五台	1960.11—1964.9
岳阳县革委会 中共岳阳县革委会核心小组 中共岳阳县第三届委员会	书记	毛致用	湖南岳阳	1964.9—1968.3
	组长	张堤增	河南南乐	1969.7—1971.1
	书记	张堤增	河南南乐	1971.1—1973.6
	书记	刘阳春	湖南攸县	1973.6—1974.1
	书记	文启龙	湖南醴陵	1974.1—1977.8
中共岳阳县第四、五、六、七、八、九、十、十一、十二、十三届委员会	书记	许志龙	湖南岳阳	1977.8—1981.1
	书记	莫凤雏	湖南岳阳	1983.11—1984.12
	书记	黄甲喜	湖南岳阳	1984.12—1990.3
	书记	汪德辉	湖南湘阴	1990.3—1992.6
	书记	罗典苏	湖南平江	1992.6—1994.1
	书记	宋再钦	湖南华容	1994.1—1997.3
	书记	卢良才	湖南岳阳	1997.3—1999.12
	书记	李开龙	湖南临湘	1999.12—2004.12
	书记	童康宁	湖南平江	2004.12—2008.11
	书记	彭国甫	湖南湘乡	2008.11—2011.9
	书记	黎四清	湖南临湘	2011.12—2013.4
	书记	毛知兵	湖南华容	2013.4—2016.8
	书记	田文静	湖南湘阴	2016.8—2021.7
	书记	肖湘晖	湖南洞口	2021.7—

表 9：岳阳县人民政府1974—2021 年主要领导一览表

届次	职务	姓名	籍贯	任职时间
第六届县革命委员会	主任	文启龙	湖南醴陵	1974.1—1977.8
	主任	许志龙	湖南岳阳	1977.8—1978.1
第七届县革命委员会	主任	许志龙	湖南岳阳	1978.1—1980.12
第八届县人民政府	县长	李先佩	湖南湘潭	1980.12—1981.11
	县长	黄甲喜	湖南岳阳	1983.12—1984.3
第九届县人民政府	县长	黄甲喜	湖南岳阳	1984.3—1984.12
	代县长	葛送培	湖南湘阴	1984.12—1985.5
	县长	葛送培	湖南湘阴	1985.5—1987.2
第十届县人民政府	县长	葛送培	湖南湘阴	1987.2—1988.3
	县长	罗典苏	湖南平江	1988.3—1990.2
第十一届县人民政府	县长	罗典苏	湖南平江	1990.2.—1992.7
	县长	卢良才	湖南岳阳	1992.7—1992.12
第十二届县人民政府	县长	卢良才	湖南岳阳	1992.12—1996.12
	县长	袁建华	湖南临湘	1996.12—1997.12
第十三届县人民政府	县长	袁建华	湖南临湘	1997.12—2001.2
	县长	童康宁	湖南平江	2001.2—2002.12
第十四届县人民政府	县长	童康宁	湖南平江	2002.12—2004.12
	县长	黎四清	湖南临湘	2004.12—2007.12
第十五届县人民政府	县长	黎四清	湖南临湘	2007.12—2011.12
	县长	张中于	湖南岳阳	2011.12—2012.11
第十六届县人民政府	县长	张中于	湖南岳阳	2012.11—2016.8
	县长	曾平原	湖南平江	2016.8—2016.11
第十七届县人民政府	县长	曾平原	湖南平江	2016.11—2020.9
	县长	肖湘晖	湖南洞口	2020.9—2021.7
第十八届县人民政府	县长	吴光文	湖南汨罗	2021.7—

第二节　人物事迹

水利建设是人与自然的大搏斗。岳阳的党政领导与广大干部群众为铁山供水工程做出了不可磨灭的贡献。

一、人物简介

毛致用

毛致用，湖南省岳阳县人，1929 年 11 月生，1950 年参加工作，1952 年加入中国共产党，历任中共乡党委书记、区委书记，岳阳县委书记、麻阳县委书记，岳阳地委、常德地委副书记，湖南省委副秘书长。1973 年 8 月，任中共湖南省委书记。1977 年 6 月至 1988 年 4 月，任中共湖南省委第一书记、书记，湖南省军区第一政委。1988 年 4 月至 1995 年 4 月，任中共江西省委书记、江西省军区第一书记。1993 年，当选为江西省第八届人大常委会主任，中共十一届、十二届、十三届、十四届中央委员，第五届、第八届全国人大代表。1998 年 3 月，当选为第十五届全国政协副主席。

毛致用在 1958 年 9 月至 1959 年 3 月任铁山水库修建工程第一任总指挥长，最早指挥修建铁山水库。由于自然灾害等多方面因素的影响，铁山水库工程于 1959 年春后被迫停建。1974 年 7 月，中共岳阳县委向中共湖南省委、岳阳地委呈报《关于请求批准复建铁山水库根治新墙河》的报告，当时毛致用亲自参与这项工程决策和审查工作的全过程。20 世纪80 年代初期，铁山水库工程出现了“上马下马”之争，在争论中，他坚持实事求是，帮助解决工程上的具体问题，力主“上马”；他坚决贯彻执行中央调查组的意见，保证了工程建设的顺利进行。随后，多次到铁山检查、视察工作。

张建邦

张建邦，山西省左权县人，1925 年 5 月生，1943 年参加革命，历任湘阴县副县长，湘潭行政专署水电分局局长，湘潭专署农林水办公室主任，岳阳专区水利局局长。他坚持深入堤垸、机埠、工程建设工地和防汛抢险第一线，做扎实而艰苦的领导工作。1982 年，任岳阳地区行署副专员。

张建邦于 1980 年 4 月至 1982 年 4 月任铁山供水工程建设总指挥部副指挥长、兼铁山灌区大坝工程指挥部指挥长。1982 年 5 月至 1983 年 11 月，任铁山供水工程总指挥部指挥长，他不怕艰苦，深入实际，长期吃、住在工地上，凭着多年担任水利工作领导的丰富实践经验，指挥若定、决策果断，处理和解决了许多工程的重大问题；在困难面前不气馁、不退缩，力主“上马”，反对“下马”，对铁山水库工程的建成起了重大作用，为铁山水库工程建设做出重大贡献。

黄怡雄

黄怡雄，湖北省钟祥县人，1933 年 11 月生。1949 年 6 月参加革命，1964 年从部队转业后，历任岳阳地区水电局副局长，岳阳市农业经济委员会副主任。1982 年 5 月至 1995 年 11 月，任岳阳市铁山灌区工程总指挥部副指挥长。10 多年来，他一心扑在工程上，为整个工程的施工组织和管理，呕心沥血，出谋划策，功绩卓著，为铁山水库工程建设做出重大贡献。

周煦奇

周煦奇，湖南省岳阳县人，1938 年 12 月生，中共党员。1957 年毕业于湖南水利学校，中专文化，高级工程师，有 40 余年治水生涯。曾任非洲塞拉内昂水利援外组副组长，岳阳县水电局副局长，岳阳市水电局副局长，铁山灌区工程指挥部副总指挥长、调研员等职。

他在 1987 年担任铁山灌区总指挥部副指挥长后，主持和参加该工程的规划、设计与施工工作，提出和解决了工程中的一些重大技术问题。在城市引水工程建设中，协助指挥部主要领导组织工程建设，按质按期的完成任务；在工程“三通一平”前哨站中，仅用 3 个月时间，组织民工抢修进场公路 58 千米，架设高低压线路 28 千米；在 34 处主体工程的攻坚战中，与指挥部领导和施工队伍一起，改革吊装牵引设备，创下湖南省水利工程吊装史上首例百吨槽身吊上 40 多米高的排架空中，对接吻合精度不超过 5 毫米的壮举。他与指挥部领导组织工程技术攻关，修改设计方案，节省工程经费 3000 万元。在百万土石方渠道工程突击战和试引水总体战中，他都曾担任工程前线总指挥，数九寒冬、高温酷暑，吃住在工地，一心扑在工地上，夜以继日，为整个工程的施工组织和管理付出大量心血，出色地完成工程建设任务，为铁山水库工程的建成做出重大贡献。

李怀芝

李怀芝，1925 年 3 月生，山西省五台县门限石乡黑石沟村人，1941 年 1 月加入中国共产党，1942 年 1 月参加革命工作。1941 年 1 月至 1949 年 1 月，在五台县和榆次、寿阳县任“抗先”营长、生产员、民运助理。1949 年 2 月南下，途中任南下干部的组织委员。1949 年 8 月至 1959 年 9 月，任湘潭行署农林水办公室秘书，湘阴县委办公室秘书，税务股长，乡、镇和公社书记，被授予省级劳模。1959 年 11 月，任湘阴县委副书记。1966 年 1 月，任汨罗县委副书记。1970 年 3 月，任岳阳县委副书记、铁山灌区工程建设指挥长。1980 年 12 月，任岳阳县委副书记、县人大主任；同年 3 月，任岳阳市（县级）委副书记、纪委书记、政协主席、铁山灌区工程建设指挥部指挥长。李怀芝较长时间工作在铁山水库，为铁山水库建设和管理呕心沥血，出谋划策，功绩斐然。1982 年 5 月 18 日去世，安葬于铁山水库“青山陵园”，群众给他立了一块镌有“魂系铁山，功在千秋”8 个字的墓碑。

王三金

王三金，1916 年 10 月 5 日出生于山西省五台县，1937 年 7 月参加革命工作，1939 年 8 月加入中国共产党，1949 年 7 月南下湖南，历任岳阳县委组织部部长、湘潭地委组织部副部长、岳阳地委监察组组长、地委常委、行署副专员、岳阳市人大常委会副主任等职。他还曾任湘潭老区、岳阳地区、荆江分洪、南洞庭湖整修、长江改道工程指挥长。1980 年 4 月至 1981 年 7 月，任岳阳铁山供水工程建设副指挥长，长期坚持吃、住在工地上，不怕困难，不怕艰险，力主“上马”，反对“下马”，对铁山水库的建成做出重大贡献。1995 年 7 月 8 日去世，葬于铁山水库“青山陵园”。

张仁刚

张仁刚，河北省隆尧县人，1928 年 11 月生，初中文化，1947 年 5 月投身革命，同年 12 月加入中国共产党。1949 年春随军南下，在中共常德地委、华容县委任通讯员、管理员。1951 年，调省水利局并被保送到长沙速成中学读书。结业后，一直从事水利工作，先后在省水文站、湘潭水文站，湘潭专署水利局、岳阳地区水电局水电工程队工作。历任副科长、站长、队长等职务。他在湘潭、岳阳地区工程队任职期间，带领基建队伍在几十个水电工地上奋战 20 余年。他参与修建的大中型工程有湘潭县官庄水库、汨罗县向家洞水库、临湘县龙源水库、华容县至君山区许市 11 万伏线路和变电站、岳阳县中洲六门闸、铁山水库大坝帷幕灌浆，龙凤桥倒虹吸管和姑桥、沙河渡槽等 10 多项工程。这些大中型骨干工程都凝结着他的心血和汗水。同时，为培养岳阳地区水利技术力量和积累大、中型水利工程施工经验做出贡献。

1981 年 11 月 27 日上午 11 时许，铁山灌区付保渡槽吊装到 13 跨时，突然渡槽上的钢丝绳出了故障，45 米高的扒捍面临着倒毁的危险，它将给工程带来巨大损失。在这紧急关头，张仁刚勇敢坚定，知难而上，迅速冲到最危险的地方指挥抢救，终因钢丝绳急速反方向旋转，致使绞磨上一根直径约 50 毫米、长 2 米的铁棍横飞过来，将张仁刚击倒在地，他头部和胸部严重挫伤，在送往医院抢救途中牺牲。

刘晓明

刘晓明，1954 年 7 月武汉水利电力学院毕业，到河南郑州水利部黄河水利委员会工作。1958 年，任青年突击队队长，被评为治安保卫、安全生产模范，并受到通报表彰。1959 年，调山西省忻州地区水利局工作。刘晓明专业知识全面，技艺精湛，设计优秀，曾出席全国水利设计先进经验交流会。1972 年，调回湖南家乡岳阳县水电局工作，其间出色完成岳阳县小饶港中型水库的设计和施工任务。1979—1981年，被选派出国援外，任赴非洲加纳共和国农业专业组水利小组副组长。

1988—1990年，他在岳阳市铁山供水工程管理局工作，历任工程科副科长、科长、副总工程师。后又被聘为岳阳市铁山供水工程总指挥部副总工程师，一直工作到2000年11月，后因病退休。刘晓明一生从事水利技术工作，他作风正派，工作扎实，不求名利，默默奉献，对技术精益求精，一丝不苟，把毕生的精力献给了祖国的水利事业。

李郁清

李郁清，湖南岳阳县人，1924年7月生，中共党员，大学本科文化，高级工程师。1954—1956年，在省水利厅工作，1956年，调湘潭专署水电局。1964年，调岳阳地区水利局工作至1990年退休。

李郁清是位知识理论全面、技术精湛的老水利专家。从事水利工作40余年，在艰辛和默默无闻中，奉献自己的心智和汗水，他为岳阳水利建设做出很大的贡献。

40年来，他曾先后主持和参与岳阳铁山、澧陵官庄、攸县黄沙桥、临湘龙源、汨罗兰家洞、向家洞等大中型水库和一大批主要骨干提灌工程规划、勘测、设计、施工。特别是1958年和1978年两上铁山大型水库，他参与了大坝选址、制定方案到设计施工等。在铁山和龙源水库负责主要技术工作，进行技术指导，帮助解决设计、施工中许多技术难题，为培养水利技术力量，积累大、中型水利工程的施工经验做了大量的卓有成效的工作。

龚壤山

龚壤山，湖南省岳阳县人，1944年3月生，中共党员，大学本科文化，高级工程师。1984—1992年，任岳阳县水电局副局长。1987—1993年，任党委副书记。1999年，任总工程师。龚壤山1968年毕业于武汉水利电力学院，分配在水电部第八局工作。1976年，调岳阳县水电局工作。他长期战斗在水电工程一线，在基层孜孜实践着中国知识分子“立德、立言、立身”的人生价值追求，1968年，他怀着一颗献身水利，报效祖国的热心，投入国家重点工程项目之一的乌江渡水电站建设，担负着这个巨大工程的前方指挥调度工作。1976 年，面临铁山水库重新上马，急需大量的技术人才，当时县委、县政府求贤若渴，要求商调在乌江渡的龚壤山。那时他正踌躇满志，大有作为，但听到家乡的呼唤，怀着奉献桑梓的热情，毅然离开乌江渡回到家乡。他回到家乡后，被安排到铁山移民指挥部委以重任，全面负责工程技术。由他设计的桁架拱公路桥比原设计方案节省资金近一半，这种桥型经济、实用、美观，一经引进即在全县推广，在当时创造了数百万元经济效益；他敬业爱岗，精益求精，1998 年汛期，岳阳县发生的 5000 多处大小险情的处险方案，龚壤山审定把关了 90%以上，没有一起方案失误。他亲自参与处理重大险情 265 处，麻塘垸历史最高水位时，他利用钻灌技术成功地封堵 31 个管涌或漏水，这是一项技术突破和创新，引起长江水利委员会、水利部、国家防总的高度关注，并先后多次派人到麻塘大堤实地调研，并给予了高度评价，该技术居国内领先水平。龚壤山曾被水利部评为“98 全国水利系统抗洪先进工作者”、湖南省 98 抗洪记一等功。

胡益强

胡益强，湖南省岳阳县人，1948 年 2 月生，1968 年 7 月参加工作。中共党员，大学文化。1968 年 7 月至 1996 年 12 月在岳阳县工作，历任中学党支部书记，公社副书记、书记，区委副书记、区长，副县长，县委常委、常务副县长，县委副书记。

胡益强于 1996 年 12 月任岳阳市铁山供水工程管理局局长、党组书记，并兼任铁山供水工程建设总指挥部常务副指挥长。他在主持铁山供水工程工作中，具有水利管理与经济发展同步或超前的现代水利观念，提出了“开放兴局，科技兴水，以水为本，综合经营主攻五大产业（养殖业、电力业、农田及城镇供水业、建筑安装业和旅游服务业）”的工作思路，让工程建设和管理有着较强的科学性和前瞻性，大大促进了市铁山供水工程管理局各项工作健康发展。1999 年的铁山供水工程总产值达到 3640 万元，利税达到 1520 万元。总产值和利税都在 1996 年的基础上翻了一番，连续 4 年被省水利厅评为水利经济先进单位。1996 年，被水利水电部授予灌溉管理先进集体。他在治水抗灾公务之余，认真攻读水利专业书籍、广泛收集国内外治水史料，细心考究农业经济和治水抗灾的成败得失，编著出版了《用水户参与灌溉管理探索与研究》《农业经济开发漫淡》《铁山情》3部著作。

二、人物回忆录及先进事迹

毛叙保：建好铁山水库是父亲最大的夙愿

初夏的毛田，绿意盎然。四月的铁山水库，风景如画。2022年4月21日，应岳阳县委宣传部之邀，全国政协原副主席毛致用之子，原湖南省商务厅原党组书记、厅长毛叙保在铁山水库边接受了岳阳县委党史研究室、县委党校、县融媒体中心的访谈，这位身形清瘦、精神矍铄的老人，对着我们侃侃而谈。

8岁，我跟父亲一起上铁山

1958年，那年我8岁。

在全国上下一片热血沸腾的年月里，县里抽调大批民工投入围挽君山农场、修建京广铁路复线和铁山水库三大工程的修建。由于我的母亲（易银秋）被抽调去参加修建京广铁路复线，我年纪尚幼，母亲只好托人把我送到父亲那里。当时，父亲任县委委员、组织部副部长，兼任铁山水库修建指挥部指挥长。

我只记得那一年的秋阳异常鲜艳，那一年的人心异样激动，那一年是历史永远不可忘却的岁月。这片沉睡百年的山野，无处不是红旗招展，人声如潮，车如流水，炮声轰鸣。

我的父亲身材高大，加之出身贫农，是个挑土挖地的好把式。在那个“一把锄头、一担箢箕修地球”的年代，他带头清基，带头勘测，常常干得汗流如洗、泥水满面。饿了，就着掺了红薯的饭扒几口；累了，就到山上用草席搭建的工棚里休息。那时候我调皮，经常这个工地跑到那个工地玩。

父亲找不到我了，就在广播里用夹生的普通话大声喊：“大家有没有看到一个 8 岁的小孩，要他快到指挥部来！”再用筻口话喊一次：“叙保伢崽，快点回来哟，莫耍哒！”

在工地呆了一个多月，我被接回到了西冲老家。听父亲讲，经过了一个秋冬的建设，他们完成了大坝的基础清理，建好了底涵并将大坝筑到了 10 多米高程。那一年的大年三十夜，倾盆暴雨，落得昏天暗地。我清楚地记得，父亲年都没过，便急匆匆地赶回了铁山。原来，那一夜父亲率领数千民工，顶着凛冽寒风在暴雨里抢险，他们打着火把奔跑，把装了砂石的麻袋草袋往堤上压，然而终究挡不住排山倒海的洪峰，铁山大坝，垮下了……

第一次见父亲笑得如此灿烂

一场山洪，铁山大坝被冲走了四分之一。紧接着，饥饿的日子来了，人们没有力气再上工地，铁山工程就这样长期搁置了下来，残存的大堤年复一年地被山洪冲刷，最终汇入了浩瀚的洞庭湖。

1974 年，文启龙调任岳阳县委书记，再次修建铁山水库的构想在他胸中成型。经过一年多的勘测和申请，1976 年，随着开山的一声炮响，修建水库的崭新一页再次翻开了。1980 年，县委和基层的一些同志对铁山工程产生了根本动摇，认为铁山工程太大，而效益不见得很好，压在人民群众身上的负担太重。那时候，我父亲已经担任中共湖南省委第一书记、省革委会主任，对家乡干部群众的情绪已有耳闻，一首民谣也传到了他的耳朵里：岳阳人民头上三根绳，铁山、中洲、搬县城。他们甚至要求我父亲回岳阳听听干部群众的意见，要求省委批准缓建铁山水库，如果不批，他们就组织人去北京，向党中央反映情况！

那段时间，父亲寝食难安，经常在房间里背着手踱来踱去。母亲劝他，压力这么大，不搞算了！父亲却态度坚决：修铁山水库是百年大计、千年大计，县里已经投入了这么多人力和财力，不搞好对不住父老乡亲。明明知道是一件好事，我不去做，就是个恰冤枉的！

1981 年 7 月的一天，父亲满面春风回到家里，我从未见过他如此高兴。我非常疑惑：父亲不苟言笑，是一个不喜形于色的人，哪怕对我这个长子都很少流露情绪，今天是怎么了？父亲告诉我：中央调查组回京后，李瑞山同志向中央写了报告，耀邦同志专门给他打了电话，铁山、中洲继续搞，县城就不搬了！原来如此！

8 月 2 日下午，父亲把地委、县委的同志专门召去长沙，宣布省委决定：安排铁山工程经费两千万元，要求堵好大坝，搞好移民，争取南干渠多收益。此后相当长一段时间，我父亲都是非常高兴的。

我知道，那是一种怎样的情怀哟！

父亲常说，要对库区人民高看一眼，厚爱一筹

1958 年铁山水库上马时，库区数万群众便经历过一场痛苦的大迁徙。他们被迫迁入君山农场，居住在用芦苇搭起来的棚子里，那里有刀剑一般的湖风与斜雨，有恐怖的血吸虫，有晴天满身土、雨天一身泥的湖泥路，有一到汛期便随时可能倒塌的房子……

谁都不愿去！

父亲派出的工作队，任劳任怨地做着移民的工作。对那些因不愿搬迁而闹事的群众，父亲总要工作队的同志“打不还手、骂不还口、耐心开导”，我知道，父亲是理解这些善良淳朴的山里人内心痛苦的。

1981 年 7 月，中共中央、国务院领导同志对铁山工程的重要批示下达后，一切摆在人们面前的困难似乎再也不难了。是年 8 月，父亲召集县里负责铁山灌区指挥部的同志开会，进一步研究了移民工作中的困难和问题，协商处理的原则和措施。后来，指挥部的同志跟父亲汇报：铁山移民所在地的中洲垸，建了一排排整齐划一的新房，有开阔到望不到边的田园，黑得流油的沃土，学校、医院、商店等一切配套设施应有尽有。

但是，父亲由于事务繁忙，从来没有亲自去看望过铁山移民的新家园。在晚年定居西冲老家后，他常常对前来看望的省、市、县领导说：“移民为铁山工程的建设作出了重大贡献，要对他们高看一眼，厚爱一筹。”

说到这，毛叙保同志站起身来，深情地望着眼前这一碧万顷的铁山水库，若有所思，神情庄严肃穆。恬静的湖光山色中，虽然很难直接感受到当年那股改天换地的豪情，但是，数以万计的建设者和移民，以他们的付

出和牺牲，创造了百万亩农田的旱涝保收，满足了千家万户的甘泉畅饮。

铁山精神，在涓涓山泉中汇聚，在粼粼波光中闪耀，在汩汩奔涌中传承……

（费淑荷）

饮水思来源

——记铁山灌区工程总指挥部副指挥长张建邦同志

张建邦是山西人，他服从革命的需要，不远千里南下来岳阳地区任水利局长、副专员，修建铁山灌区工程将被喊停的关键时刻，力挽狂澜，保证了工程的顺利进行。

岳阳县 1958 年 7 月 26 日成立铁山水库修建指挥部，时任县委组织部部长毛致用为第一任指挥长，率领万名民工，披着九月的秋阳浩浩荡荡开进铁山水库工地。当月 16 日在铁山口召开万人大会，宣布大坝修建工程拉开序幕。留下了令人记忆尤新的工地对联：

开辟铁山修宝库；栽下万年幸福根。横批：万众一心。

人声如潮，车如流水，炮声轰鸣，战歌嘹亮。

当大坝筑到 10 多米高时，一场百年不遇的冬季暴雨突然降临，方圆几百里的山川天昏地暗。指挥长和数千名民工一道，顶着凛冽寒风在暴雨中严防死守，然而那刚刚垒起的稚嫩大坝，终于抵挡不住排山倒海般洪峰的摧残，凄号轰然坍塌。

1977 年，铁山灌区工程正式被国家计委立项，受到中央、省、市各级的高度重视。然而，正当工程热火朝天，各项工作紧张有序进行时，一场闹剧上演了，一些不负责任的人说“铁山水库、中洲围垦、岳阳县搬迁”是缠在岳阳人民头上的“三根绳”。1981 年 5 月 12 日，一位在北京工作的岳阳籍同志回乡探亲，偏听个别人的意见向中央写了《劳命伤财效益不大的水利工程应当下马——关于岳阳铁山水库的调查报告》惊动了国务院副总理万里，继而引起中共中央总书记胡耀邦的关注。6 月 26 日，以国家农委副主任李瑞山为组长，由国家农委、建设部、水利部等 8 人组成的工作组，在湖南省委副书记王治国、农委主任史杰等人陪同来了岳阳。显然这是关系到铁山灌区工程是上还是下，是停还是续建的大事，是关系到铁山灌区工程命运的大事，是关系到广大灌区人民群众切身利益的大事。

“平心而论”，铁山灌区停停建建，上上下下几个回合，工期拉得长，久久不见成效，在老百姓中确实产生一些厌战情绪，加之资金短缺，工程款不到位，付给民工的工资标准低，还要民工自带粮食上工地，在群众中积了不少的埋怨，这些也都是客观存在的问题，而特别棘手的是移民问题。水库淹没区涉及 5 个公社、51 个大队、28447 亩耕地、34841 人。原计划大部分安排到君山、钱粮湖等几个国营农场，因省里不同意，决定后靠 6676 人，投亲靠友 3000 人，集体外迁 25165 人（杨林公社 856 人，兰田公社 351 人，春风农场 2000 人，中洲垸 21958 人）。

中洲垸是 1975 年冬由岳阳、汨罗两县合围的，当时是一项灭螺与生产结合的围垦工程，并未作铁山移民基地。1975 年冬围堤筑垸，由于动工迟，有两段软基未达标准，1976 年春汛溃口，当年冬天复修，1977 年又遭溃决，移民基地未能稳住阵脚，投工投资巨大，说“劳命伤财”并不是毫无根据。铁山灌区工程确实面临着很大的困难，把握不好，前功尽弃是很有可能的。

地委对铁山灌区工程先后进行过 5 次讨论，在上马下马的问题上，一致认为上是上策，下是下策，上有困难，下有灾难。现在中央工作组来了，应当实事求是的有个交待。地委决定由时任铁山灌区工程副指挥长张建邦拟写汇报材料，集体向中央工作汇报。近万字的汇报材料，张建邦边讲边作解释边回答中央工作组不时提出的种种问题，整整讲了 3 个小时。汇报本着把建设铁山灌区工程的必要性说足，把工作中造成的失误和不良影响说足，把当前工程建设的移民工作遇到的困难说足，把如果工程下马造成的损失和后果说足的宗旨，坚决要求续建铁山灌区工程。

铁山灌区工程经过几十年的反复考察比较，是一项效益大的水利工程，是改造新墙河、开发丘陵，建设商品粮棉基地，解决岳阳、临湘、汨罗部分地区现有耕地需水，以及岳阳城市饮用水源的民生福祉工程。工程进行将近 4 年，已初具规模，国家已投资 5000 多万元，群众已投工 1000 多万个，南干渠已基本建成，只要搞好移民，堵好大坝，就可以受益，如果功亏一篑，无法向人民交待，其损失将不堪设想。已迁出的14000人势必反迁；已建好的移民房长期不住人会遭到损失破坏，开挖渠道时破坏了原有水系恢复势必又要投入大量人力、物力、财力。如果铁山灌区工程今后不再修了，现在可以下马，如果今后还要第三次上马开工，现在下就是极大的错误，不然，在政治上、经济上的影响都是很坏的。

张建邦直言不讳的汇报，抑制不住的慷慨陈词，使得汇报现场气氛一阵紧似一阵，观察中央工作组成员沉重的脸色，让人们为张建邦捏了一把汗。如果工程一旦被宣布停工下马，张建邦将成为岳阳历史的“罪人”！中央工作组成员继续听取了岳阳县委李怀芝（岳阳县铁山灌区工程指挥长）等负责同志的汇报后，召开了省、市、县水利技术人员座谈会，实地察看了中洲大垸大堤、撇洪工程、移民住房、宏图渡槽、岳坊水库、大坳水库、芭蕉水库、南干电站等一系列已建和在建的铁山灌区主体工程及附属工程，历时半月。1981年7月9日中央工作组召开有地、县委常委，各部委办负责人和省、地、县水利技术干部参加的铁山灌区工程技术论证会。7月18日，中央工作组又在长沙召集岳阳地、县委负责人会议，交待尽快做好当年冬天大坝堵口蓄水的准备工作。听到这一消息，人们悬在心头的石头终于落地了，张建邦长长地舒了一口气，一行热泪禁不住满流面颊。

7月22日和23日，胡耀邦总书记和万里副总理分别在中央工作组的调查报告上作出批示，同意继续修建铁山灌区工程。

铁山灌区工程，以防洪、灌溉、拦沙、城市供水兼有发电及养殖等多目标综合效益，总库容为6.35亿立方米，正常蓄水5.46亿立方米。从1977年冬正式开工到1982年4月主体工程基本竣工，东起岳阳县公田镇，西抵洞庭湖滨，南达汨罗市汨罗江北岸，北接临湘桃林等乡镇，东西长约55千米。南北总干渠所属7条分干渠、73条支渠、总长807.83千米，灌溉岳阳、汨罗、临湘及岳阳楼区4个县（市）区农田面积63580公顷，正常是43333.33公顷，新墙河沿岸再未因新墙河洪水出现洪涝灾害，农作物获丰收。4处水电站，装机7台4010千瓦，年发电1500多万千瓦。有效养殖面积2933公顷，年均产鱼60万千克。铁山水库依山傍水，气势雄伟，风景优美，如画似锦，现已成为国家级旅游区。城市供水每年达 8000 多万吨，已成为岳阳市一颗璀璨的明珠。

“问渠哪得清如许，为有源头活水来”。今天，当我们望着那“哗哗”清泉流进万顷田畴，滋润出一个又一个丰收年成；当我们泛舟碧波荡漾的高山平湖、把酒弄明月的良辰；当那一排排高压电线穿过村村户户，将万家灯火点亮；当清纯的甘露流进古城街巷流进千家万户的水池，我们不禁记起几十年前艰辛历程中忍辱负重的“挖井人”。为了这宏伟的事业，有人献出了宝贵的生命，有人因工致残，有人像张建邦同志那样，将自己毕生的精力和智慧奉献给了这片土地。

张建邦坚持真理，实事求是，为了人民利益知难而上，鞠躬尽瘁，卓有丰碑，可因积劳成疾，2007 年 11 月 1 日与世长辞，他是革命的好同志，好战友，我们永远怀念他！敬仰他！

（刘锡华）

深山峡谷唤忠魂

——悼念岳阳县铁山灌区工程指挥部指挥长李怀芝同志

1982 年 4 月，郊野的阡陌刚泛起一片嫩绿，整个大地便罩在茫茫的雨雾中。揪心的雨啊下个不停，点点滴滴打在人们心头。那狭窄的街道上，行人撑着雨伞，披着雨衣，心情沉痛地匆忙涌向机关大院，悼念他们的好领班、建设铁山灌区工程的功臣——李怀芝同志。

灵堂就设在院中，横联用工整的字体摆开：“沉痛悼念李怀芝同志逝世”。李怀芝，这位人民忠实的儿子，在走完人生之旅的 57 个春秋后，静静地躺在这里，仿佛还在等待着，期盼着……

噩耗传到铁山工地，和他日夜战斗在一起的同志虽然早料到了这天，但当这一天到来时，他们又不敢相信，不敢回首，只能任悲痛像磐石般压在心头。大家站在工程指挥部的大门口，凝视着怀芝同志生前栽培的栀子树，高一枝、低一枝地在风雨中飘摇。不知是谁，忽然轻轻地说了一句，栀子花素淡清馨，花未开，情正浓，何不摘一束敬献于怀芝同志灵前呢？

对！这是何等深切的怀念。于是人们一起动手，小心翼翼地把它移植到花钵里，再装上卡车长驱数十千米，运到灵前，然后一盆盆端放在战友的身边。

市委为了悼念他，特意集体撰写了一副挽联："驱日寇，打蒋匪，南征北战四十年，风风雨雨，功勋载史册；战铁山，正党风，继续努力为人民，辛辛苦苦，足迹遍巴陵。"

的确，他既平凡又伟大。

李怀芝同志是山西省五台县人，出身贫苦家庭，从小有着爱憎分明的无产阶级感情，才16岁就加入了中国共产党，并担任抗日救国先锋队营长。他多次参加战斗，出生入死，英勇杀敌，表现了一个共产党员的崇高气节。1946年1月，李怀芝正式脱产工作，曾任山西榆次县政治处通讯员、区民政助理。1949年7月，南下到达湖南湘阴县。其后，分别担任过区委书记、县监委副书记、汨罗县委副书记。1970年3月，调任岳阳县委副书记，后当选为县人大常委会主任。临终前，担任原岳阳市委副书记兼市纪委书记、市政协主席。

怀芝同志在岳阳县（市）工作了12个春秋，他的足迹踏遍了巴陵的山山水水。特别是1975年他参加铁山灌区工程建设，身负指挥长的重任后，更是披肝沥胆，忘我工作，为灌区数十万人民的幸福，谱写了一曲壮丽的奉献之歌。

"一定要使工程规划科学合理"

1975年1月19日夜，岳阳地委常委会议室灯火通明，经过充分而热烈的讨论后，常委们一致同意修建铁山水库，并决定："立即组建专门班子，以岳阳县为主，抽调李怀芝同志任指挥长。"

上级党委的决定一下达，身经百战的怀芝同志竟然彻夜难眠了。铁山水库建成后具有灌溉、防洪、拦沙、发电、养殖等综合效益，但是工程却十分艰巨，不仅是岳阳县水利建设史上所未有，而且在全省也属罕见。怎么办？是托病婉谢，还是迎难而上？这可不能有半点含糊啊！窗外，万家灯火，屋里，炉火熊熊。他想了很多很多，想了很久很久。他想起家乡缺水时，父亲那痛苦而绝望的眼神；他想起岳阳的农民和他谈到水旱灾害时的惶惑与希冀；他想起夏日干旱时，丘壑中传出的粗闷的呼号；他想起山洪暴发时，新墙河两岸抢险的呐喊与痛苦的叹息……还有什么比水更诱人、更磨人、更动人心魄、更耐人思索的呢？穷就穷在水上，富也富在水上。为了千百万劳累的乡亲，担子再重，也要挺直腰杆把它挑起来！

李怀芝同志走马上任了。没开动员会，没有见面礼，他一声不响地带领勘测人员悄悄上了铁山。他们爬山越岭，涉河渡水，风餐露宿，对每一座山头、每一个冲岔、每一条河港仔细勘察，反复比较，通盘考虑。他说："我要做的第一件事，就是一定要使工程规划科学合理。"

开始，工程技术人员考虑到为使施工便利，初步设计渠道高程为海拔78.2米。但在这个高度上，还有16000公顷农田需要提水灌溉，要增设机埠21个，装机6150千瓦需投入土建和机电设备资金1300多万元，以后每年还要付出大量电费。他反复思考，再次和科技人员一道，深入实地调查，最后建议在78.9米的高程上定下渠道方向，这样既可减少以上一些损失，还可开发大片丘陵，进一步扩大灌溉面积。工程技术人员经过再三测算，终于同意了他的建议。

南总干渠的修建，是整个工程的重点和难点之一。渠道全长32千米，要搬掉138个山头，填平72道冲岔，移动土石560万立方米，还要打通3个隧洞，修筑7处渡槽，这是岳阳县水利建设史上的空前壮举。为了争时间，抢速度，在大造宣传舆论，充分发动群众的基础上，岳阳县一下子就上了5万多民工。到处红旗飘扬，炮声隆隆，银锄飞舞，很快就拉开了南总干渠大会战的序幕。怀芝同志吃不下饭，睡不好觉，心中时刻都在盘算怎样为国家节约资金，为农民尽量减轻负担。他迈开两腿，在这条渠线上来了又去，去了又来，无法统计他跑了多少路，也不知他饿了多少次肚皮！

记得渠首一段，地形非常复杂，开始考虑由坝端左岸开渠，沿新墙河左边山坡而下，但均是高山峻岭，工程量太大，施工期长，且水头损失多。能否有第二方案呢？他和技术人员一起，一次又一次地翻越媳妇岭，下到小湄坑，就地察看，积极提出自己的意见，主张采用第二方案，即打通一个长2270米的小湄连通洞，将铁山水库与饶港水库连通起来，这样就可使渠道避开渡槽、隧洞多、石渠长的弊端，缩短渠线4.7千米，增加集雨面积28平方千米，特别是可以节约水资源14万立方米，并为国家节省大量资金。通过共同决策，这个方案就这样定了下来。实践证明，这一设计是科学的，不仅节约了建设资金，而且扩大了蓄水量和发电量，增加了渠道的综合效益。

经过李怀芝同志与工程技术人员的精心策划，南总干渠在施工过程中，对原设计作合理修改达20多处。

北总干渠的修建，虽然在怀芝同志去世前仅开挖了2千米，但他为整个渠道的走向奠定了很好的基础，开了一个好头。北总干渠渠道全长55千米，渠尾延伸到了市郊区。他多次从渠首至渠尾逐段察看，务求规划合理，并积极创造条件，促进渠道尽快全面开工，好让市区人民早日饮上优质铁山水，发挥整个工程的效益。这个愿望很快就要变成现实了，怀芝同志泉下有知，定当感到欣慰。

“我们只能为人民造福，不能造祸”

铁山水库大坝是整个工程的重中之重，它要锁住新墙河每秒1310立方米的最大流量，蓄水546亿立方米。1977年12月，大坝基础清理就要开始了，这时怀芝同志正在县里主持召开人大常委会会议。他惦记着这件大事，心急如焚。工程人员向他汇报：因坝址经受多次地壳构造变动，并受花岗岩侵入的影响，致使板溪岩褶绉强烈，硅化蚀变明显。加之还有炭质页岩夹杂，构造十分复杂，需要挖尽老坝体留下的全部土方3.4万方，彻底清除炭质岩。经过工程技术人员的精心策划，他拍板决定采取最佳方案施工。时近隆冬季节，风雨交加，铁山口上的寒流更是刺骨。为了确保清基的质量，他带头拿着抓钉、刷把和抹布跳下河谷，和民工们一起，将基坊石缝里的“黑煤”和泥沙，用抓钉勾，用刷把刷，用抹布擦，技术人员不验收，他一刻也不肯离开，往往一干就是一个通宵。大坝的浇筑顺利进行了，可他仍不放心，经常忍着剧烈的胃痛，饿着肚子，坐镇工地，三更半夜还前去巡逻，随时检查督促。

在渠道的施工过程中，他从勘测、设计到现场施工和竣工验收，每一个环节都不放过，总要亲自到场，哪里出了问题，哪里就有他。当他听到大荆塘隧洞出现塌方的报告后，连忙戴上安全帽，钻进有1尺多深污泥的洞里，仔细察看险情。他摸到20米远处的地方时，突然泥沙大量倾泻，他赶忙要大家后撤，自己却留下观察。原来这座山头系红石岩夹杂高岭土，炮炸不成块，挖掘不成形，施工艰难。他带领工程技术人员，一连30多个小时，反复测量、分析、比较。肚子饿了，就在现场啃个馒头，喝杯开水；脸冻僵了，就扯下风雪帽，继续战斗。就在这时，他女儿的婚期到了，老伴捎信要他回去一趟，可他仅托咐了四个字："婚事从简"，仍一头扑在工地上。家里只好用10斤糖果一袋瓜子为女儿女婿草草办完了婚事。后来，他女婿回忆说："岳父的心肠还是慈善的。当时我在外地工作，他回家后亲自帮我提着行李，步行送到火车站。上车前，叮嘱我好好为党工作，并将身上仅有的半包香烟送给我。"在李怀芝同志的亲自指挥下，大荆塘隧洞几经改道，并多方采取措施，终于保证了施工的安全和质量，还为国家挽回经济损失20多万元。

水兑冲渡槽是由指挥部新组建的直属工程队负责施工的，设备简陋技术力量薄弱，他十分重视这个渡槽的施工，先后来过工地十多次。一次，他发现浇灌槽身时，石子太多，水泥不足，和料不匀，便马上把工程人员叫来，语重心长地说："我们只能为人民造福，不能造祸，渡槽质量达不到设计要求，出了事故怎么办？"当晚，他便在工地召开骨干会，讨论保证工程质量的过硬措施。后来这项工程竣工验收，质量完全达到国家规定的标准。

日出山花红似火，春来库水绿如蓝。如今，铁山灌区工程已正常运行了十多年，大坝安全无恙，渡槽滴水不漏，渠道四通八达，这一切都是与怀芝同志认真负责、一丝不苟的工作作风分不开的。

"心中要时刻装着移民"

铁山水库移民这件大事，始终压在怀芝同志的心上。早在1978年冬，他就向县委提出，要把毛田公路改道、月田改港还田和中洲垸移民基地建设等项工程，列入重要议事日程。县委十分重视他的提议，并派出得力干部，协助他开展工作。随后，怀芝同志深入淹没地区的每一个角落，走村串户，了解移民的思想和实际问题。有一次，他来到毛田公社毛田大队，听到了一首民谣："学毛田，赶毛田，把我们赶到中洲垸种湖田。"同行的两位同志认为这是散布不满情绪，主张煞煞歪风。怀芝同志不同意这么做，他语重心长地说："山区人民祖祖辈辈在这里生活，热土难离人之常情。作为人民公仆，心中要时刻装着移民，千方百计为他们办实事。"他请来公社党委和大队党支部负责人，反复听取干部群众的意见，随后，起草了一个搬迁移民的方案，再次向常委会汇报，以便妥善解决移民中的具体问题。为了规范移民搬迁的有关政策，作好搬迁前的各项准备工作，县委先后发出几个文件，同时集中人力物力，为即将搬迁的移民修建住房和其它公用设施，努力为移民提供一个较好的生存环境。计划安置两万移民的中洲垸，是全县主要移民基地，怀芝同志对那里的建设，倾注了满腔心血。他不仅参加了中洲垸的历次抢险战斗，多次检查防洪大堤加固工程的施工质量，而且对境内的每一条沟渠每一条道路，乃至每一口水井，都要亲自查看，对每一栋新建住房都要亲自规划。他发现 1980 年前迁到平江河东岸的 7000 移民，需要过河渡水下垸耕作，远的来回近 10 千米，生产、生活十分不便，生命安全也受到威胁，便多次奔走省水电厅，汇报移民的困难和可以采取的措施。经多方努力，首先争取到增设渡口、添购渡船、固定渡工所需的经费，解决了移民安全过渡的问题，以后通过组织部分移民再次搬迁和修建路堤等办法，从根本上解除了这批移民的后顾之忧。就在他去世的当年，全垸栽种的 5 万亩稻谷、棉花、芝麻、黄豆均获得大丰收。

"就是死，我也要回到铁山去"

李怀芝同志离开我们 12 载了，但他的音容笑貌，却永远留在灌区人民心中。记得在他生命垂危的日子里，公田人民给他送来了"半边莲"，杨林人民给他拔来了"笔杆草"，多少人翘首大山，默默地为他祈祷。即使在他离开人世以后，深山峡谷的回音总是在人们的耳边荡漾，声声呼唤着："怀芝同志，回来吧！"

大家清楚地记得，1982 年 4 月 30 日，铁山灌区工程总指挥部召开大坝主体工程竣工庆功表模大会。省委、省政府和地、县委、军分区的主要领导都来了，工程技术人员都来了，各施工单位的代表也来了，可主席台上却不见为工程呕心沥血的副指挥长李怀芝同志。他在哪里？原来，他因长期劳累，胃病复发，最后诊断为“不治之症”，正躺在县人民医院的急救室里。他人在医院，心却早已飞到了工地，他还在惦念朝夕与共的战友，他还在耽心刚刚合龙的大坝，他还在思索千头万绪的工作……他恳切地对陪护人员说：“请你们把我送到大坝，我就是死，也要回到铁山去！”陪护的同志拗不过他，只好含着泪，把他扶上小车。怀芝同志一到铁山，首先登上大坝。他凝视着巍巍长龙，不禁掉下了泪水。在小湄隧洞，他再三询问：“洞子的闸门漏水吗？”晌午，指挥部的同志为他准备了中餐，他问：“我的碗筷放到哪里去了？”同志们望着蜡黄削瘦的副指挥长只好强作欢颜地说：怀爹，今天就用不着你再去排队端饭罗！”怀芝同志回到医院后，再也没有回来了。当我们最后一次来到医院把庆功表彰大会的纪念品恭恭敬敬地赠给他时，他两眼漫出了泪花，双手微微颤抖，断断续续地吐出了最后一句心里话——“共产党万岁！”

怀芝同志去世的消息传来后，人们泣不成声，指挥部一名干部深深感叹地说：“怀爹真是一位好领导，他那强烈的事业心且不谈，一身正气两袖清风也不讲，单就关心同志来说，就永远铭记在我的心中”。一次，这位干部在工地砸伤了腿，是怀芝同志亲自叫来汽车，把他送到县人民医院治疗，并再三嘱咐，伤未好千万不要急着回来。成千上万的民工，无一不认识怀爹，都知道他心里只有铁山，只有别人，唯独没有自己。怀芝同志也公开表白：建好铁山工程，我已“死心塌地”。他在铁山工作 8 个年头，就有 7 个春节是在工地度过的。他多次表示退休以后，要搬到铁山来住。临终前，他向亲人嘱咐，要将自己的骨灰埋葬在铁山口上。

1994 年初，铁山灌区工程管理局召开党委会根据岳阳市区引水供水工程将于国庆前夕竣工的计划，决定清明前后将怀芝同志的骨灰安放到北总干渠渠首南侧的山上，以实现这位“老铁山”的遗愿，便于他的英灵时刻看到清澈甘甜的铁山水，从这里输送到市区的千家万户，滋润着北灌区的万壑千沟，以此昭示子孙后代：吃水毋忘掘井人。4 月 8 日上午 8 时，李怀芝同志骨灰安放仪式在铁山水库举行，曾和他并肩战斗多年的老战友张月桂、文启龙、王三金、张建邦等同志，专程从市区赶来诀别；家住水库下游筻口镇的10多名乐师，奏起了低沉悲壮的哀乐，倾诉着人们的无限思念之情；来自水库上游毛田区的几位铳手，用原始的礼炮，为自己的贴心人送行；一位年近八旬的老农，在孙子的搀扶下步入悼念会场，向怀芝同志的遗像三鞠躬，然后老泪纵横，泣不成声……

李怀芝同志的生命是短促的，但他在铁山灌区工作期间表现出的高尚情操，将永远留在人们的记忆中，因而他的生命又是永恒的。

（李传双）

一腔碧血洒银河

——悼念岳阳地区水利工程队队长张仁刚同志

张仁刚同志出身于河北省隆尧县莲子镇一个贫寒的家庭，幼年丧母。他从小放牛、打短工，忍饥挨饿，艰难地度过了血泪交织的童年。1947年5月，张仁刚投身革命，同年12月加入中国共产党，1949年春随军南下，在中共常德地委、华容县委任通讯员、管理员。1951年，调省水利局并被保送到长沙速成中学读书，结业后，一直从事水利工作，先后在省水文总站、湘潭水文站、湘潭专署水利局、岳阳地区水电工程队担任副科长、站长、队长、岳阳地区水电局党委委员等职务。张仁刚同志是湘潭地区水电工程队第一任队长，也是岳阳地区水电工程队的创始人之一。他以身作则，言传身教。带领这两支水电基建队伍在几十个水电工地上奋战了7000多个日日夜夜。1977年以前，他负责施工的水电建设项目有湘潭县茶安灌区官庄水库，汨罗县向家洞、兰家洞水库，临湘县龙源水库，华容至许市11万伏线路和变电站，钱粮湖至明山头35万伏线路及变电站，麻里泗、江家山、张家窖、南山、鱼口等电排机埠，中洲垸六门闸建闸工程，狮形山渡槽。1977年后，他参与铁山灌区工程施工，承建项目有大坝帷幕灌浆、龙凤桥倒虹吸管和姑桥、芦家、东升、沙河、老虎岩、拓山、付保7个渡槽。这些大、中型骨干工程无不嵌印了他的足迹，凝结了他的心血，渗透了他的汗水。

张仁刚每次接受新的工程任务，从来不提条件，不讲价钱，只要工程队有工程任务他就格外高兴，总是满腔热情、雷厉风行地迎难而上。人们知道，凡是修建水库的地方都是深山狭谷，不但人烟稀少，人迹罕至，而且荆棘遍野，连一条人能走的路都找不到。每当此时，他总是自告奋勇担任“先行”带领职工和民工，开辟一个又一个新的战场。他几十年如一日，不辞劳苦地跋山涉水，冬踏泥泞冰雪，夏斗酷暑高温，背着沉重的行李，吃着干粮，风餐露宿于前不着村、后不着店的荒坡野岭，在那里清基、扫障、修路、平整施工场地，搭起用牛毛毡作顶、晒垫当墙、几十人一个统铺的简陋工棚，在那里安营扎寨。在那冰雪刺骨、寒风袭人的严冬，热呼呼的饭端到房里就凉了，一个个生龙活虎般的男子汉，夜间盖上 6 千克重的新棉被都难发热，大家人挨人，贴得紧紧的互相取暖。

张仁刚从不计较个人名利得失，他既是指挥员，又是战斗员，是队长，又是民工，哪里有困难，他就出现在哪里。白天，他和工人一起劳动，晚上参加值夜班，看守工地材料。1980 年，当地农民听说铁山工程可能“下马”时，偷盗、哄抢器材事件连续发生。一次他在姑桥渡槽工地值夜班，发现材料被盗，便带领工地保卫人员摸黑跑了好几里路，追回了被偷走的全部材料。又有一次，龙凤桥倒虹吸管工程竣工收摊时，来一伙人哄抢工地器材，他得知后立即赶到现场，哄抢者包围了他，威胁他，他毫无惧色，不顾自己的安危义正辞严地劝阻，终于制止了这场哄抢事件。还有一次，铁山大坝帷幕灌浆工地钻机台上的架木被一场暴雨冲走了，他带领工人冒雨跑到齐腰深的水里，经过几个小时的抢捞，终将被冲走的木材全部抢救回来。平时，他总是捡难事，挑重担。一次，队干部在饶港工地开会，在人员分配时，有几个不干活的工人没人要。张仁刚最后表态说：“你们都不要，就交给我吧。”他将这些人带到自己所在的付保工地，亲自给他们定任务，言传身教，这些人深受感动，一个个干得很出色。

张仁刚从小泡在苦水里，年纪轻轻就南征北战，文化不高，但他爱学习，肯钻研，十分注意提高自己和工人的技术素质。他除了保送一批干部、工人参加专业技术培训外，还抓住休整时机，请技术干部讲有关钢筋、混凝土和有关施工知识的课。由于爱学肯钻，他学会了许多技术和技能，开拌和机、配制混凝土、扎钢筋、修柴油机、搞吊装等样样精通。老工人曾广义说："凡工人能干的活，张队长都会干，都能干，都干过。"在工地背水泥、背钢材、扛木头、运卵石、担土、搞装卸、打混凝土和工人一起干，几次受伤，从不休息，从不表白自己。曾同张仁刚共过事的副队长黄立新追忆张仁刚时，感慨地说："张仁刚一身虎气，一身正气。"他见了迟到、早退、偷懒现象，不认亲疏，严肃批评，但他工作放手，敢担担子。一次，黄立新在狮形山渡槽施工，大水将施工的脚手架冲走，损失20多立方米木材，他急得哭了。张仁刚来到工地，通过了解，知道是不可抗拒的天灾，拍着胸说："不怪你，要处分就处分我。"并立即组织人员搜寻冲走的木材，尽量挽回损失。张仁刚是个粗人，但对干部职工的关心却很细、很细。他对家居住在湘潭、醴陵、宁乡、汨罗、平江、湘阴、岳阳农村的30多户家属，逐户登门走访，他发现这些职工家里的居住条件都很差，便主动为他们解决木材和建房物资，使这些职工家属得以安居，减除了在水利工程日夜奋战的职工的后顾之忧。职工许建国家住汨罗古仑陈家屋场，上有母亲，下有四个小孩，妻子患精神病，三代人住一间破房，经济十分困难，他便安排黄立新副队长带领木工张松林、泥工冯树祥，派上汽车，装上回收的木材、楠竹、门窗、门片和瓦，并垫上钱花3天时间帮他搭了3间住房。钢筋工罗元洲的家属从慈利迁来岳阳洛王落户，没有住房张仁刚亲自给他担砖，带领干部职工帮工，5天时间帮他搭起了3间住房。每逢春节，工人们要干到年尾才能休假，他安排好汽车，将家在外地的职工一个个送到家里赶吃团年饭。汽车司机傅燕斌、电焊工梁京辉俩的"婚事"都是他给操办的，从当"红娘"到当"主婚人"，还帮助他们解决住房，培养他俩入党。

张仁刚同志一心扑在水利工作上，一心扑在党的事业上，对自已、对妻子、对儿子却关心得太少。他的工资是1954年定的老21级，每月59元。上要供养年迈的父亲和后母，下要养儿子。妻子是一个集体单位的缝纫工，因患有严重的心脏病，长期不能上班，没有工资收入，生活是比较困难的，干部职工多次评给他困难补助，他坚持不要，他常年累月加班加点，却从未要过一分钱加班工资，逢年过节，他都是自己留守工地，让其他职工回家与妻儿团聚。一次，他爱人的心脏病严重发作住院抢救，医院发了病危通知。他从工地赶到医院，陪护了一个通宵。当时，他心中的痛苦是不言而喻的，但他强忍着泪水对妻子说："铁山帷幕灌浆工程正在开工，工地有好多事等我去办，就由王文芬（亲戚）照顾你吧！"张仁刚和他的结发之妻王盛巧感情甚笃，但是，当妻子有病、工作繁忙这两个砝码摆到这个老共产党员的天平上时，他是掂出了份量的。

那几年，工程队招了不少青工，其中也有干部子女，找他帮忙安排个好工种的也不少，他尽量安排这些人搞财务、学电工、钳工留机关搞后勤等。他自己的儿子坤华16岁，初中毕业，经局领导批准招到工程队，莫说照顾留在队部，就是安排个好点的工种他也不答应，坚持将小坤华分到条件最差、工作最累在野外施工的兰家洞水库当"混凝土"工。不少老工人见坤华年纪小，背不起那一袋袋的水泥，又死了母亲，主动找他求情，他都一一婉言谢绝："让孩子好好干几年，多吃点苦。"

张仁刚生活十分艰苦简朴，和工人住在一起，吃在一起，玩在一处，工地生活差，工人们集钱"打平伙"喊他参加，该分摊的酒钱、菜钱，他从不少出一文。开餐时，他总是拿着一双筷子一个碗，站在那里排队买饭，身上穿的是一身劳动布的工作服、工作棉袄，内衣裤是自家制的粗土布。他死后，找他的衣服"装殓"时，连一件好点的也没有。

张仁刚以自己廉洁奉公、大公无私、为人正直、埋头苦干的模范带头作用，造就了工程队一班人的团结，铸成一个能攻善战的优秀集体，如期如质地完成了近百处水利工程任务，许多被评为全省的优质工程，创造和发挥了较好的经济效益和社会效益。在他任队长期间，正式职工由1964年的36人增加到100多人，加上合同工和临时工，职工总数达500多人；固定资产由11万元增加到136万元；流动资金由3万元增加到77万元。

1981年11月27日上午11时20分，铁山灌区付保渡槽吊装到第13跨时，绞磨上的钢丝绳出了故障，45米高的爬杆面临着倒毁的危险，那将给工程带来巨大损失，在这紧急关头，张仁刚冲到最危险的地方指挥抢救。就在这时，钢丝绳急速的反方向旋转，一根直径0.3米、长2米的定位木棒断成两节，绞磨上一根直径约 50 毫米、长 2 米的铁棍横飞，以迅雷不及掩耳之势将张仁刚击倒在地，他的气管、颈锁骨和两根肋骨被打断，右耳流血不止。抢救张仁刚的汽车飞速行驶近两个小时赶到岳阳地区人民医院时，他的心脏已停止了跳动。

每当我来到铁山，眺望那条没有漩涡、没有险滩的人造长河，那穿过高山的一座座幽深隧洞，那横空飞渡的一架架宏伟渡槽时，张仁刚结实、魁伟的身躯就浮现在我的眼前，我仿佛听到，那潺潺的渠水，青翠的松涛在深情地呼唤着：“仁刚同志，回来吧！”

（左丽芳）

青春不虚度　壮志绘宏图

——记铁山灌区大饶港电站青年副站长尹拥军同志

青春是美好的，是人生的黄金时代。

古人道：“一寸光阴一寸金，寸金难买寸光阴。”作为生长在新时代的青年，肩负祖国振兴的历史使命，就更应该珍惜青春，奋发向上。为建设中国特色社会主义伟大事业贡献自己的聪明才智。

24 岁的铁山灌区大饶港电站副站长尹拥军同志，正是在这种信念的支配下，惜时如金，刻苦学习，努力工作，以实际行动谱写自己美好的青春。

明知山有虎，偏向虎山行

1983 年 6 月，由地区水电工程队承包建设的大饶港电站，已进入紧张的施工阶段。铁山管理局党委决定派出代表，去电站参加施工建设，检查、督促工程质量，为今后运行管理奠定基础。这是一项光荣而艰巨的任务，派谁去好呢？局、科领导经过全面考察，找来了尹拥军同志，向他交待任务，征求意见。当时，尹拥军刚从长沙水利学校毕业分配不久，他所工作的机电科有十几个姑娘、小伙，全是“一色新”的青工，大家一起学习，一起生活，一起娱乐，日子过得蛮舒畅。现在，领导指派他为管理单位的代表，去参加电站施工建设，毫无疑问，条件要差得多，生活要苦得多，工作要重得多，是“米箩筐”换成了“糠箩筐”，越蔛越差。再说检查，督促工程质量，是件得罪人的“差事”，一要懂行、精通业务，二要碰硬、坚持原则，自己刚从学校毕业，人生地不熟。这能行吗？他经过认真思考，感到自己受到了党的教育，拿了国家的工资，吃了人民的大米，就应该为人民办好事，办实事，办造福后代的事。作为八十年代的青年，面临建设“四化”的艰巨任务，怎么能碌碌无为、贪图享受、消磨时光、虚度青春呢？俗话说：“明知山有虎，偏向虎山行。”只有到艰苦的地方去工作，才能磨炼意志和毅力，才能让青春发出应有的光和热。于是，他把党和人民的信任，化作自己吃苦耐劳的决心，高兴地接受了任务，第二天就走马上任了。

只要功夫深，铁杵磨成针

尹拥军来到工地，看到劲足人欢的劳动场面，望着正在崛起的电站，心情十分激动。但是想到重任在身，又觉得自己才疏学浅，知识贫乏，力不从心。怎么办呢？他考虑到要做好工作，出色完成党所交给的任务，光凭学校所学的一点肤浅知识还不够，必须在工作中刻苦学习。勤奋钻研业务技术，炼就一身过硬的本领。俗话说得好：“要得高，险中操”“只要功夫深，铁杆磨成针”。他暗下决心，给自已规定了三点：少歇一点，艰苦一点，多学一点。为了多学到一些知识，他宁愿过着俭朴的生活，用节省下来的钱订购了《电世界》《电器设备工艺》及水轮机和发电机的安装、检修及企业管理等方面的书刊杂志 50 多册。对于这些资料，他如获至宝，一有空，就认真阅读，凡是重要的地方，都作了标记和批注。在学习书本知识的同时，他还注重了理论联系实际，利用施工劳动的机会，向老技术员学习，不懂的地方，哪怕是施工中的一个细节，也要“打破砂罐问到底”，弄个水落石出，直到完全理解为止。并且，他把工作和学习巧妙地结合起来。根据第二天施工工序的安排，在头天晚上就对照图纸，查阅资料，把主要的技术要求和数据记下来，用以指导第二天的工作。当施工达不到规范要求时，他就拿出充分的理由说服对方，并坚持严格按规范要求办事，丝毫不含糊。有一次，做 10 千伏母线及瓷屏耐压试验，三次没有达到规范要求，施工的同志不耐烦了，认为这件小事可以马虎点，尹拥军对技术上的每一个微小细节都看得十分认真，他一面坚持要求重做，一面仔细分析原因，终于找出了隐患并及时排除，试验终于成功了。

两年多来，尹拥军就是这样如饥似渴地学习，严肃认真地对待工作。功夫不负有心人，他在作为管理单位的代表参加电站施工建设中，对电站工程上存在的设计不合理，施工未按规范办事等问题，提出了15条合理建议和修改方案。其中有12条被设计、施工单位采纳应用，为电站工程质量做出了贡献。

不当“败家子”，要做创业人

铁山灌区工程，在有些人的心目中，是“家大业大”，随意花钱，在他们看来，进行这样大规模的工程建设，浪费点算不了什么。尹拥军却不然，他觉得我们的国家还不十分富裕，我们必须以主人翁的态度，勤俭建国，勤俭办一切事业，决不能大手大脚，挥霍国家资财，当败家子，要为“四化”建设节约每一个铜板，发扬“一厘钱”的精神，做艰苦创业人。电站修建生活区时，尹拥军白天坚持工作，晚上参加值班巡逻，看守材料。哪怕是朔风凛冽，冰寒刺骨，也无所畏惧，从不间断，使材料没有受到损失。有一次，建房改设线路，施工单位从电站领取了500千克35型铝绞线。施工结束后，尹拥军根据改设线路的距离计算，应该没有用完，但不见他们交回。于是，他逐个进行追问，最后从一间工棚的角落里查出了30千克，当即收回，并提出了严肃的批评。南总干渠通水灌溉时，大饶港渡槽的止水橡皮被冲坏，如不及时隔断收回，就有被冲走的可能。但是，水流湍急，人怎么能下去呢？尹拥军得知这一情况后，顾不得自己在病中吃药，便用绳子捆在腰上，悬空吊入渡槽，在急流中拼搏了半个多小时，终于隔断了橡皮，为国家挽回了不必要的损失。

病魔吓不倒，壮志写春秋

尹拥军患有严重的肾结石，平时病痛发作时，吃几粒去痛片，休息片刻，就挺过来了。电站工程进入运行调试阶段后，时间紧，工作多，任务重。可偏偏在这“节骨眼”上，他的病情突然加剧，疼痛难忍。发作厉害的时候，他脸色苍白，汗珠如雨，一连几天饭吃不下，觉睡不安，身体明显消瘦。领导和同志们看在眼里，痛在心里，再三劝他去医院检查、治疗。经过检查，医生根据他的病情，要他办理入院手续。但尹拥军心里惦记着电站的工作，说什么也不同意，毅然饮痛抱病，带药回到了工地，继续投入战斗。后来家里也多次来信催他回家治病，尹拥军每次总是以工作离不开而顶着，或以病情好转为由而推脱。有一次，他姐姐专程弄来一辆汽车，强行逼他回家，单位领导也再三叮嘱，要他在家里休息半个月。可是，没过两天，尹拥军又从家里“逃”了出来，回工地坚持工作。3 个多月时间里，他一连吃了 80 多副中药，却从未躺下休息过一天。亲友们看到他那消瘦的身体，心里十分难过，都劝他趁此机会调回城里工作，他姐夫已托人帮他在郊区人事局联系好单位，但他都婉言谢绝了。在尹拥军看来：一个人的生命是有限的，在有限的生命中，要永远自立、自拔、自强，为实现“四化”建设的宏伟大业，生命不止，战斗不息。

尹拥军同志参加工作以来，用自己智慧的汗水赢得了领导和同志们的信赖，两次被评为先进工作者，又被推选为晋级奖励的优秀青年，并担任了大饶港电站的副站长。他决心再接再厉，进一步努力。在“四化”建设的征途中，让青春闪闪发光。

第三节　献身人物名录

在铁山水库工程的建设中光荣牺牲及伤残者，据不完全统计，从 1977 年至 1984 年 4 月止，因公死亡的农民技工、民工共 29 人，伤残 140 人，非因公死亡的 50 人，伤残 3 人，遍及 32 个乡（镇）、88 个村。

何家祥，男，筻口乡桥埠村人，1979 年 3 月 7 日牺牲于饶港工地，终年 25 岁。

杨徐良，男，月田镇（原花苗乡柏树村）人，1979 年 4 月 20 日为排哑炮牺牲于月田改港工地，终年16岁。

傅前刚，男，筻口镇（原潼溪乡大堤村）人，1980年牺牲于运送劳力的途中，终年49岁。

李文福，男，月田镇新庄村人，1979年3月7日牺牲于饶港工地，终年22岁。

刘华辉，男，公田镇禛祥村人，1979年12月25日在工地放炮时被飞石砸伤而牺牲，终年31岁。

彭友良，男，公田镇禛祥村人，1979年12月16日牺牲于小湄洞工地，终年25岁。

赵铁山，男，公田镇（原甘田乡横铺村）人，1981年12月6日在吊装渡槽拆扒杆时意外牺牲，终年18岁。

王兴发，男，西塘镇（原昆山乡三和村）人，1979年12月12日牺牲于毛田公路工地，终年39岁。

杨汉华，男，西塘镇三店村人，1979年11月13日牺牲于小湄洞工地，终年23岁。

黄爱雄，男，长湖乡（原荆洲乡三红村）人，1980年4月21日牺牲于姑桥工地，终年45岁。

谢建明，男，郭镇乡枣树村人，1978年9月12日牺牲于大坝工地，终年18岁。

刘东风，男，张谷英镇（原渭洞乡长坪村）人，1979年3月7日牺牲于饶港工地，终年21岁。

高顺春，男，张谷英镇（原渭洞乡竹坪村）人，1979年3月7日牺牲于饶港工地，终年50岁。

张革如，男，张谷英镇（原渭洞乡竹坪村）人，1979年3月7日牺牲于饶港工地，终年26岁。

张仁刚，男，岳阳地区水电工程队队长，牺牲于付保渡槽工地，终年53岁。

邵秀魁，男，张谷英镇（原渭洞乡竹坪村）人，1979年3月7日牺牲于饶港工地，终年17岁。

刘大宏，男，张谷英镇（原渭洞乡竹坪村）人，1979年3月7日牺牲于饶港工地，终年17岁。

易群湘，男，新开镇（原五垸乡七星村）人，1979年3月7日牺牲于饶港工地，终年25岁。

杨桂初，男，新墙镇新华村人，1977年11月28日牺牲于新墙工地，终年35岁。

刘奇元，男，步仙镇（原关王乡十美村）人，1979年3月7日牺牲于饶港工地，终年26岁。

胡亚保，男，步仙镇（原关王乡召保村）人，1979年3月7日牺牲于饶港工地，终年27岁。

黄成德，男，步仙镇（原凤凰乡辛淑村人），1980年12月26日在荣湾分干渠工地放炮时被飞石砸死，终年53岁。

冯新旺，男，筻口乡移山村人，1979年3月7日牺牲于饶港工地，终年22岁。

李满生，男，公田镇长安村人，1979年3月7日牺牲于饶港工地，终年34岁。

汤四怀，男，杨林街镇四隆村人，1979年3月7日牺牲于饶港工地，终年47岁。

张奇玉，男，张谷英镇（原渭洞乡四维村）人，1979年3月7日牺牲于饶港工地，终年40岁。

谭铁文，男，四川人，1981年11月16日牺牲于长安土料场，终年33岁。

肖千祥，男，张谷英镇（原渭洞乡长坪村）人，1979年3月7日牺牲于饶港工地，终年36岁。

李检生，男，郭镇乡枣树村人，1978年9月12日牺牲于大坝工地，终年30岁。

第四节　工程负责人名录与模范单位

一、工程负责人名录

表 10：铁山灌区工程总指挥部历届领导成员一览表

姓名	职务	起止时间	工作单位及职务
陈秉芝	指挥长	1980.4—1980.6	岳阳地委副书记
王三金	副指挥长	1980.4—1981.7	岳阳行署副专员
张建邦	副指挥长	1980.4—1982.4	岳阳行署农村办公室副主任
	指挥长	1982.5—1983.11	
李怀芝	副指挥长	1980.4—1981.7	岳阳县委副书记
周保龙	副指挥长	1980.4—1980.6	岳阳市委副书记
吴玉泗	副指挥长	1980.4—1981.7	汨罗县委副书记
		1982.5—1983.11	
谢裕民	副指挥长	1980.4—1981.7	临湘县委副书记
		1982.5—1983.11	
刘阳春	指挥长	1980.7—1981.7	岳阳地委副书记
李九洲	副指挥长	1980.7—1981.7	岳阳县委副书记
		1982.5—1984.9	
李朗秋	指挥长	1981.8—1982.4	岳阳市委书记
白修身	副指挥长	1981.8—1982.4	湖南省水电厅副厅长
樊川廷	副指挥长	1982.5—1983.11	岳阳地区计委副主任
	副政委	1983.12—1984.9	
	副指挥长	1986.7—1990.3	

续表 10

姓名	职务	起止时间	工作单位及职务
黄怡雄	副指挥长	1982.5—1994.12	岳阳市农委副主任
邓协清	指挥长	1983.12—1986.5	岳阳市政府副市长
汤吉贵	政　委	1983.12—1986.5	岳阳地区副专员
刘金兰	副指挥长	1983.12—1984.9	铁山供水工程管理局局长
吴世伦	副指挥长	1984.10—1986.5	岳阳市水利局局长
陈文亮	副指挥长	1984.10—1986.5	岳阳市水利水电局副局长
沈先传	副指挥长	1984.10—1986.5	岳阳市水利水电局副局长
谭载阳	指挥长	1986.6—1990.3	岳阳市政府副市长
莫凤雏	副指挥长	1986.7—1990.3	岳阳市委副书记
黄甲喜	指挥长	1990.4—1994.3	岳阳市政府副市长
周煦奇	副指挥长	1990.4—1995.12	岳阳市水利水电局副局长
袁秋涛	政　委	1993.7—1995.1	岳阳市人大常委会副主任
程海波	指挥长	1993.7—1996.12	岳阳市人民政府副市长岳阳市委副书记
	政　委	1996.12—1997.4	岳阳市委副书记
李必寿	副指挥长	1993.7—1994.12	岳阳市水利水电局副局长
夏让初	副指挥长	1993.7—1996.12	岳阳市水利水电局局长
华克敏	副指挥长	1993.7—1995.10	岳阳市农经委主任
陈志刚	指挥长	1995.12—1998.12	岳阳市人民政府副市长
张绍清	常务副指挥长	1995.12—1996.11	铁山供水工程管理局局长
胡益强	常务副指挥长	1997.4—2000.12	铁山供水工程管理局局长
白尊贤	副指挥长	1997.4—2000.12	岳阳市人民政府副秘书长
方普文	副指挥长	1997.4—1998.4	铁山供水工程管理局副局长

表 11：铁山灌区工程岳阳县分指挥部成员一览表

时　间	指挥长	副指挥长	副政委
1977.10—1979.4	许志龙 (兼政委)	李怀芝 吴世伦 莫才明 苗富林 陈菊球	—
1979.5—1980.4	许志龙 (兼政委)	刘炳秋 李怀芝 吴世伦 饶先桂	范新民
1980.6—1981.6	许志龙 (兼政委)	廖福祥 李怀芝 饶先桂 刘炳秋	范新民
1981.7—1982.4	李怀芝	饶先桂 卢长根 马贵修	—
1982.1—1983.9	李九洲	吴世伦 卢长根	—
1983.10—1984.12	司马毅	王发祥 李传双 陈扬余	—
1985.1—1988.8	王发祥	李传双 陈扬余	—
1988.9—1991.12	王发祥	江淑凡 许石舟 龚壤山	—
1992.1—1992.12	王发祥	江淑凡 龚壤山	—
1993.1—1995.12	王发祥	江淑凡 龚壤山 陆义海	—
1996.1—1996.12	王发祥	江淑凡 陆义海	—
1997.1—1997.12	郭正旺	陆义海	—
1998.1—1999.12	郭正旺	陆义海	—
2000.1—2000.12	陆义海	—	—

表 12：铁山灌区工程汨罗市分指挥部成员一览表

时　间	指挥长	政　委	党委书记	副指挥长	副政委
1982 年	彭访贤	刘文锋	吴玉泗	彭建国	万是侬 邓发文
1984 年	秦传勋	骆树槐	吴玉泗	罗宏山 李正兴	黄雍美 黄伟才
1985 年	何知华	骆树槐	李湘岳	廖克强	—
1986 年	何知华	骆树槐	—	廖克强	—
1987 年	何知华	—	—	廖克强	—
1988 年	张胜龙	—	—	廖克强	—

表 13：铁山灌区工程临湘市分指挥部成员一览表

<table>
<tr><th>时　间</th><th>指挥长</th><th>副指挥长</th><th>说　明</th></tr>
<tr><td>1980 年—1988 年</td><td>谢裕民</td><td>陈炎林
汪石泉
孙希宾</td><td rowspan="3">临湘分指挥部于1980 年成立，1988 年撤销，1991 年重建</td></tr>
<tr><td>1991 年—1992 年</td><td>杨国民</td><td>曾祥祖
陈炎林
李国久</td></tr>
<tr><td>1992 年—1994 年</td><td>李元香</td><td>陈炎林
李国久
肖俭贵
方恩保</td></tr>
</table>

表 14：铁山灌区工程大坝指挥部成员一览表

时　间	指挥长	副指挥长	总工程师	成　员
1980.4—1981.7	张建邦	李怀芝 刘洪元	夏家仁	—
1981.8—1982.5	白修身	张建邦 刘洪元 沈　素	夏家仁	金德濂 刘全禄 赵从茂 饶先柱

表 15：铁山灌区工程移民指挥部成员一览表

时　间	指挥长	副指挥长	说　明
1980 年 8 月	李九洲	吴世伦 苗富林 李亚初 刘志耕	移民指挥部于 1985 年并入岳阳县分指挥部
1983 年 10 月	司马毅	王发祥	
1985 年 1 月	王发祥	李传双	

表 16：铁山灌区工程市郊区分指挥部成员一览表

时　间	指挥长	副指挥长	党委委员
1992.9—1994	廖月秋	郭德宝 戴福海	廖月秋 郭德宝 戴福海 侯焱生 曹国安 刘志刚

表 17：岳化饮水工程施工指挥部成员一览表

时　间	指挥长	副指挥长	总工程师
1999.7—2000.2	胡益强	陈燕斌 余长利 任伟明	刘晓明

表 18：城区统一供应铁山水官网改造指挥部成员一览表

时　间	指挥长	常务副指挥长	副指挥长
2000.12—2002.12	樊德洪	胡益强	余长利 任伟明 冯德田

表 19：铁山灌区工程主要承建单位一览表

承建单位	承建项目	负责人
湖南省水利水电工程公司	铁山水库大坝	刘洪源
湖南省水利水电工程公司机械化施工处	铁山水库大坝沙壳部分及堆石棱体填筑	李如荆
湖南省水利水电工程公司第四工程处	小湄连通洞，南干渠宏图渡槽，谢全渡槽，北干渠引水洞，常青洞，沙河渡槽的开挖、预制、吊桩，大坝溢洪道混凝土浇筑	范润生 夏嘉仁
中建五局七公司土方队	大坝黏土斜墙的填筑	赵从茂
岳阳地区水利水电工程队	铁山水库大坝导流底孔的开挖、衬砌，斜墙齿槽开挖及帷幕灌浆，姑桥渡槽，扎山渡槽，付保渡槽，渠首渡槽，南干渠首电站混凝土浇筑闸门安装，龙凤桥倒虹吸管浇筑	张仁刚
岳阳地区养路总段	公田至月田公路的修建	马贵修
岳阳市第二工程公司	北干渠凉清渡槽浇筑	刘国栋
石化部第四建筑公司	大饶港临时电站管道施工	张振邦
广州铁路局第三工程段	岳汨分干渠鲁贯塘压水管刘福湾渡槽、黄沙压水管、荣湾压水管、范家园压水管的施工	廖炳利 刘汉林
铁山灌区工程队	南干渠引水洞、太平隧洞、大荆圹隧洞的开挖衬砌、大饶港渡槽浇筑、临时电站建设安装、灌区北干渠 1900 米的开挖护砌、巴山隧洞、郭家隧洞的开挖	张琦玉 杨南康 刘大耀 刘贵若 杨黑生
铁山灌区岳阳县分指挥部	南总干渠、崩山分干渠、荣湾分干渠、北干渠岳阳县境内地段、熊市分干渠的开挖、大坝基础处理、大坝施工公路修筑、大坝溢洪道开挖、公田变电站及高压线路建设，毛田公路、库区移民后靠房屋学校的拆建、中洲垸、春风垸、杨林、兰田移民基地的建设及近三万移民的搬迁	李怀芝 李九洲 司马毅 王发祥
铁山灌区汨罗县分指挥部	岳汨分干渠的开挖贯通配套、北干渠兰头冲渡槽浇筑	彭访贤 秦传勋 何知华

续表 19

承建单位	承建项目	负责人
铁山灌区临湘县分指挥部	北干渠临湘境内地段的开挖贯通，白洋田、陈家冲梭子桥、王家圹渡槽浇灌大小冲，柒湾三号隧洞开挖护砌	杨国民 李元香
岳阳市郊区	市引水工程明渠开挖、板洞、细冲隧洞、何家畈渡山坡坳上隧洞、袁家冲隧槽、金凤水库副坝	廖月秋
岳阳市水电局水电工程处	洞下段渡槽、白水圹渡槽、廖家桥渡槽、和平渡槽、东茅坡渡槽、箱涵 1380 米及其中渡槽（5 个）的浇筑修建	邓长根 姚正祥
省水利水电第一工程公司	梅水坳、三眼塘、尖山、谢家桥渡槽	王建国
省水利水电第二工程公司	骆坪、石田畈、桃林渡槽	刘克岸
地矿局机械化施工公司	金明冲、打山坡、石头坡，暗子坡隧洞开挖护砌	卜鸿鹄
娄底地区水电工程队	九九坡、余细隧洞开挖护砌、近似畈渡槽浇灌	谢荣照
平江路桥队	柒湾一、二号隧洞，细冲隧洞	陈跳元
平江柘庄施工队	欧家、方家坡隧洞	张化平
白沙矿务局机械化公司	杨家坳隧洞、黎坡隧洞开挖护砌	宋齐国
湖南双力城建工程公司	草坡隧洞开挖护砌	刘铁山
长沙工程兵学院	金凤水库主坝坝体填筑	李德凌 李再华
华容县水电局工程队	箱涵 0+440 至 0+623	黎良平

说明：各区民工团及各乡镇建筑队承建的项目，均统计在各县（市、区）工程指挥部内

二、模范单位

修建铁山灌区工程的任务由两支队伍承担：一支是拥有较强技术力量和较多机械设备的专业施工企业，另一支是灌区受益县的广大民工和具有一定施工技术的农民技工组成的专业施工队。1977—1989 年，先后参与铁山灌区工程建设的专业企业有 17 家。渠道建设、库区建设、移民基地建设和枢纽工程建设中不便于机械化施工的土石方开挖及回填任务，全部由受益县（市）组织的民工承担，岳阳县和汨罗市参加铁山灌区工程建设的民工达数十万人次，这些队伍在这项当时湘北最大水利工程的建设进程中，以自己高昂的士气和严谨的作风为历史留下了闪光的一页。下面记述的就是两个模范队伍的事迹。

（一）公田区民工团

1977 年冬，岳阳县动员民工 35000 余人（高峰时达 7 万余人）修建铁山灌区工程，由公田、甘田、杨林、兰田 4 个公社所调民工组成的公田区民工团，除承担修筑进场公路、溢洪道、小湄连通洞明渠和南总干渠开挖以及上游挡水围堰等项工程的施工外，主要是配合修筑铁山水库大坝的各专业施工单位，担负一切无法使用机械操作的劳动任务。从 1977 年 10 月 12 日部分先遣队抵达工地，至 1982 年 4 月大坝竣工的 6 年中，公田区民工团共投入劳动日 145 万个，完成土石方 57 万多立方米，护坡块石 2 万多立方米，粗细反滤料 2.5 万立方米，清砂 30 万立方米。通过指挥部验收，所有承建项目均符合设计标准。

在铁山水库工程数以千计的大小工程项目中，铁山水库大坝是一项国家投资多、施工难度大、质量要求高的关键工程。铁山水库大坝坝址位于公田镇东北 4 千米处的铁山口，这里是新墙河上游的月田港和毛田港的汇合处，流水常年不断，一遇山洪暴发，河水翻腾，浊浪排空，惊心动魄。要在这里修建大坝，首先必须截断上游来水，为大坝基础清理提供起码的施工条件。这是一项十分艰巨的工程，公田区民工团接受这一任务后，决定由甘田、杨林、兰田 3 个营的 4600 名民工负责施工。开始时清沙工作进展顺利，但深挖 2 米以后，潜流便大量涌出，数千民工经过一整天的辛勤劳动，清理出大量淤沙，到第二天早晨，潜流又将这些淤沙全部“送”回了原地。而且越往下挖，潜流越大，以至上午挖出的淤沙，下午又完全复归原位。针对这一情况，公田民工团的团、营干部及时召集有治沙经验的老民工和工程技术人员座谈，寻求解决方法，最后得出结论：要使清沙工作顺利进行，必须一面清沙，一面抽水，而且要坚持日夜施工，不能停顿，只有一气呵成，才能战胜潜流。于是，公田民工团请求指挥部调来大批抽水机，所有民工分成三班，日夜轮流作业。团营主要干部一律深入现场，跟班指挥，协调抽水机手与清沙民工的行动，做到紧密配合，防止顾此失彼。

然而，一场早到的大寒潮突然袭来，工地上雪花飞舞，滴水成冰，施工更加困难，但大坝清基即将开始，挡水围堰只能提前竣工，不能推后。同时巨大的潜流也不允许停工，否则必将导致前功尽弃。关键时刻，民工团党委决定：清沙民工和抽水机手仍维持日夜三班作业，团、营干部则分成两班现场指挥，每班工作 12 个小时，而且主要负责干部全都安排值晚班。在大雪纷飞、寒风刺骨的深夜，施工人员身上穿的雨衣，全都结上了一层冰，只要抖动雨衣，便响起冰层碎裂的铿锵之声。这年冬季，一个月内竟出现了 3 次寒潮，持续时间达 14 天，大大增加了夜间施工的难度。挑沙的民工，因为肩挑重担，来往走动，处境稍好一些，而挖沙的民工，要站在水中劳动，时间一长，人人冻得嘴唇发紫，浑身长满鸡皮疙瘩。在这关键时刻，上至指挥部主要领导，下至公田民工团团、营干部全体出动，上夜班与民工一同作业，经过大家的共同努力，清沙进度明显加快。固定围堰基坑平均下挖 4 米以后，尽管抽水机日夜运转，但从河床上游渗来的巨大浸水，仍造成堰基四周的沙墙不断崩塌，致使架在基坑两边的抽水机不能正常运转，特别是挖到距岩石仅 1 米多深时，矛盾更为突出：场地窄小，渗水加大，抽水机不能全部启动。指挥部通过召开“诸葛亮会”，发动有治沙、治水经验的老农和工程技术人员一起出主意想办法，最后决定用黄土加拌水泥搓成一个个小泥团，在基坑四周堆成一米多高的挡水“围墙”，用小型抽水机将围墙内的水抽至围墙外，再用大型抽水机将水抽到坑外，以便彻底清除堰基基坑内的全部积水。2000 名民工奋战两个昼夜，用上万个泥团堆成一条周长 230 米的“围墙”，抽水机抽干了围墙内的积水，接着挑走了淤沙，终于彻底清除了深达 5 米以上的泥沙，民工们又用抹布拖把清扫干净，使深褐色的花岗岩和板岩显露出来。接着采用人工填土与机械碾压相结合的方法，终于在 11 月 27 日胜利完成挡水围堰工程。公田民工团为此投入 4 万多个劳动工日，移动沙石土方合计 5 万多立方米。

固定围堰工程刚刚竣工，甘田、杨林、兰田 3 个民工营和公田民工团指挥机关未经休整，立即转入大坝基础清理的施工。当时春节即将来临，而且进入隆冬季节，广大民工不想家务事，不怕天气冷，坚持连续作战。首先要清除 1959 年春铁山水库大坝被洪水冲毁后留下的土方，这些土方浸在水中近 20 年，早已成为一片稀泥，清除难度极大。民工们冒着 0℃左右的严寒，整天在水中作业，手脚冻僵了，就上岸休息片刻，然后接着再干。凭着这种拼命精神，仅用 10 天时间，公田民工团就啃下了这块硬骨头。随后是继续清除长、宽各 200 余米的坝基上的全部泥沙，直至露出坚硬的岩层，清基任务才结束。在开挖长达 200 余米的齿槽时，为了不让一片碎石、一粒细沙、一点淤泥留在石缝中，民工们先用高压水龙头冲洗石缝，再用铁抓子抓，最后用刷把刷和抹布抹。在槽坑回填黏土时，各民工营作出“三不进坑”和“三不打硪”的规定：即含有砂石的土不准进坑，湿度大的土不准进坑，混有杂草，木屑的土不准进坑；堆土高度超过 25 公分不打硪，土块大不打硪，土层不平不打硪。同时要求打硪的干容量每立方米未超过 1.6 吨，坚决不准进第二层土。一次，甘田民工营发现填入上游齿槽的约 130 立方米土层湿度稍大，便立即组织 10 架石硪，花了 6 个小时，打完 17 遍后，经检查符合施工要求，才同意验收。在填筑大坝斜墙时，虽然近在咫尺之内的两傍山坡上即可取土，但经化验，土中含有少量沙石，民工们不惜舍近求远，从距大坝两千米以外的公田公社长安大队运来优质黏土，按设计要求完成了斜墙进土任务。1978 年 1 月上旬，杨林民工营接受了为斜墙处理突击筛选卵石 800 立方米的任务，营干部经过检查，发现原有筛子的筛孔稍大一些，为了保证卵石规格，3 个营干部和 10 名民工从晚饭后奋战到黎明前，加工成 20 部符合要求的钢筛，比规定时间提前一天，将 800 立方米卵石运到指定地点，受到专业施工单位的表扬。在大坝修筑期间，公田民工团先后完成清基土方 30.2 万立方米，清基石方 6.69 万立方米，负责供应坝壳砂砾料 49.83 万立方米，上游铺筑石渣 6.79 万立方米，上下游反滤料 1.12 万立方米，上游护坡块石 1.6 万立方米，下游护坡混凝土块 524 立方米，完成下游护坡草皮 5500 平方米，经工程指挥部和专业施工单位检查验收，承担项目全部符合标准。

在铁山水库大坝长达 4 年的施工期间，公田民工团始终充当各专业施工单位的配角，从事一切无法使用机械操作的工程项目，其施工速度和质量多次受到各级领导和专业施工单位的赞扬。1984 年，铁山水库大坝被水利电力部授予优质工程称号，这其中自然也凝结了公田民工团的一份心血。在小湄连通洞明渠和南总干渠开挖等项工程中，公田民工团同样以较快的速度和全优的质量受到好评。

（二）汨罗市施工队

1982 年 10 月，由汨罗市负责修建的岳汨分干渠和灰山支渠动工时，根据设计要求计算，需开挖土石方 174.74 万立方米，安排劳动工日 198.83 万个。汨罗县委县政府作出决定：由汨罗江以北地区的 14 个公社组成 14 个民工团，实行“按亩收费、按劳派工、以工抵费、完工结账、多退少补”的办法，将施工任务逐级落实到大队、生产队和农户。几天时间，就动员 2 万余名劳动力开赴工地，在总长 25.86 千米的渠道上全面铺开施工。

为了抢在雨雪天气到来以前如质如量完成工程任务，所有民工坚持集体餐宿，统一行动。除在沟渠两侧借用部分民房外，还搭起 20680 平方米的临时工棚，组建 1416 个伙食摊子，并设立一批医疗点和代销店，专供民工就近医治小伤小病和购买日常生活用品。为了加强对民工队伍的领导，汨罗市委、市政府共抽调县级干部 3 人、科局级干部 33 人、一般干部和职工 249 人到工地现场指挥；14 个民工团中，共有 70 多名公社党委委员以上干部和 240 多名公社干部与社办企业骨干；165 个民工营中，共有大队党支部委员以上干部 365 人，大队其他干部 130 人，做到领导干部带头，与群众同甘共苦。

铁山灌区工程汨罗县分指挥部机关也迁往工地中心地段办公，并在龙风桥、石浒、唐坊、磊石设立 4 个指挥所，分段划片，包干负责，实行面对面的领导。为了确保工程质量，由分指挥部派出 38 名水利工程技术人员，驻守各民工团、营现场指导施工，各民工团还配备一名具有多年农村工作和水利基本建设经验的科局级干部协助工作。汨罗县分指挥部十分重视改进施工管理办法，根据渠道不同地段的地形、土质和地势，因地制宜，建立多种形式的施工责任制，做到宜统则统，宜包则包。对施工任务大、质量要求高的大填方区段，由两个大队组成一个生产队联合施工，统一填土，统一夯压；对施工难度较大的深切方区段，按工程数量和场地情况，统一调配，组织青壮年劳力突击施工；对渠道较长、属于半挖半填的工程，则以独户或几户联合，分段承包土方任务；对整坡、护坡、开挖排水沟等技术性较强的工种，规定合理的定额，由民工团、营调集具有一定施工经验的农民技工组成专业队，负责统一施工，使工程标准保持一致，农民技工的劳动报酬高于普通民工。

为加强工地的思想政治工作，活跃民工文化生活，汨罗县分指挥部在工地设立广播室，架设高音喇叭 38 个，及时通报施工进度，大力表扬好人好事，鼓舞士气；电影队经常到工地巡回放映，慰问广大民工，调剂精神生活。广大民工的劳动积极性不断高涨，施工进度快，工程质量好，受到铁山灌区工程总指挥部的通报表扬。

第八章　文化耀千秋

铁山库区自古民风淳朴，物产丰富，风光秀丽。千百年来，一代又一代库区人民群众，胼手砥足，在这块土地上繁衍生息，以其勤劳智慧，孕育了鲜明独特的习俗和风情。库区文化主要包括民俗风情、方言谚语、文学作品等，库区的方言在特定的地域环境中产生，随时代发展而变化。

第一节　民俗风情

一、生活习俗

（一）饮食

库区居民历来以大米为主食，兼食红薯、小麦、豌豆、蚕豆、绿豆等杂粮，一日三餐，中午为正餐。有喜食糯米加工的粽子、元宵、年糕、糍粑、粉饼、粉丸等习惯。新中国成立前，因土地集中在少数地主富农手中，殷实人家常年吃大米，贫苦人家除夏秋收获季节吃点白米饭外，其他时间以杂粮为主，遇上青黄不接，常以薯藤、野菜充饥。新中国成立后，农民分得土地，大米主食量逐年增加。库区居民吃菜喜辣，做菜时多以辣椒为佐料，兼以大蒜、葱花、韭菜、生姜、胡椒、豆豉、酱醋等调味配色添香。20 世纪 80 年代以来，菜肴讲究色、香、味、形。库区水域宽广，水产丰富，人民以鱼为菜较为普遍。所吃肉类以猪肉为主，兼以牛、狗、鸡、鸭等和黄鳝、泥鳅、团鱼（鳖鱼）及其他野味。除日常所食菜肴外，民间喜加工制成腊鱼、腊肉、霉豆腐、腌菜等具有特色的菜肴。霉豆腐制作：将压干的白豆腐切成四方小块，装进垫有稻草的器物中，放在比较温暖潮湿的地方，待长霉呈黄色，再拌盐和红辣椒粉，加入少量白酒，装于瓦坛密封，经半个月即成，色红味辣，香鲜可口。

库区常用饮料以茶、酒为主，境内饮茶有茶叶椒子茶、生姜芝麻茶、芝麻豆子茶、糖茶、盐茶、芝麻茶叶茶等。饮酒以谷酒（用稻谷酿成）和各类瓶装白酒为主，小麦、高粱、红薯丝等杂粮酒次之。库区一带常用糯米酿成甜酒饮用。

（二）服饰

县境在清末时，民间衣料为自织加染土棉布，殷实人家常用绸缎和绣花布。民国初期，布料款式无多大变化。民国中期以后，款式布料大有变化，农村仍多为大襟式和对襟式。新中国成立后，库区居民普遍着汉装。“文化大革命”时期，青年男女一度盛行穿黄色军装，腰扎皮带。20世纪70年代以后，特别是1978年以来，服装款式变换不定，衣料向人造纤维、皮、毛呢料发展。

在清末，库区居民不论男女皆蓄长辫，男子盘在头顶，女子垂于脑后，女子结婚时将头发盘成髻（俗称“粑粑头”）或梳成螺蛳头，老人爱留胡须。辛亥革命后，提倡男子剪辫，长辫逐渐减少。20世纪30年代以后，“粑粑头”被“下江头”（头发留至颈项下）取代。20世纪50—70年代，男子多剃平头和西式头，老人剃光头，青年女子蓄双辫，额前留“刘海儿”。20世纪80年代后，男女青年喜电吹烫发，做各种发型。

在清末及民国初期，库区居民多穿草鞋、手工布鞋、棉鞋，雨鞋为油鞋、木屐，城镇到民国中期，兼有少量皮鞋和胶底鞋。20世纪50—60年代，仍以布鞋为主。20世纪70年代后期，鞋类品种增多，皮鞋、皮靴、皮凉鞋、胶鞋、球鞋、热塑凉鞋较为普遍，手工制鞋已为罕见。

（三）住宅

清末至民国时期，库区居民住宅多为坐北朝南的砖木结构，兼少量芦壁及土墙茅屋。殷实大户讲究“上、下几重”，几十甚至数百间连为一体，构成深宅大院，整座屋或1门3进4厢房，或1门3进4横堂，条石下基，青砖青瓦，正堂后墙立家神，供节日和喜庆祭祀祖先。一般人家，房屋简单，多1正1偏或2正1偏，有的几代同室而居，正屋住宿，偏屋烧火做饭，兼有少数连3间（中堂、两边正房，另搭偏房烧火、饲养牲畜）。新中国建立后，居民住房条件逐步改善，芦壁茅屋、土屋日见减少，青砖瓦房普遍兴建，多为连3间、连4间、明5暗5、明3暗6、明5暗9、明5暗10结构，农村多用木花格窗，城镇多为油漆玻璃窗。80年代中期以来，库区住房向砖混结构楼房发展，居室讲究宽敞、舒适，装饰美观大方。

库区居民旧时砌屋有很多讲究，首先请“风水先生”择地定屋向和选破土下墙脚时间。破土前，主家先插香于地基，以酒肉敬奉“土地神”，然后用锄头象征性地在5方破土。接着，便有发木、竖大门、行墙、上楼脚、上主梁、安家神等主要程序。各程序中要给工匠“红包”（喜钱）。竖大门、上主梁要择时定日，工匠赞词恭贺主家。上主梁时，东家从屋顶上撒糖果、饼干、香烟，给看热闹的人吃，以讨吉利。房屋竣工后，还请和尚、道士念经，同时奏鼓乐，鸣鞭炮，或主家自己燃香放炮，烧纸敬神，大谢土地。

二、婚丧喜庆

（一）生育

妇女怀孕又叫“坐喜”“驮肚”“有喜”，怀孕后要吃保胎药。旧时，有在大门上悬镜子压邪或吃“神水”，烧“安胎文”保胎的。分娩后，即放鞭炮向邻里报喜，再由孩子的父亲或请人到外婆家报喜。报喜人回家，外婆家还要给“喜钱”。婴儿出生第三天，用艾蒿、荆芥、陈茶叶、银花藤等煎水洗涤全身，称“洗三朝”。并请客举行庆贺仪式，亲朋好友、左邻右舍前来庆贺，外婆家即送衣服、鞋袜、帽子、摇篮、木枷椅等“三朝礼”，邻里朋友为婴儿“送号”，称送“号匾”。此时，算命先生也来道贺，送“关书”，内载生庚八字及12岁童关，来讨喜钱。居民还有拜干爷的习惯，以保孩子顺利成长。一般是拜生干爷，也有拜石干爷的（即拜石头）。满月，吃“满月酒”，亲朋好友给婴儿赠送长命锁、项圈，锁上刻有“状元及第”“五子登科”“长命富贵”等字样，现时多送玩具。孩子满岁又叫“抓周”，主家摆席设宴，亲朋邻里前来祝贺小孩第一个生日。宴后，在床上或垫子上摆上书、墨、糖果、饼干、算盘、玩具、钱币、剪刀、秤、尺之类东西，让小孩去抓，以测试孩子的前途。到了12岁还请客庆贺孩子顺利渡过12岁“童关”。

库区部分地区生育中禁忌甚多，怀孕期间，忌屋前屋后家中动土移物，忌砍剁门槛，忌单独行走，忌婴儿生在外面或娘家，婴儿未满月忌剃头，还搞一些迷信避邪，如在产妇床顶上搭男裤、门上挂锁、门槛下横扁担、门上贴符等。

新中国成立后，上述带迷信色彩的内容已不多见，但报喜、洗三朝、喝满月酒、抓周等习俗仍在沿袭。

（二）婚嫁

清末至民国时期，男婚女嫁，全依“父母之命”“媒妁之言”，先由男方托媒人向女方家提亲，女方家同意，即互相转告生庚，各请算命先生推算，男女生庚是否相合，称“合庚”。婚期临近，男方备好“团书”及“三茶六礼”（“三茶”为糖、蛋、饼；“六礼”为肉、鱼、鸡、面、酒、糍粑），请人同媒人送到女方家，女方家放鞭炮迎接，称“报日”“报结”，再将女方衣单、衣样带回。结婚前两天，男方还得备些彩礼，贴双喜字，由“披红”媒人带领送到女方家，称“过礼”“催嫁妆”。第二天，女方送嫁妆至男家，男方于大门口列队接妆，鞭炮迎接。

迎亲之日，女方请已育妇女给新娘整容，先用线绾成剪刀叉，拔去脸上汗毛，再涂胭脂、香粉，称“开脸”，梳头绾髻，以区分闺女与妇人。是日，男家张灯结彩，抬花轿，去女方家接亲。女家办酒席，称“出亲酒”，又称“离娘酒”。中午设宴款待亲友及贺喜邻里。新婚第三日，女方接女儿、女婿回家，称“回门”，女方宴请亲朋吃“回门酒”。婚后，由男方送一个猪头及酒、面条、鞋袜等给媒人，称“谢媒”，婚嫁即告完毕。新中国建立后，婚嫁习俗大有改变，陋习不断革除，结婚仪式逐步简化，未婚男女多由亲朋好友搭桥牵线，男方到女方相亲，或自由恋爱，互相了解，增进感情，定婚由男方宴请女方父母、主亲及介绍人，主办定婚仪式。

（三）寿庆

库区居民历来有为高龄老人祝寿的习惯。年过半百，殷实之家即做整寿，60岁以上，年年庆寿，而以逢五、逢十最为隆重。境内还有小孩12岁做“童限”，意即小孩“关星顺渡”。又有在36岁特意做寿的，认为“神仙难过三十六，喜的喜，忧的忧”，做此寿为庆贺幸存长命。新中国成立后，寿庆仪式逐渐简化，不再跪拜，只设宴庆贺。

（四）丧葬

库区丧葬素来是木棺土葬。封建王朝时期，仪式繁琐，迷信色彩浓厚。老人临终，晚辈子孙必须守候床前送终，老人断气烧倒头纸九斤四两或三斤六两，放鞭炮，请人到亲朋家报丧。第二天即烧死者生前衣物，称“发箭”，随后即摆灵，请和尚或道士挂圣像诵经，超度亡灵。亲朋邻里前来跪拜亡灵，称“看老”“吊孝”，孝子跪于灵前接哀回拜。出殡多为早晨（半上午），安葬死者后，再烧为死者扎的纸篾阴阳屋（俗称灵屋）、封包纸钱、元宝财箱、金山、银山等（称化财）。葬后一连三天，每晚须到坟上送灯，烧烟把，第三天孝子、孝孙及至亲要去坟上培土，称“三朝复土”。死者满百日要到坟上烧纸钱。新中国成立后，移风易俗，许多带迷信色彩的丧葬内容一度消失，以开追悼会、送花圈为悼念形式。但烧倒头纸、看风水、披麻戴孝、坐夜唱孝歌、化财烧纸钱等习俗一直沿袭下来。

三、岁时习俗

（一）春节

农历正月初一，为一岁之首，称为新年，是一年中最为隆重的节日。正月初一清晨，雄鸡报晓之时，男户主起来打开大门，鸣放爆竹，叫“开财门”“出天皇”“接财神”，然后用茶盘托一猪头，点香，放爆竹，立于地坪前敬天神。这一天，全家男女老幼都穿新衣，称“去旧迎新”，堂前灯烛辉煌，香烟缭绕，合家敬过天地，拜过祖宗后，晚辈向长辈拜年。

库区旧时拜年，素有“初一崽，初二郎，初三初四拜街坊”的规矩，库区初一有上山拜祖坟的习俗。贴春联是普遍的习俗，也有在大门门扇上贴门神、财神或送子娘娘之俗。春节期间，玩龙舞狮是由来已久的习俗。

春节写对联风俗　　（摄影：李斌斌　2018 年）

玩龙灯一般初五出灯，十五收灯。舞狮时，每舞一阵即停下来由一个或几个人轮流唱赞词，称为“喊彩”，各家争相燃放鞭炮。

（二）元宵节

即正月十五，又称“上元宵”“上元佳节”，各家通宵灯火长亮，有吃元宵坨的习俗。

（三）三月三

即农历三月初三，境内有地米菜煮鸡蛋当节日食品的习俗。

（四）清明节

俗称“上坟节”，一般在农历三月间，但库区人们忌正清明上坟，多在清明前后，有“前三后四”之说。择日到祖先、亲属坟前燃香、摆贡果、烧纸钱祭祀、插挂山纸、修整坟堆、清扫墓地。

（五）端午节

端午节又称端阳节。县境以农历五月初五为小端午、十五为大端午，民间以过“小端午”为主。端午节期间吃粽子、喝雄黄酒，并采艾叶、菖蒲插于门墙上，在小孩脸上涂雄黄，屋内放雄黄爆竹，以祛病避邪。

（六）中元节

农历七月十五为中元节，又称鬼节。旧俗认为这日为鬼神出没之日。自七月初一起，各家各户接祖先回家奉祀，每日三餐供奉，到七月十五夜烧纸钱于家神前，也有在此期间为新亡故父母除灵、化财的习俗。

（七）中秋节

农历八月十五是中秋节，是日各家团聚一起，吃中秋月饼和圆形糯米团，故有“团圆节”之称。

（八）重阳节

农历九月初九为重阳节，又称重九。旧俗喜结伴爬山、朝庙、喝菊花酒。

（九）腊八节

农历腊月初八为腊八节，是日民间喜做腊八豆，喝腊八粥。

过完小年，每家每户开始筹办过年事宜，如做糍粑、烫粉皮、杀年猪、磨豆腐、备炒货（花生、豆子、干红薯片）、做新衣等。二十八，家家户户扫扬尘，谓除旧迎新。三十（月小为二十九，也称大年三十），一大早，大人、小孩天亮起床，放爆竹，然后祭祀祖先。旧俗吃年饭前，一些同姓家族要集体到祠堂摆香烛、陈供果、放铳炮，以祭祖宗和敬天地。新中国建立后，祠堂已废，但年饭前，各家在家神边祭祖宗，敬天地，吃年饭时，燃鞭放铳，关上大门吃饭，谓“关财门”，为庆贺团圆，于饭桌上多摆几双筷子，以求来年人丁兴旺，或示思念远方亲人、纪念亡故亲人。

大年三十晚，全家围炉向火，谈笑风生，彻夜不眠，称“守岁”“除夕”。大人给小孩压岁钱，小孩们手提灯笼，成群结队，到本屋场和邻近屋场走家串户道恭贺，谓之“辞年”，东家以糖果、花生、饼干、爆玉米等零食分给小孩。

四、生产习俗

（一）农业生产习俗

新中国成立前，县境水稻一年只种一季，秋收后种油菜、荞麦、秋茴等旱粮作物，新中国成立后，逐渐改为一年种两季水稻。犁耙多则四犁四耙(即每犁一次加耙一次)，少则两犁两耙。插田之日，扯头手秧，称“开秧门”，一般是放鞭炮庆贺。请帮手插田时，半上午要送茶酒到田头“过中”，要分盐蛋或饼子、包子，称“发栽田包”。为防止“发秧婆风”（扯秧时，手、脚沾毒而肿），第一次下田扯秧时，扯秧一把，拦腰插入泥里，使秧蔸向上。逢久旱不雨，则抬菩萨、立神坛、烧香跪拜、敲锣打鼓，昼夜不停，称“求雨”。遇禾苗发生虫灾，则扎草龙、抬菩萨、敲锣打鼓游乡，或用竹子夹纸钱，涂以雄鸡血，插到禾田里，以祈消灾，称“青苗祭”。

（二）畜牧业习俗

山区一带多养黄牛，喜分养。母牛产子时，多由牧牛人接生，若胎包未下，则于脐带处系以草鞋或草把，认为这样可引出胎包；小牛下地后，立即将四蹄胶层剥去，剥下的蹄胶称“八卦”，接生者凭八卦向牛主报喜，牛主须给喜钱；对病牛、老牛，多不宰杀，牛临死时，主人给牛戴上草帽或斗笠，披上衣服，让其自然死亡。人们认为牛一生太辛苦，愿其“来世变人”。新中国建立前，山区或丘陵一带一般不养种猪和母猪，认为养种猪是“不光彩”，唯有一些孤人或半残人才养种猪，用以谋生。小猪出栏，谓之“散窝”。凡小猪、肉猪卖出时，主妇要提潲桶在屋门口大声唤猪，认为这样才不会使自家“空栏”；每年端午节要在猪栏上点香、插菖蒲艾叶，称“敬猪栏神”；除夕夜，要烧香燃烛，在猪栏墙壁上贴“六畜兴旺”的红纸条。

（三）手工业习俗

库区称手工业者为“匠班师父”，手工业者称请其做手艺的主家为“东家”或“主东”，称所做业务为“东老”。学徒从师称“拜师”，称其师为“师父”，称其师妻为“师母”“师娘”，有“一日为师，终身为父”之说，学徒期限，皆为三年。学徒从师期间，要包揽师父家一切家务，有“徒弟徒弟，三年奴隶”之说。学徒脱师后，仍要向师父送节礼、年礼。剃头在各类匠班中位处最末，遇别的匠班在一家时，剃头工具箱不可放于堂屋上方或东方；剃头时，剃头师傅未打湿手，不可按剃头者的头，谓“五龙不下水，老龙不低头”；对不同剃头人，要从不同位置下剃头刀，有“左剃君王右剃臣，劈面一刀出家人（僧、道），后边剃的钉抓钉（手工业者）”之说等等，新中国成立后，有些习俗已被废除。

第二节 方言谚语

岳阳县铁山水库地处湘方言区的最北端。长期以来，湘方言、赣方言、西南官话三大方言相互渗润而发生的微妙演化的积累，使得库区方言具有“边缘方言”“十里换三音”的复杂性和特殊性。有［io］韵，无［uo］韵，这与西南官话相同，［on］韵又跟赣方言共有，这都说明库区方言不同程度地受到西南方言和赣方言的影响。从整体来看，库区方言更多地具备湘方言的特点。

一、词汇

（一）天时

北风头上——最当北风的地方
伏天里——夏天
当昼——正午时候
麻雨——毛毛细雨
落雨——下雨
日里——白天
扯闪——闪电
春间上——春天里

（二）动物类

抱鸡婆——孵小鸡的母鸡
蚌壳——蚌
蠓里——蚊子
飞毛里——蝴蝶
凶鸡——公鸡
土狗崽——蝼蛄
义黑里——蚯蚓
牛婆——母牛

（三）植物类

苞谷——玉米

茅草菌里——野生蘑菇

地木耳——木耳的一种

小弯豆——豌豆

米——大米

番茄——西红柿

高笋——茭白

水瓜——白瓜

（四）称呼类

姆妈——母亲

亲娘——岳母

媳妇——儿子的妻子

叔伯老弟——堂弟

亲爷——岳父

阿公——外祖父

叔的——叔父

姨老表——姨妈姨父的子女

（五）生活类

把碗——有把的茶杯

保人——中人

抱耳风——腮腺炎

茅纸——手纸

扒子手——扒手

背颈筋——脊梁骨

绑带——绑腿

刨木屑里——刨木花儿

（六）服饰类

半截裤里——短裤

抱肚——小孩的兜肚

马褂子——马甲

裙里——裙子

皮荷包——钱包

片里——尿布

斗篷——雨笠

长褂子——长衫

（七）生活起居交际类

礼行——礼貌行为

来成——相互往来

歇火——休息

人家——邻居、亲戚朋友

困中觉——睡午觉

得罪答咯——客人临行时，主人自谦的话

（八）婚生病死类

踏家——订婚前，女方第一次到男方家跟男方见面

下堂——女人丧偶再嫁

抬家业——过嫁妆

大肚子——孕妇

上门——男到孺妇家入赘

填房——继弦

猪婆疯——羊角风病

（九）饮食类

中饭——午饭

焦皮——锅巴

过中——中餐前小吃

相料——调料

鸡杂细——鸡的内脏

宵夜——睡前小吃

现饭——剩下的饭

水坨里——糯米粉坨子

（十）介词类

紧——紧她哭

得——到	快躲得屋里去
把得——被	今日把得老师骂了
对倒——对着	他对倒我笑

二、俗语

逼倒牯牛下牛崽。

平时不烧香，急时抱佛脚。

饭碗里不碰倒，粥碗里会碰到。

放碗不放筷子。

天塌下来有长子顶倒。

铁匠无样，边打边像。

日里跑四方，夜里补裤裆。

穷人家里怕崽大。

口里喊哥哥，手里摸家伙。

树叶里落下来怕打破脑壳。

行要好伴，住要好邻。

宁可吃个欠，不可吃个厌。

求官不到秀才在。

好吃如小赌。

进门看脸色，出门看天色。

勤快勤快，有酒有菜。

儿多母苦。

一个鸡蛋吃不饱，一个名声讲到老。
做官莫向前，做客莫落后。
床前教子，枕边教妻。
三句好话当不得一马鞭。

三、谚语

九月重阳，移火进房。
热在三伏，冷在三九。
六月间落雨隔田塍。
春无三日晴。
清明断雪，谷雨断霜。
先打雷，后落雨，当不得一窖大露水。
三月三，蛇出关，九月九，蛇进土。
相思山，雾齐腰，塅上伢崽有柴烧。
盐罐回潮，大雨难逃。
不冷不热，五谷不结。
宁种一日迟，不种一日湿。
雷打冬，十间牛栏九间空。
宽秧田，窄菜园。
清明早，立夏迟，谷雨种棉正当时。
禾种下泥百日饭。
牌场四八刀，满桌都杀高。
莫讲过头话，莫喝过量酒。
饭是一根绳，捆倒一家人。
天干无露水，老来无人情。
低头剁肉，抬头看人。
盆大刮得粥来。
人败人，无一成。
人到八十八，莫笑别人跛脚瞎。

人不亏地皮，地不亏肚皮。
牛怕栏里水，马怕满天星。
粒米成箩，滴水成河。
家鸡打得团团转，野鸡打得满天飞。
官断不如乡评。
鸡蛋内里杂骨头。
墙内讲话，墙外有耳。
稀泥巴糊不上壁。
县官不如现管。
野鸡顾头不顾尾。

四、歇后语

荞麦田里捉乌龟——手到擒拿
瞎子牵叫驴子——松不得手
告花子起早床——假忙
癞子戴斗笠——受活磨
黄瓜打锣——去了一大截
菩萨架法——病人受罪
麻雀里捉灰面——糊倒一把嘴
桐油灯盏——拨下亮下
聋子的耳朵——摆势
告花子烤火——只往胯里扒
狗咬刺猬——没地方下口
水底赶团鱼——越赶越深
猪油炒白菜——荤不荤，素不素
亲家母的花鞋子——借的
老鼠上称钩——自称自
脑壳上笼袜子——不是角也是角
瞎子磨刀——快哒

第三节　文学作品

一、诗歌

铁山水库

熊楚剑

巍巍一坝锁烟霞，如画湖山入望赊。
愿得清流常不断，春风杨柳万民家。

沁园春·铁山

汪亮城

铁山峡谷，锁住蛟龙，筑起金墙。换古州新貌，洞穿峻岭，山凿深沟，彩虹堂皇。开渠千里，灌田百万，稻菽胜似桂花香。迎朝霞，望湖天一色，如到苏杭。渠水源远流长，引文采风骚竞诗忙。昔岳阳有楼，子京辑阁，仲淹作赋，百世流芳。继往开来，振兴中华，马列远比孔孟强。看今日，喜英雄辈出，再谱新章。

一九八四年市政协组织参观铁山水库

朱茂松

乘风登大坝，联袂泛轻舟，
山翠水尤碧，水深山更幽。
船穿山影过，花映水天浮，
指看峰峦远，沟溪汇大流。

五律·铁山水库

库蓄千溪水，渠流万壑泉。
波平鱼白乐，山翠树如烟。
电网输财线，灌区致富渊。
涓涓进城市，滴滴沁心田。

铁山水库之歌

李曙初

拦河筑坝挽狂澜，妙手驱机锁铁山。
千里渠流村守富，岳州五县换新颜。

水龙吟·铁山水库大坝竣工十周年纪念

云山山麓平湖，十年浇灌巴陵地。不忧水旱，乡村电亮，千红万紫。三县田园，众山林木，满川鱼米。看银渠飞浪，流金泻玉，家富裕，人欢喜。

别是一番风味，旧河床，稻棉荸荠。绿杨翠黛，画楼朱阁，小桥流水。更荡轻舟，满湖星岛，淡妆凝睇。有蜃楼海市，渐迷濛自远方升起。

水龙吟·铁山水库

拦山锁住苍龙，巴陵五县分甘露①。湖开玉镜，江离故道，汪洋水库。挡住泥沙，垦增田地，更调风雨。看雁横天阵，鱼冲丝网，青翠岛，星罗布。

经历几多艰苦，建湖人，隔山取土。包沙大坝，导流涵洞，沤心幕府。渠道龙游，渡槽虹挂，山川飞舞。竖碑林一座，揭开新世纪英雄谱。

①五县指岳阳、临湘、汨罗、南区、郊区五县（市、区）。

铁山水库之歌

万辉华

（一）

抗旱排涝稼穑艰，白流空叹失潺潺。
几年驱地移云梦，一坝横江堵铁山。
碧水低沉田稻穗，清泉远送市城关。
渡槽渠道龙游处，瘠壤还青露笑颜。

（二）

大云山下水滔滔，灌溉农田效益高。
发电徐观山地亮，养鱼还慰市民劳。
八方游客惊星岛，一棹行歌赋楚骚。
景点天然湖碧透，清幽自得钓金鳌。

铁山水库

徐文斌

千峰万壑汇群流，水漫平湖百岛洲。
疑是广寒抛碎玉，楚天河汉碧螺浮。

浪淘沙·铁山灌区

李贤添

坝堵铁山前，威力无边，拦河发电保农田。锁住妖龙消水患，开创新天。

渠道引清泉，跨涧越巅，撒向万顷米粮川。重整山河兴五业，永乐长年。

桂枝香·铁山水库行

石措磐

平湖森森，紫燕戏轻舟，停立船头。喜看锦鳞上下，思绪沉浮。银河两道分南北，造福黎民乐悠悠。彩灯齐放，琼楼仙阁，云梦风流。往日耕耘靠天收，白了少年头，唯见沙丘。银锄铁臂惊天地，荒山秃岭披绿绸。夕阳几度，来日方多，后乐先忧。

请毛致用同志为《铁山银河》一书题名作序有感

李柏森

精神焕发复安详，未改乡音篢口腔。
三次登门怀旧谊，一帧合影谱新章。
题名作序深情注，字里行间哲理藏。
政绩昭昭人共仰，清风两袖大名扬！

喜看铁山北干渠引水入市

王自成

（一）
平湖高峡出雄关，锁住连云水一湾。
凿洞开渠三百里，铁山今始变金山。
（二）
一自银河落铁山，长渠劈过万重关。
岳阳引得清清水，汗洒源流几道湾。

铁山灌区工程颂

李儒风

建　库

洪害沙灾自古愁，英雄腰斩起宏图。
上拦洪水成沧海，下改沙滩变绿洲。
电照山乡羞月色，水随人意绕山流。
群峰似笔描天锦，无限风光眼底收。

工　地

英雄手下有何难，敢截横流敢劈山。
伏虎降龙创大业，飞虹穿洞展奇观。
丹心踏化漫天雪，铁臂挑天冻地寒。
月挂中天烟雾尽，千军万马战犹酣。

刘富弯跨铁路渡槽

巧引关山水，双龙头上过。
洪灾变命脉，荒地换金窝。
物润花争艳，粮丰畜满坡。
清泉飞粤汉，遍野笑声多。

恩波洋溢壮巴陵

精心大匠绘宏图，鱼跃鸢飞百岛浮。
舟泛碧波帆点点，林迎赤日水悠悠。
架虹穿洞银锄舞，伏虎降龙玉液流。
地利天时人意好，恩波洋溢岳阳楼。

欣闻引铁山水入市区

纵横平岳活东隅，吞吐洪沙挟泄淤。
岂让内源空入海，敢将高峡隐平湖。
山乡电照通宵晓，渠道波倾万斛珠。
巧引甘泉供岳市，洞庭春驻物华舒。

游铁山水库

陈风梧

巍巍高坝出尘寰，滚滚银河泻碧弯。
引得玉龙常住此，吞云吐雾润千山。

铁山水库吟

黄曾命

巍峨大坝锁云天，缭绕清波曲折旋。
许是瀛州留海市，更疑濒洞漫金山。

铁山吟

王大槐

青山环抱碧琉璃，小鸟鸣幽入翠微。
抗旱防洪供饮水，华灯闪烁景成堆。

铁山即景

李　谦

浩浩清泉水，巍巍夹谷山。
彩云卸日出，灰鹭拥湖弯。
鱼跃重重浪，波摇点点帆。
轻烟笼水面，景色甲人寰。

岳阳市政协委员参观铁山

李　思

邀采诤友泛平湖，鬼斧神工胜画图。
围岸云岩天际立，溢洪大闸砥中流。
双渠笑饮重重浪，一叶轻飘点点舟。
鸟唱斜阳喧晚树，山卸皓月映溪楼。

铁山渠道

易明世

劈破群山引水流，水随人意灌田畴。
他年旱景今何在，畜满山坡谷满楼。

湖边晚眺回文

易少怀

平沙立落雁，暮树集归鸦。
轻风拂细浪，落日映红霞。

泛舟铁山

李　谦

网箱浮处慢行舟，争羡鱼肥未敢钩。
近向丛林闻鸟语，远看夹谷舞沙鸥。
心随鸿翼诗潮涌，情系渔樵乐事稠。
山籁悠扬林笛起，农家把酒庆丰收。

铁山水库

姚寿祥

拦河一坝锁山川，百里平湖水薄天。
雾霭迷濛幽壑静，清波荡漾渡头喧。
扁舟飘举渔郎棹，小岛村炊巧妇烟。
仙境招来四海客，长渠流灌万家田。

远眺铁山水库

颜刚毅

山环水绕巧银河，点点繁星涌碧波。
一库甘泉滋沃土，年年岁稔万民歌。

铁山北干渠工程巡礼

彭双生

愚公十万众山移，千里长渠绿柳堤。
隐隐渡槽嵌旭日，巍巍磐石化春泥。

巴陵水电讴羊角，夏禹江河印马蹄。
片片田园欢解渴，钱粮无限富群黎。

夏日偕诗友铁山湖郊游有作

黄去非

溽暑难消向何许，欣然同作铁山游。
主人好客开佳宴，风物多情似嫩秋。
万顷碧波天地迥，四围青障画屏幽。
尘嚣尽扫心何惬，共爱飘飘一叶浮。

游铁山水库

任立新

水面乘舟韵味多，峰峦倒插接天河。
疑游月殿清凉送，一轴风情梦境过。

铁山水库望相思山

罗震雷

扶船入库戴云兰，遥望相思道士山。
一镜波浮摇翠巘，淡峰不象是人间。

游铁山水库（一绝两律）

季铁铮

戏　水

青山环矗几千螺，库面无风镜自磨。
快艇劈浪云击碎，天光水影共婆娑。

饮水思源

久饮琼浆褪岁斑，感恩冒暑睹芳颜。
丘葱松柏为堤岸，艇烂波涛向岫关。
一座山湖终日饮，三千弱水半瓢艰。
当年筑库谁挥笔，可否新诗作奖颁？

水质颂

水天一色霭含香，疑是瑶池饰丽妆。
百座青丘资玉液，千寻碧镜透灵光。
硒磷钙镁微而足，脾肺心肝爽且康。
福祉岳阳何列最，铁山佳酿不须商。

小暑携友游铁山水库

胡英姿

船行浪破晴空镜，万束光追水中粼。
醉里观山山亦动，手掬铁水水更清。

咏铁山水库饮水工程

刘绍炎

群峰拥抱铁山泉，绿隐平湖碧映天。
渠引天河甘泉水，送来万户润心田。

游铁山水库

李青松

相思点点愁，聊作铁山游。
红日升林岫，春心入眼眸。
波开风错剪，棹顺水行舟。
掠得湖光翠，画中盟白鸥。

咏铁山水

思源常念铁山情，放棹平湖入渺冥。
骋目一随云树远，撞胸几叹水天青。
诚开大计输甘醴，巧引长渠到暖瓶。
普惠民生从壮举，风流今日起高瓴。

游铁山水库

刘贻树

沉璧云屏开画镜，天池暗羡铁山春。
一湖青翠一湖酒，赊月无由也醉人。

二、散文

水 魄

周拥军

铁山其实不产铁，入眼全是水。

水从哪里来？站在公路旁，你看不出这里的水来自哪里，水很随意地平铺在公路两侧，很安静，看不出半点特别，和“飞流直下三千尺”，和“奔流到海不复回”扯不上半点关系，没有奔流，没有汹涌，连涟漪都很少见，它就那样平静地躺在那里，沉默地看着公路上的人和车来来往往。

让人惊诧的是水的清澈。经过沧海桑田式的发展变迁，在我们的周围，已很难找到清澈的水了。村口一清到底的小溪成了臭水沟，沟里看不见活泼的小鱼小虾了，只有一些残砖断瓦躺在污泥里，几群苍蝇一边起落一边吵吵闹闹地诉说着什么。几乎所有的河流、湖泊都变了，变得浑浊，变得难以亲近。长年生活在水上的渔民，最苦恼的不是渔获少，而是用水、吃水难，守着一湖水，却要长途跋涉上岸洗衣、挑水。众里寻他千百度，在铁山，你终于能看到一片清澈的水。站在岸边，你可以清晰地看得见近处的湖床，看得见湖底游来游去的小鱼。小鱼不管你看不看他，该去哪里去哪里。它们不知道，它们平常的一举一动牵动了岸上人久远的记忆，让他们心底波澜起伏。让他们感到，跑上近百千米来到这里，哪怕只是看一眼湖底这些游来游去的鱼，都是值得的。当地人自豪地告诉我们，铁山水库的水不是绿的，而是蓝的，这是没有杂质、没有污染的水才有的蓝。我们学着当地人的样子，在湖中掬起一捧水来，一饮而下，一股沁凉从喉头顺延而下，沁凉之后，是丝丝甘甜，这种沁凉的甘甜的味道，是儿时乡下的井水特有的味道，这样的味道能让你瞬时安静下来。

进入湖泊深处，你才发现，这片平静的水不简单。这是一片善隐的水。大隐于朝，中隐于市，小隐于野。到了野，已无须煞费苦心地隐了，一片草就遮了你，一座山就挡了你。这里，离朝很远，离市也很远，自然是“野”，但我认为，这片水不是小隐，而是大隐，它挖空心思把自己绝大的体量隐在自然天成的遮掩里。如果只是站在公路上远眺，你看到的，只是这座水库或断或连的一个点，一个个普通得留不住印记的点。阳光下的水库，被一座座小山包分割成了一小块一小块的水面，你要努力寻找，才发现这一小块一小块的水面其实是相连的。仅凭一双肉眼，你看不出这座水库有多大的库容，这里没有一处水面称得上浩渺，如果无人特别提醒，你肯定想不到那一小块一小块水面连成的湖泊就是湖南最大的人工湖泊。

深入水库，在小岛间穿行，水的不凡一点点地展现，一点点放大。和公路旁其貌不扬的水不同，水库深处，弯出现了，弯不是狂草的弯，它没有那么率性；弯不是工笔画里的弯，它没有那么整饬；弯也不是泼墨山水里的弯，它没有那么粗犷，它很随意，不温不火，但绝对不寻常。每一次转弯，你想下一个弯应该是这样了，但它恰恰不这样，它总是弯得让你意想不到。有的地方弯变得越来越窄，坐在船上，你总是担心后面会接不下去，但你的担心总是多余的，它在一个完全想不到的地方又弯了下去。每一次转弯，都藏着一片特别的无可复制的景：有的景场面大一些，放得下几艘大船，放得下一群人围网，那里常有劲爆的渔歌传出来；有的景场面小一些，水面只能放一座两座小岛，岛不是雷同的，有的乱石密布，一看就知道经历过一场洪水的洗劫，有的苍翠欲滴，它们成功地挡住了那波不期而来的洪波；有的景只是一条丝带，一弯窄窄的水，铆着一股劲向前伸展，一直伸进云雾深处……水库把所有的灵秀隐在层峦叠嶂间，隐在深川幽谷中。船工对节奏的把握几近完美，你绝不会有节奏太快或节奏太慢的感觉，就像是那些景在默契地牵着你走，哪里快一些，哪里慢一些，哪里应当停一下，全在不知不觉间地切换。

岸是水与山的联络处。这座水库有长达三百多千米的岸线。山与水之间，有太多的联结点。所有的水，都来自岸上的山。这片水没有大江大湖的润泽，仅靠收集山上长年不息的脉脉细流，是真正的不拒细流，乃成其大。这些细流，在水库中集聚，这没有人指挥它们，它们自觉地往低洼处去，往角落里去，宽阔处先不管它，等到实在没地方去了，它们才去寻那些宽阔处的水面。这时，指令来了，这些指令没有一点新意，不是指挥它们去灌溉就是直供饮用，水进了农田、进入庄稼的脉络，再变成收获进入人体，或者就是以水的形式直接融入人们的血脉，这片水并不清楚，它联结的不仅是三百多千米的岸线，还联结着上百万的城市居民。

没一处岸有高高耸立的岩壁，没一处可称得上雄奇险峻，就是一道平平常常的土坡。一些无名的草覆盖在上面，有的地方没有草，露出了泥土，那是素颜的泥土，有的地方颜色深一些，有的地方浅一些，那是水留下的印记。深的地方是今年留下的，浅的地方是去年的，也可能是前年的。每作一次印记，坡就凹进去一些，不知凹过多少回，坡弯成了一张弓的样子，像一个佝偻着上身的老人，不放心地盯着前方的一切，任谁从它的面前经过，它都要问一问。我摄下了一处弯得很厉害的坡，它的样子很憔悴，这怪不得它，几十年每天重复一项工作：不是提醒水不要太鲁莽，就是提醒岸要趁早防范，它心中的苦，大概可以写满那面坡了。

岸送给水的不仅是脉脉细流，还有匆匆的脚步。生离与死别，留恋与无奈，多少故事写在水岸相连的地方。这片水下，曾经是大片大片的村庄。因为涉及山外上百万人的饮水和数十万农田的灌溉需求，村庄只能牺牲自己，选择外迁。这个道理不需要上面和上面的上面作过多的解释，几万人和上百万人的利益值摆在那里，无论如何，他们都说不出什么。但一旦要离开祖祖辈辈生活的地方，离开他们的土地和房子，离开那些缠着绕着无法拆分的亲情，他们心中的苦，远远超过那面腰弓得很厉害的坡。建水库不难，解说者只用了两分钟就讲清楚了修建的原理，就是选两座相邻的、山体坚实的山，在两山间筑一道挡得住一库水的坝，把一些机器放进去，水库就建成了。但水库里民众的安置，断断续续延续了多年，几乎耗尽了执行者的心力。水库建成后，还有一些人固执地留了下来，留在水线上。痴痴地守着这些山，望着这片水，忆着那些扯不断、理还乱的陈年旧事，把一个个日子打磨得沟壑纵横。但无论多么难舍难分，最终，他们还是接受了外迁。他们就在岸上搭上一块跳板，跳板的另一头搭在一只摇摇晃晃的船上，没有仪式，没有送别，岸就这样送走了这片土地上最后一批坚守者，船把他们杂乱的生活物资连同对这片土地无尽的眷恋，一起带到一个完全陌生的世界，长久地离开了这片水。我访问过一处水库移民安置点，那里没有山，但有田有地有水，可以尽情地播种他们的希望，每年的收成足以支撑他们一家过上安稳的日子。我想，过了这么多年，他们应该安定下来了。但上了年纪的移民告诉我，白天他们没有时间去想过去的事，但只要一落枕，他们就会回去，在梦里找熟悉的村庄，找记忆中的一草一木，找那些人那些事，找到那些，他们才有踏实的感觉。他们突然惊觉，他们一直活在漂泊中……

岸上的山边，间或闪现一幢两幢新修的民居，有的气派，有的简陋。

多少年后，有人回来了。离开了这么多年，经历了这么多风雨，无论是富裕还是贫穷，无论得意还是失落，他们还是固执地选择回到这里。回到生他养他的地方。尽管这里除了山，只有水，已没有了他们赖以生存的土地，但这里，有他们儿时、少时、年轻时的梦，他们只有回到这片流过汗流过泪甚至流过血的土地，才能让那些漂泊的梦安静下来。

我在一处浅水边上岸，迎面就看见一座坟，一座普通的坟。如果不是坟前的一块石碑，没有人会停下匆匆的脚步。这块石碑记载了一个令人为之落泪的故事——这座坟的主人曾为修建这座水库失去了一只手，这只手就埋在这座坟里，它一直在痴痴地等着它的主人。多年后，主人终于来了，残缺的躯体象征性地合为一体。坟的主人，完成了仅有的愿望，心满意足地走了，在另一个世界，那空空荡荡的衣袖再也不能折磨他，他可以好好地睡好每一天了。修建这座水库的原理几分钟可以讲完，但修建水库的过程却无比漫长，从初修到竣工蓄水，时间长达二十余年。成千上万的民工，把钢筋、水泥筑下去，把块石、泥土筑下去，把血汗和断肢筑下去……开始，他们只能依靠肩挑手提；后来，一些机器参加进来，机器参加了，速度才快起来……具体的细节都写在厚厚的县志里。那是一个火热的年代，那个年代里，有一群悲天悯人让人景仰的人。正因为他们恒久的坚持和付出，才成就了这座水库。我翻阅过一本铁山水库建设伤残民工名册，名册不是我想看的那种，它记得太简略，仅记录了谁，来自哪里；哪里断了、哪里伤了；断在什么时间，伤在什么时间。隐在名册里的大段的故事情节则需要你去联想。但这确是一份十分珍贵的名册，至少可以通过这份名册，可以粗略地了解水库修建的艰难。这些伤残者，和水库的策划者设计者推动者一样，都是那个时代的功臣。水库修成后，我不清楚这些受伤的功臣们回访过水库没有，我敢肯定，靠他们自己，他们是无法回去的，他们距水库太远，中间隔着一大段路，需要接续，就像他们断了的肢体，需要接续一样。他们的身份是农民，他们的角色可能是父亲，可能是丈夫，也可能是儿子。对未来，他们本来有很多梦想，但修过一回水库后，他们的梦里，就只剩下那库水了。

山，涵养着水源；水，流进了人的血脉；人，无论生死都坚守着一座山、一片水……山依旧，水依旧，人却在岁月匆匆中老去。

不老的是他们长相依存的魂魄……

风光旖旎铁山的水

张立功

初冬时节，一个晴朗的日子。

从车上下来，我站在一条宽敞的柏油公路上。站在公路上举目四顾，我看见铁山的水就在公路的两边平铺着，用空明、澄澈的碧绿轻轻地吻住柏油公路的路基。

走下公路，这儿是一处水湾。水湾里正静静地停泊着一只用一台小型

铁山风光　　（摄影：沈嘉城）

柴油机作动力、两头上翘、中间空敞的、黑黑的小木船。小木船静静地停泊着，用静谧、悠闲的苍黑衬亮了一湾碧水的空明。

再走过去，这儿是一个小小的码头。一块木板一头搭在陆地上，一头架向碧水中。人们要上岸，要乘船，全仗木板作桥梁。如今，夕阳如同一个失去了火焰的火球，将一团鲜红的色彩绘在水边的山尖上，映在安宁的绿水中。一枝钓竿还架在钓架上，那钓线、钓钩和钓钩上的鱼饵还浸在碧绿的深水中。钓鱼的人不知何处去了。汲水的人也没有挑着水桶走上那块长长的木板。木板，钓竿，夕阳，青山，绿水，全静止在冬日的黄昏里，凝固成丹青高手笔下一幅简洁、素雅的写意山水画。

再往前走，这儿是两山夹峙下的一处空缺。站在空缺里望过去，铁山的水就文静、秀气地躺在我的脚底下——这是一处视野很开阔的观景地。把眼光从脚底下向远处望去，我看到：灰蒙蒙的一溜山峰，融入天际；一片宽阔的渺茫的绿水，连着灰色的淡淡的山峰，浸着几十座露出黄土、生长绿树的大小不一、形状各异的小岛——水绿在山上，山青在水里，山水相守的是一片博大得让人不敢作声的安宁和静谧。

我继续随意地往前走。我看到：铁山的绿水浸润的小山上树叶已枯，树叶已凋，但仍有金黄的橘子、橙子藏在青翠的绿叶里，闪在灵动的枝桠间，将一身倩影妆扮于山崖上，沐浴于绿水中。黄果、青叶、绿水，在初冬的薄暮，在寒霜冷冻后，橙子黄得晶莹，叶片青得凝重，水面绿得端庄，三者组合在一起，揪得下我心尖上那粒又脆又弱的相思果来。

站在大堤上，我看到：远山淡在天幕下连绵起伏，绿岛浸在碧水里脉脉低眉，木船载满幽静，钓竿垂钓悠闲，红日衔住山峰，绿水贮藏遐想。

我愿意一个人在晴朗的初冬季节里来看婉约、文静的铁山水。

附　　录

中共岳阳县委员会
关于报送铁山口水库工程初步计划
请予审批

中共湖南省委、湘潭地委：

我县铁山口水库工程，前次在省水利规划会议上已作专门研究，又经专署农业局先后二次勘查，认为可修。地委将我新墙河列为今冬重点治理。根据工农业生产大跃进的新形势，根据新墙河水土流失严重，有历史性水旱灾害，光54与56两年水旱灾就减产达2000万斤，应必须采取速战速决的措施，提前兴办铁山口水库，彻底改变大雨大灾、小雨小灾、不雨旱灾的历史面貌。因此我县决定今秋动工，明春完成。工程规模较大，技术比较复杂，望省地委大力支持，并收有关问题报告如下：

1.迁移问题。根据调查统计共迁移户数7111户人口27067人。县初步研究，迁移17000人至钱粮湖修堤开垦，另迁移1万人上山开发山区。

2.经费问题：整个工程器材经费4888000元（土方经费不在内），其中发电设备150万元，迁移费100万元，输水、排水、溢洪道、渠系建筑物等器材经费2388000元，除土方经费全部自行解决，器材经费请省委地委予以投资解决。

3.技术问题：县技术力量薄弱，请省、专大力协助，查勘设计任务，县正在着手进行，有专署农水局陈科长具体作指导，计划六月份完成测量任务，七月份完成设计任务，八月备料，九月动工兴建，当前，请省农业厅派员进行地质钻探，所需电气机械设备亦请省委省厅予以解决。现将初步计划任务书上报，请即审查批示。

抄送：省农业厅、湘潭专署农水局

（原资料为手写，无具体时间，档案编号时间为1958年）

关于复修铁山水库的请示报告

省委：

铁山水库复修工程，位于新墙河上游。新墙河是我区第二大河流，百分之六十的流域面积在岳阳县境。其南源沙港，水土流失严重，又集中在岳阳公田以上，河床淤沙年平均达五市寸，近三十年增高五点五米，现在河床高出两岸田地，洪水、干旱、淤沙威胁日益严重。每年受灾面积近二十万亩。新墙河下游沿京广复线地区包括汨罗县的桃林、范家园等地均系我区历来干旱严重的地区，又是黄土浅丘，开发潜力很大，初步估计能开垦田土四十到五十万亩。岳阳县广大人民群众早就要求在新墙河上的铁山口修建一座水库，拦沙、防洪、灌溉，根治新墙河，彻底改变岳阳县的面貌。因此，一九五八年在三面红旗的照耀和鼓舞下，开始兴建铁山水库，一冬春完成土石方四十万方。一九五九年下马搁置。十余年来，在这些地区推广刘桂大队搞水土保持的经验和修筑了三座中型及一些小型水库，情况有所改善，但都不能达到彻底解决新墙河流域水、旱、沙灾以及开发丘陵的目的。从多年的斗争实践中，广大干部、群众进一步认识到，不复修铁山水库，新墙河就无法根治，两岸丘陵无法开发，面貌就无法根本改变。去冬以来，岳阳县人民在毛主席三项重要指示的指引和鼓舞下，迫切要求复修铁山水库，加速治理新墙河，彻底改变岳阳县的面貌，并组织了八十多人的勘测队伍，着手勘测。经过前段的勘测规划，铁山灌区包括大半个岳阳县和汨罗、临湘部分公社，灌溉面积可达九十八万余亩（包括开发二十五万亩)。大坝高程九十四点二米(实际高度三十七米)。坝址仍在原处,大坝土石方预计一百五十万方,渠道底部高程七十九点二米;当正常蓄水位九十点二米时,库容四点六八亿立方米。如将铁山水库与小饶港中型水库连通,并把大坳水库集雨面积引入,则控制流域面积为五百七十六平方公里,为沙港总流城面积的百分之六十。南、北总干的干、支渠总长约五百公里,其中渡槽六十处,长十二公里;遂洞二百五十八处,长六十公里。整个工程预计需资金六千万元,钢材八千二百吨,水泥七万四千吨,炸药一千七百吨,木材八千五百立方米。目前,勘测工作正在加紧进行,设计任务书已由业务部门整理上报。

据初步调查,铁山水库以蕴洪时不淹毛田区委会所在地的水位作控制(即正常蓄水位九十点二米),最多淹没耕地为二万九千四百余亩,迁移二万九千四百一十人毛田区所属四个公社,只淹毛田、南冲两个公社的部分大队,共2921户13146人口,17851亩耕地;岳阳至平江公路,经月田区一段有二十公里需要改线。黄岸、月田还可围堤保护一部分耕地面积,估计淹没迁移还可以减少一些。移民可在君山、钱粮湖农场成建制地安排一两万人,其余本县安排渠线走在山丘上,占田少,土方任务大,但可与开山造田相结合。我们认识到,复修铁山水库这样一个大型水利工程,任务是十分艰巨的。但是,有党和国家的大力支持,我们坚信,有毛主席革命路线指引,有党中央、省委的正确领导,有大寨精神的鼓舞,有广大人民群众的迫切要求,只要发扬自力更生,艰苦奋斗的革命精神,是完全可以办成的,我们决心苦战三四年,把整个工程拿下来。我们要求把岳阳县氮肥厂,扩建成硝酸铵厂,做到炸药自给,拟从今冬开始,集中最大劳力在能挖山造田的渠段结合开山造田,先将渠道平整。不挖槽,待枢纽工程开始,一年突击成槽,做到"渠成水到,水到田成",而且不致过早损坏沿线田土,造成耕作交通的不便。移民和库区建设可以分期安排渠道附建物和难工,视器材供应情况有计划地动手。一些计划结瓜的工程和渠道,今冬要全部配套完成。这样,既甩掉了尾巴,又有利提前发挥工程效益。等干渠通水,斗、毛渠即可同时发挥效益。岳阳县委初步计划收晚稻后,即上十万劳力,在南北两条渠线同时分段开工。我们认为,根据我区实际情况和外地经验，复修铁山水库条件已经成熟，决心从今冬开始动工。

以上当否，请批示。

中共岳阳地委

一九七五年六月二十六日

关于湖南省《铁山灌区工程初步设计》的批复

湖南省计委：

你委湘计字〔1976〕第88号报请国家计委审批的铁山灌区初步设计的报告，我部委托长办于一九七六年八月进行现场审查，以〔77〕水电规字第8号文向国家计委报送了关于湖南省《铁山灌区工程初步设计》审查意见的报告。最近国家计委要我部批复。我们基本同意长办审查意见，并提出以下几点意见：

一、可能最大洪水同意暂采用初设报告中所推荐的数据，还应再用其他途径与方法进行论证校核。

二、水库淹没农田及移民数量较大，迁安工作任务较重，请你省注意妥善安排落实。

长办对湖南省铁山水库及灌区初步设计的审查意见

一、兴建铁山水库及灌区的必要性

铁山灌区位于湖南省岳阳地区新墙河中下游两岸，土地肥沃，气候温和，是大有潜力的双季稻作物区。现有旱涝保收面积，占水田面积的53.4%，每人平均仅0.52亩。为贯彻农业学大寨精神，搞好农田基本建设，经省水利勘测设计院与岳阳地、县共同规划，认为采用分散建中小水库及塘坝，难以很好解决灌区用水问题，需在新墙河上游修建铁山水库为骨干，长藤结瓜，大中小结合连结现有水利工程，形成完整的水利系统，将灌区建成旱涝保收，稳产高产农田。

经研究，基本同意初步设计报告中的灌区规范方案，包括灌区范围、渠道线路、引水口高程等，控灌面积88.9万亩。汨罗江以北汨罗县境约10万亩农田灌溉问题，同意暂不列入灌区范围，可在今后提高渠系和管理水平的基础上，逐步扩灌解决。

二、工程等级及设计、保坝洪水

同意铁山水库正常蓄水位92.2米（库容5.46亿立方米），灌溉低水位80.0米（库容1.63亿立方米），工程等级列为Ⅱ级建筑物。按百年一遇洪水设计，可能最大洪水保坝。设计洪水的流量资料系用降雨—径流关系插补，其关系似不合理，如有的径流深大于降雨深。洪量频率计算中重现期的处理也存在问题。可能最大洪水采用统计估算法计算成果，并移置“75·8”暴雨进行比较，但对移置“75·8”暴雨的可能性及水汽放大、高程订正等均未作分析论证。因此，对设计洪水及保坝洪水，应采用多种途径，综合分析，合理选用，进一步补充工作。目前可暂用10100秒立方米作为保坝洪水流量，以进行枢纽规划设计工作。

三、枢纽与灌区地质问题

铁山坝址地质条件比较复杂，需认真进行大坝及基础处理的设计与施工，确保工程质量。河床F11~F111之间，黑色岩组允许渗透比较采用经验值0.60，应通过实际试验采用合理数值，并补充查明黑色岩组向河床右岩公田断层的延伸分布。对近坝库区边坡稳定，应予重视，并补充地质工作。

坝基下砂层厚4-6米，水库蓄水后，在地震作用下砂层能否液化，建议对沙子级配及相对紧密度等进行试验研究，提供判断的依据，然后决定是否作工程处理。

花岗岩与片岩为破碎接触带（部门已埋于老坝基下），影响带宽约15-20米，建议补作勘测试验工作，并根据其工程水文地质条件，采取处理措施。

枢纽左岸小湄连通隧道，进口为覆盖层及轻风化的花岗岩，整个洞子未作勘探工作，建议补充工作，查明隧洞工程水文地质条件。

四、枢纽布置与设计

1.枢纽布置：同意选择铁山坝址下坝线建40米左右高的大坝，坝型为黏土斜墙土质坝，溢洪道在左岸垭口，导流洞（兼防空隧洞）在右岸，南北干渠采用隧洞从水库取水。右岸公路通过处的小垭口，同意修建土质副坝。

2.初设报告中，保坝水位95.92米，坝顶高程96.0米，另加1米高防浪墙。坝顶高程与保坝水位基本齐平，根据水电部七五年郑州会议精神，及其后对水库安全复核的有关要求，铁山水库坝顶高程，应结合保坝洪水的进一步分析，和右岩副坝规模及运用方式的拟定，进行综合比较确定。

3.坝基地质条件比较复杂，应认真进行基础处理。斜墙通过黑色岩组及片岩部位，基本同意开挖截水槽并作混凝土盖板封闭的处理方案，但截水槽开挖深度应适当加深，局部需作灌浆处理。右岸花岗岩与片岩的接触变质带，亦应慎重研究处理。左坝头防渗，同意用粘土斜墙铺盖处理，但局部岸坡应予削坡。铺盖长度及形式，技术设计阶段应详细研究。右岸花岗岩中钻孔探明局部漏水量较大，应分析原因，采取封闭措施。

4.同意溢洪道选用3孔10×9.2米（宽×高）弧形钢闸门，堰顶高程83.2米的方案。溢洪道地质条件较差，应认真进行基础处理，如进行固结灌浆及帷幕灌浆。溢洪道末端挑流鼻坎高达11米，应建在较好岩石上，结构上应采取处理措施。

5.导流洞（兼放空隧洞）的设计，希结合地质条件、水力学条件，以及节省开挖衬砌工程量，对隧洞轴线进一步研究。如洞子出口的水流回流对坝脚堆石棱体有无冲刷影响，对黑色岩组有无冲掏可能。洞子进口闸门的运行条件，应保证安全可靠。

五、水库移民与安置

铁山水库移民30907人，淹地28447亩（其中水田24155亩）淹没数字较大，移民任务较重。建议在湖南省和岳阳地、县领导下，切实加强领导，坚持政治挂帅，充分发动群众，落实党的各项政策。认真细致地把移民安置工作做好。库区边缘围堤保田的地点，应由设计院与地、县共同调查，统筹兼顾，作出规划，在不影响水库灌溉效益的前提下，尽量减少淹没。

关于岳阳县铁山水库移民问题的请示报告

省革命委员会：

在深入批邓、反击右倾翻案风的伟大斗争中，在省委的关怀和省水电部门的支持下，我区岳阳县铁山灌区工程的勘察设计工作已经基本完成。据初步设计，铁山水库为多年调节水库，坝址仍选在一九五八年的旧址——岳阳公田区铁山口。坝址以上积雨面积为四百九十三平方公里，大坝为粘土斜墙混合坝，坝高41.5米，坝顶高程96.5米，设计正常蓄水位92.2米，总库容5.46亿立米，有效库容为3.83亿立米，灌区以新墙河为界，分南北两大片总干渠两条分干渠五条，共长120多公里，灌溉岳阳、临湘两县八十九万多亩耕地。水库的建成，对于彻底根治新墙河，开发丘陵，建设稳产高产农田，发展地方工业，加快我区社会主义建设的步伐，具有十分重大的意义。

为了认真作好各项准备工作，采取早日动工兴建。今冬，我们计划将水库淹没区的群众分批移走。按二十年一遇洪水演算回水线，水库淹没耕地28400多亩，其中水田24000多亩，旱地4000多亩。移民涉及五个公社，51个大队，370个生产队，6790户，30907人。需拆迁房屋40482间，其中社员私人32086间，社队集体6613间，国家1783间。移民安置的去向，因岳阳县安排三万人有些困难，而我区君山、钱粮湖农场目前劳力比较紧张，可作适当安置；但又考虑到这两个农场均属国营农场，如果劳力安置过多，对发挥农业机械效益和国营农场示范作用又有一定影响，因此，我们的意见：岳阳县自己安排1.6万人，农场安排1.5万人，其中，君山农场安置1万人（毛田、南冲两个公社），钱粮湖农场安置5千人（黄岸公社），岳阳县的1.6万人安排计划是：春风农场3千人，黄沙街区湖汉地区6千人，荣家湾区2千人，公田区2千人，广兴洲区2千人，步仙区1千人。

以上报告当否，请批示。

岳阳地区革命委员会

一九七六年六月十五日

关于请求批准缓建铁山灌区工程的报告

地委、省委并报中央书记处：

最近，我们召开了大队支部书记、区社党委和县级机关负责人共八百多人参加的县委工作会议，传达学习中央和省、地委的长期计划座谈会精神，大家深受教育和鼓舞，对农村工作要以尽快地富裕起来为红线通盘安排，反映很好。在总结三十年的经验教训，讨论致富规划中，绝大多数同志尖锐批评全县农田基本建设战线太长，工程巨大，群众负担过重。强烈要求缓建铁山灌区工程。县委工作会议后，我们又召集区委书记、县属部、办、委负责人和部分科局长反复进行了讨论，对铁山工程提出了三种意见，绝大部分同志主张缓建，少数同志主张停建，个别同志主张改建。县委常委根据两个会议提出的意见，对照中央指示精神，认真分析了各方面的情况，权衡利弊，认为缓建铁山灌区工程是坚持实事求是，完全符合我县实际情况的果断措施。现将工程情况和我们的意见报告如下：

一、工程艰巨。目前力所不及，要求缓建。1975年冬，同时设计动工的铁山灌区工程和中洲垸围垦工程，都是长远建设工程。当时，受极左路线的影响，想新的，干大的，尽快建成大寨县，只考虑改变自然面貌的需要，对工程的艰巨性认识不足，对全县的财力和民力估计不足，仓促动工。中洲垸为铁山安置移民，围垦面积八万二千多亩，其中可耕地面积六万亩，已修筑防洪大堤一万一千七百米，垸内渍堤五千多米，开挖了部分排灌渠，已投工两千四百九十九万多个，要达到大堤保安和创造移民定居，进行正常生产的条件，大体匡算还需投工一千万个以上；铁山灌区工程，设计总库容五亿四千六百万方，包括临湘和岳阳市灌区八十八万九千亩，还可拦沙、防洪、发电、养殖。在我县境内按设计包括今后开荒造田、造地二十多万亩和旱地改水田、水浇地十多万亩在内灌溉七十七万多亩。整个工程设计投工四千一百六十四万个，工程部门估算实有工程量应投工七千五百零八万个，施工结果大大超过估算工程量。除临湘负担投工七百八十万个，汨罗担负大明分干投工二百三十七万个外，我县担负的工程估算投工六千五百万个，干了5年，按铁山工程指挥部统计，以一个劳动日要完成三方标准土方折算，已投工一千五百六十三万个，完成了投工任务的24%。按社队统计，包括雨天、后勤工、往返路途工，实际投工二千二百三十六万个（1.34个劳动日抵一个工日）。五年，两大工程共投工四千七百三十六万个，平均每个生产队已投工七千五百个，每个评级劳力已投工一百八十九个。按两大工程后段工程量计算，平均每个生产队还需投工一万个左右。全县平级劳力二十五万多个，除掉五万多个从事企事业的劳力和辅助劳力，能参加农田基本建设的只有上十万人，按每年上七万人，每人投工八十个，还要连干十年才能完成任务。受益地区只有平级劳力十二万个，能上铁山、中洲的不到五万人，干得时间更长，这样艰巨的工程，超越了全县民力、财力的限度，在目前的确是力所不及的。加之，国务院批准恢复岳阳市以后，地委决定，省委同意，岳阳县要搬迁至荣家湾，建设新县城，人力物力财力压力很大，负担很重。

二、建设铁山灌区工程不是近期内解决全县致富的主要矛盾，要求缓建。当前，我县农业生产的主要问题是自然资源利用率低，劳动生产率低，收入水平低。要使农村尽快富裕起来，就要集中劳力建设经济作物基地。我们初步规划，五年内茶叶基地发展到十万亩，蚕桑基地发展到十万亩，精养鱼池发展到五万亩，芦苇基地发展到三十万亩，木本油料基地发展到十五万亩，用材林基地发展到三十万亩，匡算需要投工二千七百五十万个。同时，搞好现有水利工程的维修配套和中洲垸的建设，共需投工五千七百多万个，与建设铁山工程的投工量基本相等。是先建设铁山灌区，还是先建设经济作物基地？权衡利弊，以先建设经济作物基地为有利。铁山灌区工程是以灌溉为主的综合收益的大型工程，发展前途是很大的，但在当前农村经济状况比较困难的情况下，缓建不会影响农村致富。我县现有耕地面积七十四万多亩，能够灌溉受益的四十二万四千多亩，其中现在已经是旱涝保收的有三十万亩。建设铁山灌区工程不是当务之急。

三、群众负担过重。为了休养生息，要求缓建。铁山灌区工程定为民办公助的性质，国家只投资器材设备，按设计国家投资七千五百万元，已投资四千四百零一万元，已经拨款三千七百八十四万元，其中支付了省、地工程队和中央、省设计院一千五百九十九万多元。省里规定，抽调的民技工每人每月补钱二十五元。常年施工的民工每完成一个工日补伙食费三角，今年改为补四角。群众上工地，全部自带钱、粮和工具。中洲垸为铁山安置移民，省里不列入铁山工程计划，主要拿地方财力和社队自筹资金。据社队统计，五年干这两项工程自己筹资金四千八百五十五万元，粮食九千一百万斤，平均每个生产队花了钱七千七百元，用了粮食一万四千四百斤。全县农业人口平均每人已负担七十多元钱，一百多斤粮，其中铁山工程用钱三千一百一十万元，按社队实际投工量二千二百三十六万个计算，每个工日包括伙食费、旅差费、小件工具费、设工棚费、生活补助费在内花一元三角九分。去年全县人平纯收入七十万元以下的生产队一千零四十八个，这些困难队中有的已无能为力应付上铁山和中洲，只得变卖种子、口粮、耕牛和机械。筻口区是一个比较富裕一点的区，六百六十一个生产队，区委调查这几年为凑钱上中洲、上铁山，先后有四百零四个队卖掉了社员口粮四百五十七万斤，有二百一十三个队卖掉种谷一百七十七万斤，有一百四十五个队卖掉耕牛一百三十二头，机械十三台。如此沉重的负担，挫伤了群众的积极性，再要坚持干下去，匡算后段还要自筹资金一亿元以上，平均每个队还要筹钱一万七千元。中央两个农业文件下达前，我们不分受益和非受益，全县统一调配劳力，现在我们再不能违背党的政策搞一平二调了，按照谁受益，谁负担的政策，受益区群众的负担就会比前五年更重。

四、安置移民的任务很大，要求缓建。铁山水库淹没区有五个公社、五十一个大队、三百四十九个生产队，需要迁移七千二百四十二户三万四千八百四十一人，应建房七十七万七千零二十四平方米，到目前止已建房二十万六千八百五十九平方米，只完成应建房屋的百分之二十九点三，包括后靠和投亲靠友的在内已迁移一万三千零五十八人，迁移了百分之三十七点五，按前段建房每平方需工十一个匡算，移民建房还需要投工五百五十多万个，今冬明春是无法完成的。省、地委要求今冬堵大坝，七月份要筑围堰，七十一米的高程，要淹没掉十四个大队，急需安置移民一万三千二百五十七人，其中已迁移四千四百零七人，现有住房能安置二千三百四十五人，还要在中洲垸建房安置的有六千五百零五人，需要建房八万四千三百四十平方米，目前器材没有准备好，仅需要的红砖就是二千三百多万块，现在只有二百多万块。更重要的是，中洲大垸还不保安，垸内又不具备正常生产条件。三万多移民安置不好，将会带来后患无穷。

根据上述情况，我们要求缓建铁山灌区工程，在一九八五年前不堵大坝，五年内妥善安置好移民，要求省、地委支持建设好中洲垸，使移民不至因迁移中洲而影响致富，并继续组织两三千人的专业队，常年施工，搞好南总干渠的配套和护物，开挖荣湾分干。并要求在铁山施工的省、地工程队按原计划在北干渠打洞子，架渡槽不变。

以上报告当否，请批示。

中共岳阳县委

一九八〇年六月二十九日

关于修建铁山水库工程的情况报告

中央：

我省岳阳县委要求停建、缓建铁山水库工程的问题，最近我们遵照耀邦同志的指示，由毛致用、孙国治、刘夫生、王治国等同志主持，与岳阳地委、县委的负责同志，省直有关部门的负责同志以及工程技术人员座谈，认真进行了研究。通过全面分析，权衡利弊，基本的看法是：铁山灌区工程是一项花钱较少，受益较大，规划比较合理的工程，虽然目前有些困难，但是续建比停建或缓建较为有利，也有可能。现将具体情况报告如后。

一、铁山灌区工程是经过长期酝酿、反复论证、规划合理的工程。早在一九五六年，全省进行流域规划时，岳阳县就提出修建铁山水库，解决新墙河流域的灌溉、防洪、拦沙问题，原有水电厅勘测设计院进行了初步的勘测规划。一九五八年经省批准动工兴建水库大坝，后因京广复线上马，战线过长，被迫中途停建。在遭受一九六三年和一九七二年的大旱，一九六五年的大水灾害之后，岳阳县委迫切要求重新修建铁山水库，多次向省、地写过报告。当时，省委因考虑铁山移民较多，没有同意。一九七四年到七五年，我们在规划全省洞庭湖地区商品粮基地建设中，考虑到环湖大片浅丘地区，西南部的灌溉问题基本上得到了解决，只有东北部还没有大的骨干工程，抗御不了旱灾的威胁，必须兴建浏阳河、铁山两个灌区。而浏阳河工程量比较大，铁山工程量要小得多，受益面积相差不大，同时岳阳县对这项工程很积极，才开始同意重建铁山工程。后来岳阳县委召开贫下中农代表大会讨论通过，正式向省、地委写出报告，经过省、地、县水电部门和设计单位多次进行勘测，反复比较，编拟了初步设计，省委才批准上报。一九七六年八月，水电部委托长江流域规划办公室，同我省建委一道对设计进行了现场审查，一致同意初设方案。一九七七年四月，水电部规划设计院又派工作组到现场作了调查，也认为工程具备了上马条件。经过反复调查以后，水电部批准将这项工程列入一九七八年国家基建项目，岳阳县于当年冬季破土动工。总的来说，铁山灌区工程，酝酿时间前后二十多年，干部和群众的思想基础是比较好的，工程勘测设计工作也是比较细的。

二、铁山灌区工程是一项花费较小，受益较大的工程。铁山灌区与我省已经建成的十二处大型灌区比较，具有工程量较小、受益较大的特点。该工程总库容五亿四千六百万立方米，灌区总干渠及分干渠共长二百零三公里，有大型附属建筑物八十处，长一万四千三百九十六米，比同类工程的欧阳海灌区、大圳灌区，工程量要少百分之五十；水库大坝只需八十多万土方，比一些中型水库还少。这项工程的效益是以灌溉为主，结合解决防洪、拦沙问题。首先是灌溉。据水利部门调查，灌区范围内现有水利设施可供水量二点一七亿立方米，多年平均缺水量二点七亿立方米。由于水量不足，岳阳县在近二十年内，曾发生较大旱灾八年，平均每年受灾三十五万亩，较严重的一九六三年，受灾四十二点三万亩，其中失收的二十点五万亩；一九七二年受旱三十六点二万亩，影响产量九千二百万斤；一九七八年受旱二十一万亩，影响产量四千六百五十万斤。灌区建成后，可增加有效水量三点八三亿立方米，不仅可以从根本上免除岳阳县的旱灾威胁，还可以解决临湘、汨罗两县近三十万亩耕地的灌溉问题。水库地势较高，灌溉渠道一般都建在灌区山脊上，对于开发岳阳、临湘、汨罗三县京广沿线环湖浅丘地带，扩大经济作物种植，发展农业生产，壮大集体经济，增加社员收入，具有决定性的作用。据设计，这项工程共灌农田九十六万多亩（现有水田五十五万亩，旱地二十四万亩，可新开耕地十七万多亩），其中岳阳县七十五点七万亩，包括现有水田四十二点二万亩，旱地一十六点三万亩，可新开耕地一十七点二万亩。其次是防洪。新墙河流经岳阳县三十三个公社，上游山林破坏，水土流失严重，近三十多年来河港淤沙深达五点五米，平均每年淤高零点一八米。有的河段河床高出两岸农田，一到雨季，山洪泛滥，经常有七万多亩农田受灾。水库建成后，可控制流域面积四百六十五平方公里，每年可拦蓄泥沙三十五点八万立方米，可解除七万亩农田的山洪灾害。因此，铁山灌区并不是可建可不建的工程，而是保证这个地区农业稳产高产的必要条件，早一日建成，就早一日受益，农民也可以早一日致富。群众说：岳阳面貌变不变，就看铁山建不建。这是符合实际的。

三、续建铁山灌区工程，比停建、缓建较为有利，也有可能。铁山灌区整个工程大约需六千万个工日（临湘负担四百万，汨罗负担六百万，岳阳负担五千万），投资一亿四千万元。三年来，国家已先后投资四千五百万元，已完成一千陆百万个工日（仅岳阳县部分）。南总干渠长三十二公里，包括渡槽隧洞等附属建筑物都已基本完工，现在算账，把大坝搞完，把南总干渠的支渠、分支全部搞通，把移民安置妥当，共需投资三千八百万至四千万元，投工一千八百万个（汨罗负担六百万，岳阳负担一千二百万），就可以解决五十六万亩农田灌溉问题。如果分两年进行，每年国家投资一千八百万到两千万元，岳阳县每年需投工六百万个，按这个县受益地区的一十八万劳力计算，平均每年每个劳力负担三十三个工日，如果大坝多搞点机械化施工，投工还可少一点。这样，无论从农民从国家来说，还是力所能及的。这项工程要是现在停下来，国家和农民甩掉的大量财力、物力和人力，将会长期收不到效果，已经建成的工程无人护养将遭损坏，已经挖压的耕地也恢复不了，库区已经迁走的一万三千多人也将返迁，给国家和人民的财产会造成严重损失，给今后的工作带来极大的被动。经过反复分析比较，我们认为还是在力所能及的情况下，继续进行这项工程的建设，是比较恰当的。至于水库大坝的地质问题，经省地质队鉴定，广州地震大队三次复核，确实地震裂度为六度，按七度设防，和我省五强溪电站坝址的地震烈度设防标准一样，现在看来也是比较安全的。还有中洲围垦工程，已作为安置移民的场所纳入投资范围。目前，防洪大堤，撇洪渠闸、排灌设施都已建成，大堤高程达三十六米，比老垸堤面还高，块石护坡已基本搞完，我们打算继续加紧垸内建设，保证移民每人有一亩至一亩半的旱涝保收耕地。

四、设法减轻农民负担，使修建铁山灌区工程不至减少农民当年的收入。（略）。（民工补助由0.4元提高到0.7元）。

五、从实际出发，合理安排工程建设步骤。

铁山水库工程建设指挥部原计划今冬上大坝，堵水截流。由于移民工作尚未就绪，堵坝困难较多，省、地委同意县委意见，堵坝截流工作推迟到明冬后春进行，现在集中力量搞好移民安置、大坝动工前的准备和南总干渠的配套工作。明冬后春建设好大坝，一九八二年南总干范围内的五十多万亩农田就可以受益，尔后再集中力量把北总干渠建设好。

以上报告当否，请指示。

中共湖南省委

一九八〇年八月廿五日

关于铁山水库准备关闸蓄水的紧急通知

在上级党委和政府的高度重视与大力支持下，铁山水库大坝回填已接近拦洪高程，库区移民大部分已经迁出。据此铁山水库准备在三月底左右关闸蓄水。现将有关事项通知于下：

一、凡是水库蓄水位八十五米以下所有的国家、集体单位和社员群众必须在三月底将人员、财产、牲畜全部搬迁，房屋亦应全部拆掉。个别单位和个别人如果不听从统一安排不按时搬迁，以至水库蓄水后财产遭受的损失由本单位和本人负责。

二、凡是水库蓄水位八十五米以上确定外迁的群众，要迅速迁移，个别特殊情况今春不能迁走的，要向当地社队申请暂时寄居，借田生产，下半年再迁。借田耕种如因水库蓄水而造成失收的，当地社队概不负责，水库管理部门也不负赔偿责任。

三、凡是水库淹没线九十三米以下确定外迁的人口再不属当地社队的社员，不准在库区修建房屋，不准在库区耕种土地，强行在水库周围建房屋或种土地的，当地社队有权制止，有权处理，前段已经建了房屋的，要回当地社队申请办理落户手续，社队要严格执行湖南省人民政府湘政发〔1981〕29号文件的规定。

四、水库淹没区的国家和集体单位的干部、职工，凡是家属要外迁的，要积极带头外迁。本人可根据工作需要，由主管单位办理手续，入家属定居地方的对口单位。集体职工的统销粮、定销粮随同本人转走。任何人不得借口在水库区修建房屋，个别不服从组织调配的要绳之以纪律。

五、接收安置移民的社队，一律按实际迁入人数计算，根据统一规定的标准分配住房、划分自留地和集体土地。应迁未迁的人口不得先行分配住房和土地。任何单位和个人不得虚报人数。对少数“半边户”多占的房屋和土地，由生产队收回统一安排，统一耕种。对个别出租承包土地的要严肃批评，作出检讨，由社队收回。

以上通知，希认真贯彻执行。

岳阳市人民政府

一九八二年三月六日

岳阳铁山灌区库区管理试行条例

总 则

水利是农业的命脉，水利工程是国家和人民的宝贵财富，是保障和发展社会主义经济建设的重要物质基础，为了巩固和发展铁山水库的建设成果，确保工程安全，充分发挥工程和水土资源的综合效益，实现管理工作的现代化、科学化，根据国务院（980）264 号文件批准转水利部提出的“搞好续建配套，加强经营管理，狠抓工程实效，抓紧基础工作，提高科学水平，为今后发展做好准备”的调整时期的水利方针，以及水利部 1981 年3 月制定的《水利工程管理通则》中关于“水库管理单位的任务是：确保工程安全，充分发挥工程效益，开展综合经营，因地制宜地开展养鱼、绿化、农牧副业、修造加工和开展旅游业等发展生产，增加收入，为国家创造财富”等有关规定，特制定《岳阳铁山灌区库区管理试行条例》。

第一章 管理范围

第一条　根据规定凡属水库设计标准校核洪水位线淹没范围内的田、土、山水，按规定所划定的大坝等枢纽工程附近的田土、山地、沙洲、河床，均系水库设施安全保护区，属国家全民所有，由管理单位管理使用。铁山水库的设计标准校核洪水位线为 93.1 米（已埋红桩记），在此洪水位线下，全部归铁山管理局管理使用，任何单位和个人不得侵犯。

第二条　水库正常蓄水淹没线中的孤岛，除黄土山、谢门坳两座孤岛上的山林按规定划给留岛社员和大队的部分外，其余均属国家全民所有，由管理局管理使用。

第三条　水库管理单位进行库区建设和开展综合利用，在淹没线以上规划和建设的生产基地、通讯线路、电力、机械、房屋、码头等设施，属国家全民所有，由管理局管理使用。

第四条　水库枢纽工程以及枢纽工程附属设施和划给管理局范围内的田、土、山、林、路，均系国家全民所有，由管理局统一管理使用。

第五条　库围水边线上25米宽的水土保持林带，系水库设施安全保护范围，权属社队集体所有，由水库管理单位和当地社队共同保护。

第二章　管理机构

第六条　库区建立库区管理所。它是灌区管理局的下设管理机构，并行使市人民政府授予的职权。

第七条　鉴于库内水面大、叉湾多、管理复杂，库区管理所下设管理站。以国家干部、职工为主，吸引部分社队人员参加管理，其工资待遇实行合同责任制。

第八条　库区管理所的任务与职权

（一）贯彻执行有关方针、政策和上级指示。

（二）严格执行管理办法，处理库区有关事务，总结和研究布置管理工作。

（三）加强管理人员的思想教育，建立健全库区各项管理制度。

（四）充分利用库区水土资源，改造生产条件，开展多种经营，努力增加收入，不断增加积累，为改善和扩大工程效益作出贡献。

（五）发展水产事业，保护水产资源，实行以养为主、养殖、增殖、防逃、捕捞、种植、加工相结合的方针，努力提高科学养鱼水平，提高渔业生产量，保证高产稳产。

（六）经营好库区山林，统一规划，因地制宜，植树造林和封山育林。

（七）保护库区财产，维护库区工程设施，特别是经常掌握大坝情况，保证大坝安全。

（八）保护水源水质，防止污染。

第九条　管理站和管理人员的职权：管理站是库区基层管理单位。具体执行库区管理的有关规定和管理办法，库区各级党政领导应予大力支持，确保管理工作的顺利进行。管理站和管理人员有权管理库区范围内所划定的田、土、山、林、水、路、工程设施、生产基地、渔业生产、航运交通及所有国家财产；有权劝阻和制止任何危害库区生产及工程安全的非法行为；有权对不听劝阻、强行其事，甚至侮辱、殴打管理人员的人，扭送政法机关处理；有权按规定收缴经费，并及时上交。不断总结管理工作经验，完善管理制度，建立健全岗位责任制，努力提高管理水平。

第三章　管理办法

第十条　水库校核洪水位淹没范围内的田、土、山、水属国家全民所有制。93.2米高程以下淹没区的临时性可耕甩亩，库内单位和个人要求耕种，须事先经库区管理所同意，由当地公社统一经办安排，办理借用手续，签订借用合同，方可耕种。可耕甩亩只许临时借用，任何单位和个人不得抢种，未经许可和没有办理手续者，不得强行耕种。为防止混乱，管理站可根据水情情况，与有关社队及时调整，如出现库水上涨，田、土被淹没的自然现象，管理局不予负责。

第十一条　库区管理单位开展的综合经营项目，包括渔、林、牧副业生产、修配加工及其生产基地和经营收入，任何单位和个人都不得蚕食、侵占和损害。

第十二条　渔业生产管理

（一）严禁任何单位和个人在库内网鱼、炸鱼、毒鱼、电鱼。

（二）严禁在库内矮围（包括泥围子）捕鱼。

（三）严禁偷、抢鱼产品和渔具。

（四）严禁在鱼类洄游地域拦河截捕，禁止在闸门附近套网捕鱼。

（五）严禁动用船只和其他浮水工具在库内捕鱼。

（六）严禁侵占和损害渔业孵化场、鱼苗育种池、养殖库湾、饲料基地、网箱育种工具、供饵、拦鱼、捕捞等设施。

第十三条　山林管理：凡属库区管理的山林和库围水边线上的水土保持林带，严禁砍柴、铲草皮、毁林开荒、放火烧山、乱砍滥伐林木和翻垦种植作物。

第十四条　严禁在水利枢纽工程保护范围附近开荒种植、做屋、埋坟、放炮采石、取土挖坑、放牧牲畜等危害水利工程的活动。

第十五条　严禁污染水源水质。在水库集雨范围内，任何单位和个人都不得开办污染水源水质的工矿企业。禁止向水库水域排放不合排污标准的废水、废渣及其他废弃物。污染养殖水面所造成的损失，按环保条例，由排污单位负责赔偿。

第十六条　水库管理的交通运输和巡库捕捞船只，任何单位和个人不得强行使用，更不得损坏。

第十七条　库区设立航监组、受航监部门和管理局的双重领导，负责库内的船只管理监督，凡在库内行驶的所有船只，统一鉴定和定员发证，严禁非法运输和从事捕捞非法活动。否则，予以扣留，甚至没收。

第四章　奖励与奖罚

第十八条　符合下列条例之一的单位和个人，按照贡献大小，由市人民政府或库区管理单位给予精神鼓励和物质奖励：

（一）认真贯彻执行水产、林业和治安法规，搞好资源保护，维护治安秩序，有显著成绩的。

（二）检举揭发坏人坏事，使国家和人民财产免遭重大损失的。

（三）积极从事渔业、林业等项管理工作，坚持原则、廉洁奉公、事迹突出的。

（四）同违法行为作坚决斗争，在查获违法违章事件和案件中有突出贡献的。

（五）坚持安全生产，防止和挽救事故有功的。

（六）其他方面成绩显著应该受到奖励的。

第十九条　有下列行为之一者，按照情节轻重，分别给予经济制裁，直到由公安、司法部门依法处理：

（一）毁坏水利工程设施，严重破坏水利资源的。

（二）侮辱殴打管理人员和护渔、护林人员造成伤亡的。

（三）使用渔具、船只及其他浮水工具捕捞水产品和砍运林木的。

（四）毒鱼、炸鱼、电鱼、网鱼，造成水产资源和渔业严重损失的。

（五）盗窃、抢夺鱼产品的。

（六）买卖青山、滥伐林木、毁林开荒、毁坏幼林、烧毁山林的。

（七）偷盗渔船渔具、亲鱼、鱼种、鱼苗，毁坏渔业设施，破坏渔业生产的。

（八）煽动山林纠纷，进入有争议的山林砍伐树木的。

（九）非法进行收购，加大木竹和进行木竹投机倒把活动的。

（十）有其他破坏水资源、森林资源和渔业生产行为的。

（十一）国家机关工作人员徇私舞弊、玩忽职守，指使、参加他们破坏水产资源和造成渔业、林业生产严重损失的。

（十二）国家工作人员有其他失职行为，给库区生产和工程安全带来事故的。

（十三）造成重大交通和安全事故的。

（十四）其他违反治安管理行为后果严重的。

附　则

第二十条　本办法自公布之日起施行，修改权属市人民政府。

一九八三年五月十二日

关于印发《岳阳铁山灌区工程管理暂行办法》的通知

岳阳、汨罗、临湘县人民政府，市直有关单位：

市人民政府同意《岳阳铁山灌区工程管理暂行办法》，现印发给你们，请遵照执行。

一九八七年十月一日

岳阳铁山灌区工程管理暂行办法

第一章　总则

第一条　铁山灌区是全民所有制的大型水利工程，受法律保护。管理和运用好灌区工程，是灌区管理部门广大人民群众的共同职责。

第二条　灌区各级管理单位，要在搞好灌溉管理和注意水土保持的前提下，积极开展综合利用，合理收取水费，力争逐步实现以灌区养灌区和维修管理经费自给自足。

第三条　水库运行调度必须坚持安全第一，兼顾上、下游利益和发电服从灌溉的原则，正确处理蓄水、泄洪、供水三者关系，做到计划用水，节约用水，科学用水，全面发挥工程效益。

第二章　组织管理

第四条　灌区实行统一领导，分级负责，专业管理和群众管理相结合的管理体制。

第五条　灌区代表会是灌区管理的最高权力机关，由市和受益县主管农业的领导，农经委、水电局及灌区管理单位的负责人组织，一般每年召开代表会一次。其职权是：听取和审议灌区工作报告，制订和修改灌区工程管理办法，选举灌区管理委员会，决定灌区其他重大事宜。

灌区管理委员会设主任委员一人，副主任委员三人，委员若干人。在灌区代表大会闭会期间，负责领导灌区管理工作。

第六条　铁山灌区工程管理局系灌区管理委员会的常设办事机构，负责处理灌区的日常工作。

第三章　工程管理

第七条　渠系工程保护范围划定为：挖方渠道内坡开挖线向外五米，填方渠堤设计跛脚向外两米，渡槽、倒虹吸管中心线两边各十米，隧洞顶部地面中心线两边各二十五米，起淤码头堤外周围二十米，大型建筑物进出口及闸身周围三十米。该范围由管理工程单位和工程所在的地方人民政府实地明确边界，树立标志，发给证明。

第八条　渠系工程保护范围内的土地为全民所有，使用权属工程管理单位。其他单位和个人均不得侵占，已占用的，应当归还。对原已耕种的水田，由工程管理单位从水费中解决其农业税。即：管理局负责总干渠，岳阳县负责饶港、崩山、荣湾三条分干渠，汨罗县负责岳汨分干渠。

第九条　为确保工程完整和安全运行，必须严格执行十不准：

1.不准砸毁、损坏分水闸、人行桥、里程碑、护坡石、量水器等建筑物和一切设备、设施。

2.不准拆卸、偷盗各种机械设备零件、建筑物止水橡皮和渡槽栏杆。

3.不准损坏灌区通信设施和在专用电杆上搭线、接线、晒衣物或拴牲畜。

4.不准在堤坝、渠道上垦植、铲草、放牲畜及滥伐防护林木。

5.不准在干渠中心线一百米、支渠中心线五十米、大型建筑物三百米、枢纽工程五百米内爆破。

6.不准在渠道里投砖抛石、倾倒废物、冲洗农药器械。

7.不准在不是公路的渠堤上通行机动车辆和不是人行道的渡槽上行走。

8.不准在隧洞、渡槽、泄洪闸、分水闸进出口处一百米范围内游泳玩水。

9.不准在库内和渠道水域内网鱼、毒鱼、电鱼、炸鱼。

10.不准在渠系工程保护范围内打井、埋坟、采石、开矿、挖砂、建筑、滥伐林木以及进行其他危及工程安全的活动。

第十条　确有必要在渠系工程保护范围内进行生产和建设活动，必须事先提出申请，经工程管理部门同意，并按规定程序批准，办理有关手续后方可进行。但工程需要时，工程管理单位有权无偿收回。

第十一条　维护灌区工程，确保工程安全运行，是灌区各级政府和人民群众的应尽义务。在暴风雨和其他紧急情况下，专管人员及沿渠乡村应组织专人巡回检查，发现险情，及时报告。当地政府要积极组织劳力，迅速投入抢险，不得讨价还价，妨碍抢险。当险情危及工程安全时，可在适当地点，采取非常措施排险，由此而造成的经济损失，属渠系工程保护范围以外的，由工程管理单位按国家有关规定从水费收入中补偿。任何单位和个人均不得阻止排险或提出无理要求。

第十二条　灌区工程的岁修和抢险劳力、经费、器材，由工程管理单位筹集：枢纽、总干和岳汨分干由管理局负责，饶港、崩山、荣湾三条分干渠由岳阳县负责，支渠均由各受益单位负责。

第十三条　灌区内的机电排灌设施和塘、坝、库等中小型水利工程，是灌区工程的重要组成部分，要加强维修、管理和运用。严禁废塘废库，已经废弃的应予恢复。基础水量不足的，应有计划地兴建一些小型水利工程。

第十四条　渠道绿化由工程管理单位统一规划，并与所在村组或个人签订绿化合同，分段包干，谁种、谁管、谁受益。采伐林木必须按森林法办理，计划砍伐一株，年前新栽三株，保证成活，绿化成林。

第四章　灌溉管理

第十五条　集中水权，统一调度。渠道引水、供水、泄洪均由灌区各级管理单位按分管的区段进行管理，合理调度，任何单位和个人均不得干扰和阻止管理人员履行职责。规划受益外的单位和个人需要用水时，必须事先向工程管理单位申报，经批准后方可用水。

第十六条　实行流量包段、指标到县的计划配水、用水制度。每年由管理局根据设计面积、设计流量和渠道输水能力统一编制配水计划表，下达到受益县和区段，严格按设计供水；各受益县应在统配的流量和水量指标内，坚持按计划用水。

第十七条　严格实行“计量用水，按方收费”。其交接流量的位置和计算水量的办法是：

1.崩山分干和荣湾分干的渠道进水口量水计方。

2.岳汨分干前十公里的渠首尾量水，以流量之差计方。

3.总干和岳汨分干后十二公里上的支渠，均在渠首进水口量水计方。

4.总干和岳汨分干后十二公里上的分水管或渠底灌溉孔，均在进水口量水计方。

5.饶港分干在下山关电站和王安支渠分水口量水计方；如电站不运行，则在该渠渠首量水计方。

第十八条　总干、各分干控制段和支渠，均采用水位——流量关系曲线或特设量水设施量水。交接水量就在规定时间内双方共同记录，如一方无故缺席，则按量一方记录为准。对未经工程管理单位同意私自提闸偷水者，一律以发现时推至上一次量水的计算水量。

第十九条　为确保计划用水，必须严格执行：

1.不准非管理人员启闭泄洪闸、节制闸、分水闸（孔）。

2.不准在涵（渠下涵）、管、卧管及渡槽中凿洞引水。

3.不准在渠道内筑坝拦水、乱开缺口。

4.不准擅自在渠道上增设涵管和抽水机埠。

5.不准放任自流，无人管理，造成水的任意浪费。

第五章　水费征收和使用

第二十条　灌区实行有偿供水，农业、工业和其他用水单位应按规定积极交付水费。

第二十一条　水费征收标准及分成比例。

（一）自流灌溉

1.崩山分干和荣湾分干水量，每方收费六厘，另加库区扶助金一厘，其分成比例为管理局与受益县各五成。

2.岳汨分干前十公里水量，每方收费六厘，另加库区扶助金厘，其分成比例为管理局六成，受益县四成。

3.总干和岳汨分干后十二公里上支渠的水量，每方收费七厘，另加库区扶助金一厘，其他成员比例为管理局六成，受益县四成。

4.总干和岳汨分干后十二公里上分水管或渠底灌溉孔的水量，每方收费八厘，另加库区扶助金一厘，其分成比例为管理局七成，受益县三成。

5.饶港分干计划内水量，收费标准由岳阳县自定，不另加库区扶助金，计划内水量所收水费暂由岳阳县支配；计划外水量，每方收费八厘，交管理局使用。

（二）提水灌溉

1.从渠道提水灌溉的电、油料等费用由受益单位自负，工程管理单位在水泵出水口计量，按支渠标准减半征收；两级提灌的再减半。均按所在渠系自流灌溉同等比例分成。

2.库区提水灌溉暂免征水费。

（三）经济作物、水产养殖、水力加工、厂矿和城镇生活用水，在管理局所辖范围内的暂不提高水费标准，与所在渠系自流灌溉标准、比例同等收费分成；在县辖范围内的由各县自行规定。

第二十二条 水费收缴办法

1.水费（含库区扶助金）由受益县人民政府下达征收任务，随同农业税一起由财粮部门代收入库。代收单位可从实收金额中提取百分之四的业务费。

2.水费（含库区扶助金）由受益县每年九月底以前向管理局预交百分之四十，其余应在当年十二月以前全部交清。逾期不交者，按月罚百分之五的滞纳金；次年供水前还未交清者，管理局有权停止供水。

第二十三条 水费是管理单位近期的主要经济来源，属预算收入，按照国发〔1985〕94号文件规定，免征能源交通重点建设基金。结余资金，可连年结转，继续使用，任何部门不得截取或挪用。

第二十四条 水费和库区扶助金的使用范围

1.灌区工程岁修、养护、防洪抢险、工程改善、配套设施和渠道绿化。

2.灌区工程管理单位的人员工资、劳保福利、公杂费和房屋修缮改造。

3.灌区工程管理单位开展多种经营所需的周转金。

4.库区扶助金是用于扶助库区发展生产的一项专用资金，由受益县的财粮部门收缴后，全部交管理局统一支配，单独记账，专款专用，受益县和管理局均不得分成占用。

第二十五条 灌区工程管理单位应按财务要求及时编制年度收支计划和报表，报主管部门审批，并抄送同级财政部门监督执行。

第六章 奖罚

第二十六条 凡模范执行本办法，并在工程维修、加固抢险、安全保护、绿化造林、节约用水、标准化建设和其他管理工作等方面做得好的单位和个人，由灌区管理委员会在年终总结评比时，给予表扬和奖励。对报险、抢险、护渠、护林和制止、检举揭发破坏工程的行为有重大贡献者，可由工程管理单位随时给予表扬，并酌情发给奖金。

第二十七条 凡违反本办法，有破坏工程建设、危害工程安全、中断通讯线路、扰乱计划用水等行为较轻者，由主管单位给予批评教育或行政处分；对造成经济损失者，除赔偿损失外，并处以一定罚款；情节严重者，由司法机关依法惩处。

第七章　附则

第二十八条　各受益县可根据本办法制定实施细则。

第二十九条　本办法由岳阳铁山灌区工程管理局负责解释。

第三十条　本办法自市人民政府批准发布之日起施行，我市过去与本办法有抵触的规定同时废止。

关于铁山水库向岳阳市区供水工程立项的批复

铁山灌区工程总指挥部：

你部岳铁总字〔1992〕18号文《关于铁山水库向岳阳市区供水工程的立项报告》收悉。经研究。批复如下：

一、为了改善岳阳市开发的硬环境。适应我市作为沿江开放城市的需要。即将开工建设以铁山水库为水源的第二水厂。第一期工程为日供水能力20万吨。因此，作为第二水厂前期工程的供水工程。原则同意立项。

二、工程规模，总投3921万元。其中，北干渠至反调器水库引水渠（6立方米每秒）2.6公里。投资400万元；新建反调节水库库容1002万立方米，投资2781万元；水库至二水厂的结合部的管道，直径1.6米，4.54公里。投资740万元。

三、资金来源：投资总额3921万元。其中：社会集资1000万元；地方财政拨款450万元；建行贷款2421万元。

请认真编制可行性研究报告报我委组织审批。

岳阳市计划委员会

一九九二年九月三日

中共岳阳市委　岳阳市人民政府
关于进一步加强铁山饮用水水源保护
与库区民生保障的意见

（2014 年 12 月 1 日）

铁山饮用水水源是岳阳重要的战略资源。为切实加强对铁山饮用水水源保护，确保城乡饮用水安全，进一步改善库区民生，根据《中华人民共和国水污染防治法》《中华人民共和国水法》《中华人民共和国水污染防治法实施细则》等有关规定，结合本市实际，提出如下意见。

一、饮用水水源保护范围

1.划分保护区。铁山饮用水水源保护区（以下简称保护区）包括铁山水库、金凤水库、新墙水库及其集雨区和枢纽工程；铁山城镇供水渠道、管道、箱涵及渠道的迎水坡面。保护区分为一级保护区、二级保护区和准保护区。

一级保护区指铁山水库校核洪水位 93.2 米水岸线以下的区域（含孤岛），铁山水库取水口校核洪水位 93.2 米水岸线以上周边沿地表外延 200 米以内区域，铁山水库枢纽工程的法定管理和保护范围；金凤水库集雨区域(含枢纽工程)；新强水库设计最高蓄水位水岸线以下的区域（含枢纽工程)；铁山城镇供水渠道、管道、箱涵的法定管理范围及渠道的迎水面。

二级保护区指铁山水库校核洪水位 93.2 米水岸线沿地表外延 200 米范围内区域（已划定为一级保护区的除外)，新墙水库设计最高蓄水位水岸线沿地表外延 200 米范围内区域。

准保护区指保护区内除一级保护区、二级保护区以外的范围。

二、饮用水水源保护目标

2.水质。一级保护区稳定保持国家《地表水环境质量标准》(GB3838-2002) Ⅱ类以上，逐步向Ⅰ类提升；二级保护区稳定保持国家

《地表水环境质量标准》（GB3838-2002）Ⅲ类以上，逐步向Ⅱ类提升。

3.水量。2020年前，通过实施外引水源工程，城镇供水保证率达95%以上。

4.生态环境。2020年前，保护区内森林覆盖率达到55%。一级保护区、二级保护区内垃圾无害化处理率达100%，生活污水达标排放率达100%。

5.民生保障。全面建立科学的管理、投入、生态补偿机制，保护区内群众生活水平稳步提升，逐步达到所属县农村平均水平。

三、饮用水水源保护措施

6.实施污染整治。（1）禁止在一级保护区内新建、改建、扩建与供水设施和保护水源无关的建设项目，已建成的依法予以拆除或关闭；禁止在二级保护区内新建、改建、扩建排放污染物的建设项目，已建成的依法予以拆除或关闭；禁止在准保护区内新建、扩建对水体造成污染的建设项目，改建项目不得增加排污量。（2）控制面源污染。铁山水库集雨区内农、林、牧业减少化肥和农药使用量，鼓励使用有机肥、缓释化肥和生物治虫技术，禁止使用剧毒农药。控制规模畜禽养殖，保护区内严禁新增规模养殖场，现有规模养殖场一律退出，经合法合规审批的实行退出补偿。一级保护区内禁止投料养殖、旅游、游泳、垂钓及其它可能污染水体的活动。（3）推进垃圾减量化、资源化、无害化处理。属地县人民政府负责建设垃圾无害化填埋场，乡镇人民政府负责将垃圾焚烧残渣清运至保护区外填埋场，铁山水库集雨区内各行政村负责垃圾收集、焚烧。填埋场建设资金由属地县人民政府负责筹措，市财政给予适当支持。（4）建设入库河道拦污工程。2015年年底前建成5个入库河道拦污工程。（5）建设集镇污水处理设施。建成月田、毛田集镇污水处理厂并尽快投入运营，其它集镇及二级保护区内居民生活污水净化设施在2020年年底前完成。

7.严格用地管理。加快编制铁山水库集雨区土地利用总体规划，科学规划居民集中安置点，严格控制乡镇集体建设用地。一级保护区、二级保护区内严禁新建房屋，原址居民的住房因危房或合法增加人口确需改建扩建的，须依法依规严格审批，并同步建好污水净化设施。严禁非保护区户籍人员在保护区内违法建设、购置住房。

8.强化用水安全。推进昌江引水工程等补充水源工程建设，逐步实现城镇供水与农业灌溉用水分离。建立铁山水质监测和信息公开体系，健全突发水污染事件的报告制度和应急处置预案，防范水污染事故。力争2020年前，铁山城镇供水渠道和金凤水库、新墙水库实行全封闭式管理。建立供水工程管理体系，加大供水工程维修投入力度，保障供水设施安全。

9.加强人口、殡葬、生态环境及生产生活等方面管理。(1) 控制人口非自然增长，除婚姻、生育、退伍等法定政策原因外，保护区内各村(居委会) 禁止外来人口迁入。(2) 推进殡葬改革。保护区内各乡镇应在一级保护区、二级保护区外的荒山瘠地划定墓地，实行集中安葬，积极倡导火化安葬。(3) 推进生态库区建设。加大退耕还林力度，一级保护区、二级保护区全部实施封山育林，准保护区禁止皆伐，抚育性间伐必须经过审批。(4) 严禁在铁山城镇供水工程的法定保护范围内从事影响水工程运行和危害水工程安全的爆破、打井、采石、取土、采砂、葬坟等活动；在铁山城镇供水渠道、箱涵的法定管理范围内除遵守以上规定外，还不得实施影响水工程运行和危害水工程安全的种植、铲草等行为以及洗涤、游泳、堆放废弃物等可能污染水体的活动。(5) 未经批准，严禁运输危险品、有毒有害物品车辆进入一级保护区、二级保护区。

四、库区民生保障

10.加强库区民生工作。(1) 积极争取国家、省政策性扶贫、救济救助、生态保护项目向保护区特别是二级保护区倾斜。库区所属县乡党委政府要制订库区生产发展规划，帮助库区群众发展致富。(2) 推行生态补偿。提高铁山水库集雨区内生态公益林补偿标准，市人民政府按一级保护区、二级保护区30元/亩，准保护区15元/亩补偿标准补助到县，由属地县人民政府制定具体管理办法，并负责实施。(3) 科学规划、选址，加快推进居民集中安置点建设，支持集中安置点的基础设施建设，经费按8:2的比例由市县分担。(4) 对一级保护区、二级保护区内居民后靠至准保护区或规划的居民安置点集中建房的，按4万元/户给予奖励，经费按8:2的比例由市县分担。对二级保护区内居民建设生活污水净化设施给予补助，经费按8:2的比例由市县分担。重点将库区农村危房改造纳入全市农村危房改造政策范围，予以考虑，对确有建房困难的特困危房户，在中央、省政策资金支持的基础上，每户给予1万元补贴，补贴资金按8:2的比例由市县分担。（5）铁山水库集雨区内已批准的规模养殖户和影响水源安全的生产企业被依法退出或关闭后，参照国家和省相关补偿标准予以补助，经费按8:2的比例由市县分担。（6）对按有关殡葬管理规定建设公共墓地的乡镇给予补助，对在公共墓地按殡葬管理规定安葬的墓主亲属给予奖励。（7）加大敬老院建设投入力度。（8）落实低保政策，争取上级民政部门向二级保护区内所在村困难居民倾斜。（9）提高对铁山伤残民工补助标准，并建立自然增长机制。（10）建立铁山水库二级保护区特困救助资金，每年由市出资150万元用于特殊困难居民救助，由岳阳县人民政府负责组织实施。建立铁山库区大病医疗救助资金，市财政一次性补助240万元，其中岳阳县200万元、平江县40万元，岳阳县筹集100万元，平江县筹集20万元，由属地县人民政府负责使用和管理。（11）加大库区农村劳动力转移就业培训力度，人力资源和社会保障部门组织的农村劳动者转移就业技能培训、农业部门“阳光工程”的农村劳动力转移培训、移民部门的移民培训、扶贫部门的“雨露计划”扶贫培训要对库区计划单列，予以重点倾斜。

五、保障措施

11.健全组织保障。成立岳阳市铁山饮用水水源保护与库区民生保障工作领导小组（以下简称领导小组），由市委副书记任组长，市政府分管副市长任副组长，市监察局、市委编办、市发改委、市公安局、市农办、市财政局、市环保局、市水务局、市林业局、市国土资源局、市农业局、市畜牧水产局、市住房和城乡建设局、市规划局、市民政局、市铁山供水工程管理局、市移民开发局、市扶贫开发办和平江县人民政府、岳阳县人民政府、岳阳经济技术开发区管委会等单位主要负责人为成员，领导小组办公室设市铁山供水工程管理局。分别组建市铁山供水工程管理局和岳阳县铁山饮用水水源保护综合执法机构，以铁山水库校核洪水位93.2米水岸线为分界线，各自负责职责范围内综合执法工作，其机构编制、职责、经费等事项按权限和程序办理。发挥乡镇政府、村（居）委会水资源保护和民生保障主体作用，出台考核办法，每年列支200万元考核奖励资金，实行奖优罚劣。

12.明确职责分工。市铁山供水工程管理局负责职责范围内铁山饮用水水源保护和管理的日常工作，协调市直有关部门和相关县市区依法保护铁山饮用水水源，受领导小组委托，牵头负责对相关责任单位铁山饮用水水源保护和民生保障工作的考核。市环保局负责制定和组织实施铁山饮用水水源污染防治应急处置预案，申报铁山饮用水水源污染防治的相关项目，定期监测铁山饮用水水源水质，落实保护区内建设项目环境影响评价制度，督促依法查处铁山饮用水水环境污染事件。市水务局负责贯彻落实相关水事法律法规，申报铁山饮用水水源保护的水利工程项目，督促依法查处水事违法案件。市林业局负责指导制订保护区的植树造林、生态环境建设方案，协助争取生态补偿项目，督促做好封山育林与依法取缔木材加工厂等工作。市财政局负责岳阳市铁山水资源生态保护专项资金的筹集和管理工作。市国土资源局负责督促制定铁山水库保护区土地利用总体规划，督促严格审批铁山水库保护区民生建房用地，督促依法查处违规建设。岳阳县人民政府、平江县人民政府负责履行职责范围内禁违拆违治违、生态保护、污染治理的主体责任，负责民生保障政策和各项工程措施的落实。岳阳县人民政府负责职责范围内铁山供水设施和新墙水库的安全管理。岳阳经济开发区管委会负责配合市铁山供水工程管理局做好其辖区内金凤水库及铁山城镇供水渠道、管道、箱涵的保护和管理工作，临湘市、岳阳楼区、云溪区人民政府负责配合市铁山供水工程管理局做好辖区内铁山城镇供水渠道和管道的保护和管理工作。领导小组其他成员单位负责落实职责范围内铁山饮用水水源保护和民生保障工作任务，完成领导小组交办的其他工作任务。

13.拓宽筹资渠道。按照“优质优价”的原则，建立铁山水价格适时调整机制，拓宽铁山水资源生态保护与民生保障专项资金筹资渠道。

14.严格责任追究。对在铁山饮用水水源保护和民生保障工作中玩忽职守、滥用职权、徇私舞弊的，依法依纪严肃追究相关责任单位和责任人的责任。

关于印发《岳阳县铁山水库水源环境治理工作方案》的通知

各相关乡镇党委、人民政府，县直及驻县各相关单位：

《岳阳县铁山水库水源环境治理工作方案》已经县委、县政府同意，现印发给你们，请认真贯彻落实。

中共岳阳县委办公室

岳阳县人民政府办公室

2022 年 4 月 22 日

岳阳县铁山水库水源环境治理工作方案

为进一步推进铁山水库水源环境治理，确保库区生态环境质量全面稳定改善，确保水质优良并持续向好，为全县“四区”建设提供坚实的生态环境保障，制定本工作方案。

一、指导思想

深入贯彻落实习近平生态文明思想和习近平总书记考察湖南和视察岳阳的重要指示批示精神，全面贯彻落实山水林田湖草沙一体化保护和系统治理理念，推动中央决策部署全面落实，促进生态环境保护与经济社会可持续协调发展。

二、工作目标

坚持四个原则，开展八个专项整治，努力做到两个确保，实现水质和生态环境保护既定目标。

1.水质。一级保护区稳定保持国家《地表水环境质量标准》(GB3838—2002) Ⅰ类以上；二级保护区稳定保持国家《地表水环境质量标准》(GB3838—2002) Ⅱ类以上。

2.生态环境。确保集雨区内森林覆盖率保持62%以上；确保一级保护区、二级保护区内垃圾无害化处理率保持100%，生活污水达标排放率保持100%。

三、工作原则

1.建立长效治理机制。建立健全“发现—移交—督导—整改—反馈—核实”的闭环工作机制。着眼长远，立足长效，有机统筹河长制、林长制等工作机制，确保问题及时发现、及时反馈、及时解决，实现铁山水库水源环境长效治理。

2.坚持以问题为导向。持续加大涉污企业、砂石土矿治理、控违拆违治违、污水处理提质增效、水面及岸线清除保洁、畜禽退养、水上交通安全隐患、水土流失和山林破坏、群众信访投诉件等问题排查，认真研究水源环境治理的对策措施，并积极组织落实。

3.实行工作清单制。建立“三清单四明确”工作制度，通过问题清单、交办清单、督查清单等三个清单明确问题、明确责任、明确措施、明确时限，实行“一月三清单、一周一总结”，确保工作落到实处。

4.督导问责常态化。定期督查和不定期督导相结合，针对问题整改、责任落实、效果实现等开展督查，督查情况与当年度全县绩效考核挂钩，对问题整改不力、责任落实不严和完成效果较差的部门和乡镇将按相关规定严肃处理。

四、工作任务

1.涉污企业及砂石土矿专项整治工作。全面掌握铁山水库一、二级保护区内餐饮店、竹木加工厂、石材厂、预制构件厂、砂石土矿等影响水源安全的基本情况，对存在的水土保持、非法占用林地、非法开采、非法占用耕地、生态修复、安全生产、环保等问题一体化推进整治，并按照“谁破坏，谁治理”的原则，落实涉污企业及砂石土矿土地复垦与生态修复责任。定期对饮用水源地的水质进行监测，全面掌握水源水质变化情况，一旦发现水质异常情况，迅速查找原因并及时报告，确保妥善处置。（牵头单位：市生态环境局岳阳县分局；责任单位：县自然资源局、县水利局、县林业局、县应急管理局、毛田镇、公田镇、月田镇）

2.控违拆违治违专项整治工作。坚持属地治理和“谁主管谁负责”的原则。铁山水库一二级保护区内严格落实控建巡查工作，不断加大控建巡查力度，严格执行巡查制度，做到控建巡查不留死角、空挡，第一时间发现违法建设，及时予以处置，把违建行为控制在萌芽和初始状态，减轻老百姓的损失，避免因大损失而引发大矛盾甚至酿成群体事件。全面摸清铁山库区一二级保护区内违建底数，逐户成立档案，依照违建位置、结构、面积、用途等，分批有序拆除，确保不出现未批先建、已批多建、迁户滥建和临水200米以内新开基等违建现象。同时，鼓励居民后靠建房或集中安置建房。（牵头单位：县铁山水资源保护中心；责任单位：县自然资源局、县住建局、县城管局、公田镇、毛田镇、月田镇）

3.污水处理提质增效专项整治工作。积极争取将2个大型、6个小型污水处理站及17个一体化污水处理设施运行管理经费足额纳入市财政预算，加快推进毛田、月田污水处理厂提质改造，加快推进6个小型污水处理厂整改维护工作。2022年内，争取上述25个治污设施全面实行运营外包，通过专业化运营托管，确保污水处理稳定高效。重点在铁山库区推进农村改厕工作。（牵头单位：县铁山水资源保护中心；责任单位：市生态环境局岳阳县分局、县农业农村局）

4.水面及岸线清除保洁专项整治工作。全面治理校核洪水位93.2米以上入湖流域（含水面）和沿水岸线外延30米内的生活垃圾、建筑杂物及水上漂浮物（水葫芦）清除保洁工作，把责任压实到村组，推行公益性岗位巡查保洁和党员义务巡查保洁相结合，对沿岸各区域实行网格化管理，并设立责任公示牌，负责区域内无杂物、无垃圾，确保沿水岸线30米内清洁干净。村（居）委会要组织将居民生活垃圾收集后应及时送往垃圾中转站，引导村民做好保洁工作。（牵头单位：县农业农村局；责任单位：县水利局、公田镇、毛田镇、月田镇）

5.畜禽粪污治理专项整治工作。制定铁山库区专业养殖场及散养直排户粪污治理工作方案，明确工作目标、工作原则、工作步骤（时间节点）、保障措施，对铁山库区一二级保护区实行退养，准保护区内专业养殖场及散养直排户开展专项粪污治理，家禽实行圈养、牛羊实行退养，确保水源

水质安全。（牵头单位：铁山水资源保护中心，责任单位：县畜牧水产中心、公田镇、毛田镇、月田镇）

6.水上交通安全隐患专项整治工作。全面摸清铁山水库水域内船舶基本情况，并根据相关法律法规，制定铁山库区水上船舶上岸退出工作专项整治方案，明确工作目标、工作原则、补偿对象、标准及奖罚措施、工作步骤（时间节点）、保障措施，加速推进非生产性用船和非义渡船清退。（牵头单位：县交通运输局；责任单位：县应急管理局、公田镇、毛田镇、月田镇）

7.水土流失和山林破坏专项整治工作。加大退耕还林力度，一级保护区、二级保护区全部实施封山育林，准保护区禁止皆伐，抚育性间伐必须经过审批。加强森林病险防治和森林防火工作。严禁非法占用林地、破坏水土保持等行为，全面清查铁山库区一二级保护区内豪华墓、活人墓数量，严禁违建新增；在准保护区内修建公共墓地，逐步消化现有豪华墓、活人墓存量。（牵头单位：县林业局；责任单位：县铁山水资源保护中心、公田镇、毛田镇、月田镇、张谷英镇）

8.统筹管理能力提升专项整治工作。坚持党建引领，与5条入库河流域所在村（居）的党支部逐一签订责任书，压实村（居）一级党组织的防污治污责任，按照镇村河长和村（居）党支部“包河”、党员干部“包点”的工作责任制，有效落实各项防污治污工作措施，充分发挥党建引领水环境治理的积极作用；以“党员巡河”为引领，充分发挥党员干部的表率作用；充分发挥志愿者作用，构建市县镇村四级环保志愿者体系，定期组织环保志愿者开展公益活动，形成全员参与巡河巡林的合力，提高群众护河护林的意识，共建美好生态环境；大力推进智慧铁山工程，运用科技手段，建立空陆一体监测体系，采用自动化无人机巡航、固定摄像监控的方式，无死角、全覆盖铁山水库一二级保护区及水岸线周边环境卫生情况，实现智慧化管理铁山水库饮用水水源地。（牵头单位：县铁山水资源保护中心；责任单位：公田镇、毛田镇、月田镇）

五、保障措施

1.加强组织领导。成立铁山水库水源环境治理工作领导小组，由县委常委、县委组织部部长冯建军任政委，县人民政府副县长胡海平任组长，县政府办公室副主任李炜炜、县铁山水资源保护中心主任付红宾任副组长，市生态环境局岳阳县分局、县水利局、县林业局、县农业农村局、县自然资源局、县交通运输局、县应急管理局、县住建局、县城管局、县畜牧水产发展服务中心、县大云山国家森林公园管理处等县直部门主要负责人和公田镇、月田镇、毛田镇、张谷英镇等乡镇党委书记为成员。铁山水库水源环境治理工作领导小组（以下简称“领导小组”），负责统一组织、部署、指挥、协调和督查铁山水库水源环境治理工作，指导各库区乡镇及县直相关部门落实整治工作任务。领导小组办公室设县铁山水资源保护中心，付红宾同志兼任办公室主任。

2.明确职责分工。县直牵头单位要按照责任清单，制定方案，成立专班，加强对各属地乡镇的政策和业务指导，争取对库区尽最大的政策支持、项目支撑、资金支助。各属地乡镇人民政府要严格落实水源环境治理的主体责任，落实“党政同责”和“一岗双责”，主要领导亲自抓，分管领导全力抓，其他领导配合抓，定期研究部署水源环境治理工作，有针对性地强化工作措施，将目标和任务逐级分解，明确责任单位、责任人，把握时间节点，确保水源环境治理工作全面完成。领导小组办公室要加强对水源环境治理工作综合协调。

3.加强督办考核。领导小组办公室适时通报水源环境治理进展情况，对任务进度滞后的单位，采取督办、通报等措施，强力推动问题整改。制定实施铁山水库水源环境治理考核细则，由领导小组办公室具体组织对属地乡镇、县直相关单位考核。加强考核结果运用，实行奖优罚劣，考核结果纳入全县年度绩效考评。

4.加强宣传引导。各属地乡镇和县直相关部门要及时将水源环境治理工作进展情况上报领导小组办公室，结合水源环境治理工作开展情况，充分用好宣传车、宣传栏、宣传窗，张贴公告、标语、倡议书，提高传播覆盖率，并通过广播、电视、报纸、网站等新闻媒介加大对典型事例的报道，治理成果邀请红网网友及环保志愿者回访，加强环保宣传和舆论支持，确保水源环境治理工作取得实效。

后 记

为纪念铁山灌溉供水工程竣工40周年，岳阳县委、县政府决定在全县开展“六个一”系列活动（一个主题活动、一本志书、一个宣传片、一台节目、一个传承纪念馆、一堂党课），中共岳阳县委党史研究室承编《铁山水库工程简志》的编纂任务。

2021年12月，县委党史研究室开始广泛搜集资料、整理志稿草本，得到省、市有关部门退休老同志、中共岳阳县委、县人民政府主要领导，以及有关专家、学者大力鼓励和支持。原市委副书记、市长黄甲喜亲自审定书目提纲并提出修改意见；原省商务厅厅长毛叙保提供了父亲毛致用在初修、续修铁山水库中的宝贵资料和各种细节；县委书记肖湘晖亲自作序，县委常委、县委办公室主任王靖多次过问编纂进度，县人民政府给予经费保障；原县人民政府县长、现市人大常委会副主任张中于对本书提出了修改意见并对部分章节亲自进行修改；市委党史研究室主要领导对全书的内容进行了具体指导；市水利局党组成员、副局长许石兵、市铁山供水工程事务中心副主任姜中保积极协调，给予了极大帮助，胡海、余正飞、刘韧等同志提供了第一手资料，县铁山水资源保护中心何东凯等同志提供了水资源保护方面的文件和资料；县委党史研究室的同志多次赴市档案局、县档案馆查阅并复印史料，在全市、县、乡镇范围内对当事人进行调查采访，他们在组稿和收集史料、编辑等方面做了大量细致的工作。志稿初成后，方志出版社责任编辑齐笑、高孟君对本书进行了初审，专家詹利萍、和卫国分别进行了复审和终审，并提出大量专业的修改意见，为本书最后定稿指明了方向。借此机会，我们衷心感谢各有关单位和热心人士的大力支持，向提供资料和负责编纂的同志致以诚挚的谢意！

《铁山水库工程简志（1955—2021）》共有 8 章 33 节 21 万多字，前有概述，后有附录，真实全面地展现了铁山水库为什么要修的历史和现实背景，筑牢了干部群众不怕困难，自力更生的思想基础。工程项目的布置建设，移民家园的建造，水库建成后怎么管理，产生了什么样的效益及库区的风土民情，展现了库区建设者逢山凿洞、遇水架桥的地方特色，向世人展示了灌溉管理经验及特点。为凸显志书的功能特色，编辑还创新性地将该书分设“人物事迹”“献身人物名录”“模范单位与个人名表”三节，使人更加感受到广大干部群众胸怀大局、知难而进、勇于牺牲的英雄气概。志书中，穿插了一些珍贵资料照片，做到了与文字互相印证，图文并茂，给人以真实感、直观感、历史感。

修志不易，出精更难。在《铁山水库工程简志（1955—2021）》编纂中，尽管编辑人员作了很大努力，但由于水平有限，心高而手拙，加之时间仓促，虽几经锤炼，志书中难免有纰漏、谬误之处，恳请广大读者批评指正！

编　者

2022 年 11 月